Shipin Weishengwu Xue

食品微生物学

杨玉红　主编

中国质检出版社
中国标准出版社
北　京

图书在版编目（CIP）数据

食品微生物学/杨玉红主编．—北京：中国质检出版社，2017.9（2024.1 重印）
“十三五”高职高专院校规划教材
ISBN 978-7-5026-4423-9

Ⅰ.①食… Ⅱ.①杨… Ⅲ.①食品微生物—微生物学—高等职业教育—教材
Ⅳ.①TS201.3

中国版本图书馆 CIP 数据核字（2017）第 070058 号

内 容 提 要

本书系统地介绍了食品微生物学基础知识、微生物与现代食品工业相关知识，主要内容包括微生物主要类群的结构和功能，微生物的代谢、营养和生长，微生物在食品生产中的应用，微生物与食品保藏，微生物与食品安全及微生物相关的实验技术等。

本书可作为高职高专院校食品加工技术、食品营养与检测、食品质量与安全、食品贮运与营销、食品检测技术、食品营养与卫生、农产品加工与质量检测、绿色食品生产与检验等食品类专业教学用书，也可供从事营养、食品、生物专业工作人员参考。

中国质检出版社
中国标准出版社 出版发行
北京市朝阳区和平里西街甲 2 号（100029）
北京市西城区三里河北街 16 号（100045）
网址：www.spc.net.cn
总编室：（010）68533533 发行中心：（010）51780238
读者服务部：（010）68523946
中国标准出版社秦皇岛印刷厂印刷
各地新华书店经销

*

开本 787×1092 1/16 印张 16.5 字数 361 千字
2017 年 9 月第一版 2024 年 1 月第十次印刷

*

定价：39.00 元

审定委员会

本书编委会

主　编　杨玉红（鹤壁职业技术学院）

副主编　程旺开（芜湖职业技术学院）

王福厚（甘肃畜牧工程职业技术学院）

杨　灵（河南省轻工业学校）

王　娟（河南农业职业学院）

刘英语（上海中侨职业技术学院）

豆海港（周口职业技术学院）

李　娟（甘肃畜牧工程职业技术学院）

参　编　丁　琳（河南省轻工业学校）

姜　颖（山东药品食品职业学院）

薛宝玲（内蒙古农业大学职业技术学院）

孟晓华（鹤壁职业技术学院）

原克波（山东药品食品职业学院）

宋淑红（河南省轻工业学校）

杨　改（周口职业技术学院）

主　审　孙梅英（河南永达清真食品有限公司）

陈旭明（广东省潮州市质量计量监督检测所）

序　言

民以食为天，食以安为先，人们对食品安全的关注度日益提高，食品行业已成为支撑国民经济的重要产业和社会的敏感领域。近年来，食品安全问题层出不穷，对整个社会的发展造成了一定的不利影响。为了保障食品安全，促进食品产业的有序发展，近期国家对食品安全的监管和整治力度不断加强。经过各相关主管部门的不懈努力，我国已基本形成并明确了卫生与农业部门实施食品卫生监测与食品原材料监管、检验检疫部门承担进出口食品监管、食品药品监管部门从事食品生产及流通环节监管的制度完善的食品安全监管体系。

在整个食品行业快速发展的同时，行业自身的结构性调整也在不断深化，这种调整使其对本行业的技术水平、知识结构和人才特点提出了更高的要求，而与此相关的职业教育正是在食品科学与工程各项理论的实际应用层面培养专业人才的重要渠道，因此，近年来教育部对食品类各专业的职业教育发展日益重视，并连年加大投入以提高教育质量，以期向社会提供更加适应经济发展的应用型技术人才。为此，教育部对高职高专院校食品类各专业的具体设置和教材目录也多次进行了相应的调整，使高职高专教育逐步从普通本科的教育模式中脱离出来，使其真正成为为国家培养生产一线的高级技术应用型人才的职业教育，“十三五”期间，这种转化将加速推进并最终得以完善。为适应这一特点，编写高职高专院校食品类各专业所需的教材势在必行。

针对以上变化与调整，由中国质检出版社牵头组织了“十三五”高职高专院校规划教材的编写与出版工作，该套教材主要适用于高职高专院校的食品类各相关专业。由于该领域各专业的技术应用性强、知识结构更新快，因此，我们有针对性地组织了河南农业职业学院、江苏食品职业技术学院、包头轻工职业技术学院、四川旅游学院、甘肃畜牧工程职业技术学院、江苏农林职业技术学院、无锡商业职业技术学院、江苏畜牧兽医职业技术学院、吉林农业科技学院、广东环境保护工程职业学院、清远职业技术学院、黑龙江民族职业学院以及上海农林职业技术学院等40多所相关高校、职业院校、科研院所以及企业中兼具丰富工程实践和教学经验的专家学者担当各教材的主编与主审，从而为我们成功推出该套框架好、内容新、适应面广的高质量教材提供了必要的保障，以此来满足食品类各专业普通高等教育和职业教育的不断发展和当前全社会对建立食品安全体系的迫切需要；这也对培养素质全面、适应性强、有创新能力的应用型技术人才，进一步提高食品类各专业高等教育和职业教育教材的编写水平起到了积极的推动作用。

针对应用型人才培养院校食品类各专业的实际教学需要，本系列教材的编写尤其注重了理论与实践的深度融合，不仅将食品科学与工程领域科技发展的新理论合理融入教材中，使读者通过对教材的学习，可以深入把握食品行业发展的全貌，而且也将食品行业的新知识、新技术、新工艺、新材料编入教材中，使读者掌握最先进的知识和技能，这对我国新世纪应用型人才的培养大有裨益。相信该套教材的成功推出，必将会推动我国食品类高等教育和职业教育教材体系建设的逐步完善和不断发展，从而对国家的新世纪人才培养战略起到积极的促进作用。

教材审定委员会

2017年6月

前 言

• FOREWORD •

食品是人类生命活动赖以生存的物质，食品工业是人类的生命工业，也是永恒不衰的朝阳工业。微生物与食品质量控制密切相关，食品微生物学是食品科学的重要组成部分，在食品的贮藏、运输、加工制造过程中都存在许多微生物学问题：一方面是利用有益微生物的作用生产食品；另一方面是防止有害微生物污染食品，保证食品安全。食品微生物学课程的任务是使学生掌握丰富的食品微生物学的基本原理、技能、方法以及食品质量的控制等，为专业课以及毕业后从事食品生产和管理工作奠定坚实的基础。

食品微生物学是食品科学领域的一门重要学科，也是有关食品专业的一门重要的核心课程。本书按照食品类专业对食品微生物学课程教学的基本要求，以及高等职业技术教育培养技能技术人才的目标进行编写。既注重微生物学的基础，又突出微生物与食品的关系。在微生物学基础方面，系统介绍了原核微生物、真核微生物、非细胞型微生物的形态、结构、营养、生长繁殖、遗传变异和菌种选育，力求简洁明了、深入浅出。在微生物与食品的关系方面，突出微生物在食品生产中的应用，同时系统介绍了微生物与食品变质、食品保藏的关系，并按照最新食品安全国家标准介绍了微生物与食品安全的相关内容。

全书共分11章，前10章为微生物理论与应用内容。每章以知识目标、技能目标、重点与难点开篇，以拓展知识、本章小结、思考与练习题结束。力求使学生明白学习重点，能力培养重点，同时拓展学生的学习视野。第11章为实验实训内容，配合理论知识的递增规律进行安排，对学生进行微生物实验基本技能、微生物检测能力、微生物在食品生产中应用能力培养。

本书由杨玉红担任主编并统稿，程旺开、王福厚、杨灵、王娟、刘英语、豆海港、李娟担任副主编，参与编写的人员有：丁琳、姜颖、薛宝玲、孟晓华、原克波、宋淑红、杨改。由孙梅英、陈旭明两位专家担任主审。

本书可作为高职高专院校食品加工技术、食品营养与检测、食品质量与安全、食品贮运与营销、食品检测技术、食品营养与卫生、农产品加工与质量检测、绿色食品生产与检验等食品类专业教学用书，也可供从事营养、食品、生物专业工作人员参考。

在编写过程中，得到国内各有关高校领导和教师、企业领导、多位食品专家的热情帮助和中国质检出版社的大力支持，在此谨致以诚挚的谢意。编写过程中，编者参考了许多国内同行的论著及部分网上资料，材料来源未能一一注明，在此向原作者表示诚挚的感谢。由于编者知识水平和条件有限，书中错误在所难免，恳请同仁和读者批评指正，以便进一步修改、完善。

编　者

2017年6月

目 录

• CONTENTS •

第一章　绪　论

【知识目标】

1. 了解微生物学及其主要分支学科。
2. 理解食品微生物学及其研究的对象、内容与任务。
3. 掌握微生物的概念和微生物的生物学特点及其在生物分类中的地位。

【技能目标】

能够正确认识微生物与人类生产生活的关系。

【重点与难点】

重点:微生物的概念和微生物的生物学特点及其在生物分类中的地位。
难点:微生物学及其主要分支学科。

第一节　微生物及其生物学特点

一、微生物及其分类地位

(一)微生物的概念及其主要类群

微生物(microorganism,microbe)是一类个体微小、结构简单,肉眼不可见或看不清楚的微小生物的统称。这个微小生物类群十分庞杂,它包括小到没有细胞结构的病毒(Virus)、单细胞原核的细菌(Bacteria)、放线菌(*Actinomyces*)、支原体(*Mycoplasma*)、立克次氏体(*Rickettsia*)、衣原体(*Chlamydia*),属于真菌的酵母菌(Yeast)、霉菌(Molde)和原生动物(Protozoa)等。

与食品工业有密切关系的主要是细菌、酵母菌、霉菌、放线菌和部分专门侵害微生物的部分病毒(如噬菌体,Phage),这些微小生物虽然种类不同、形态和大小各异,但是,它们的生物学特性比较接近,所以人们赋予其一个共同的名称——微生物。

(二)微生物的生物学分类地位

微生物这个概念不是一个分类学名称,对于生物的分类,早在18世纪中叶,人们把所有生物分成两界，即动物界(Animalia)和植物界(Piantae)；后来发现把自然界中存在的形体微小、结构简单的低等生物笼统地归入动物界和植物界是不妥当的，到1866年，Haeckel提出了原生生物界(Protistae)，其中包括藻类(Algar)、原生动物(Protozos)、真菌(Fungi)和细菌。到20世纪50年代，随着电子显微镜的应用和细胞超微结构研究的进展，提出了原核与真核的概念，因此，把界于原核结构的细菌和具有真核结构的真菌等统归原生生物界显然是不科学的。1957年，Copeland提出四界分类系统：即原核生物界(Procaryotae)(如细菌、蓝细菌等)、原生生物界(如原生动物、真菌、藻类等)、动物界和植物界。

1969年，Whittaker提出把真菌单独列为一界，即形成了生物五界分类系统，将生物分为：原核生物界、真核原生生物界(Prolistae)、真菌界(Fungi)、动物界和植物界。随着对病毒研究的深入，1977年，微生物学家提出把病毒列为一界，即病毒界(Vira)。因此在五界分类系统的基础上形成了六界分类系统。

20世纪70年代以后，随着"第三型生物"——古细菌(Archae－bacteria)的发现，于1978年，R. H. Whittaker和L. Magulis提出了三原界(Urkingdom)分类系统。认为在生物进化的早期，存在一类生物的共同祖先，然后分成三条进化路线，形成了三个原界：古细菌原界，包括产甲烷细菌、极端嗜盐细菌、嗜热嗜酸细菌；真细菌(Eubacteria)原界，包括除古细菌以外的其他原核生物；真核生物原界，包括原生动物、真菌、动物和植物。

我国学者又提出了菌物界(Myceteae)的概念，菌物界是与动、植物界并行的一大类真核生物，除指一般真菌外，还包括一些既不宜归入动物界，也不宜归入植物界，又不同于一般真菌的真核生物，如黏菌、卵菌等。

综上可见，自然界生物系统的划分，与微生物的不断发现和对微生物研究的逐步深入密切相关，充分显示了微生物在生物领域中的重要地位。

二、微生物的生物学特点

微生物除具有生物的共性外，也有其独特的特点，正因为具有这些特点，才使得这些微不可见的生物类群引起人们的高度重视。

(一)种类繁多，分布广泛

微生物的种类极其繁多，目前已发现的微生物达10万种以上，并且每年都有大量新的微生物菌种报道，微生物的多样性已在全球范围内对人类产生巨大影响。首先微生物为人类创造了巨大的物质财富。目前所使用的抗生素药物，绝大多数是微生物发酵产生的，以微生物为主的发酵工业，为工、农、医等领域提供各种产品。

微生物分布非常广泛，可以说微生物无处不有，凡是有高等生物生存的地方，都有微生物存在，甚至某些没有其他生物生存的地方，也有微生物存在，例如在冰川、火山口等极端环境条件下也有大量微生物分布。土壤是微生物的大本营，尤其在耕作的土壤中，微生物的含量很大，1g肥沃土壤中含菌量高达几亿甚至几十亿，一般土壤越肥沃，含菌量越高，表层土中比深层土中的含菌量高。土壤中微生物的种类繁多，几乎所有的微生物都能从土壤中分离筛选得到，要分离筛选某种微生物，多数情况都是从土壤采取样品。

除土壤外，水、空气中也含有大量微生物，越是人员聚集的公共场所，空气中的微生物含量越高。水中以江、湖、河、海中含量最高，井水次之。在动、植物的体表及某些内部器官中也含有大量微生物。由于食品主要以植物果实或动物的组织器官为原料，所以动、植物携带的微生物是食品变质的污染来源。

（二）生长繁殖快，代谢能力强

微生物生长繁殖的速度是高等生物所无法比拟的，大肠杆菌（*Escherichia coli*）在适宜的条件下，每 20min 繁殖一代，24h 即可繁殖 72 代，由一个菌细胞可繁殖到 47×10^{22} 个，如果将这些新生菌体排列起来，可绕地球一周有余。微生物生长繁殖的速度如此快，是因为微生物的代谢能力很强，由于微生物个体微小，单位体积的表面积相对很大，有利于细胞内外的物质交换，细胞内的代谢反应较快。正因为微生物具有生长快、代谢能力强的特点，才使得微生物能够成为发酵工业的产业大军。微生物的种类繁多，代谢类型多种多样，在地球上的物质转化（例如碳、氮等的物质循环）中起重要作用。但事物总是一分为二的，也正由于微生物的上述特点，因此微生物也有可能给人类带来疫病的灾难。

（三）遗传稳定性差，容易发生变异

微生物个体微小，对外界环境很敏感，抗逆性较差，很容易受到各种不良外界环境的影响。另外，微生物的结构简单，缺乏免疫监控系统（例如高等动物的免疫系统），所以很容易发生遗传形状的变异。微生物的遗传不稳定性，是相对高等生物而言的，实际上在自然条件下，微生物的自发突变频率在 10^{-6} 左右。

微生物的遗传稳定性差，给微生物菌种保藏工作带来一定的不便，一般在能满足生产需要的情况下，尽量减少菌种的转接代数，并且不断检测菌种的纯度和活力，一旦出现菌种因突变而退化的现象，就必须对菌种进行复壮工作。正因为微生物的遗传稳定性差，其遗传的保守性低，使得微生物菌种培育相对容易得多。通过育种工作，可大幅度地提高菌种的生产性能，产量性状提高的幅度是高等动、植物所难以达到的。目前在发酵工业中，所用的生产菌中大多是经过突变培育的，其生产性能比原始菌株提高几倍、几十倍、甚至几百倍。

第二节　食品微生物学及其研究内容和任务

一、微生物学及其分支学科

（一）微生物学定义

微生物学（microbiolgy）是研究微生物及其生命活动规律的学科。研究的主要内容涉及微生物的形态结构、营养特点、生理生化、生长繁殖、遗传变异、分类鉴定、生态分布，以及微生物有工业、农业、医疗卫生、环境保护等各方面的应用。研究微生物及其生命活动规律的目的在于充分利用有益微生物并且控制有害微生物，使这些微小生物更好地贡献于人类文明。

(二)微生物学的分支学科

随着对微生物研究与应用领域不断拓宽和深入,微生物学已经不是一个单一的学科,它已包括很多分支学科研究领域,无论是从基础理论研究还是从应用角度,都包括了多学科内容。

根据基础理论研究内容不同,形成的分支学科有:微生物生理学、微生物遗传学、微生物生物化、微生物分类学、微生物生态学等。

根据微生物类群不同,形成的分支学科有:细菌学、病毒学、真菌学、放线菌学等。

根据微生物的应用领域不同,形成的分支学科有:工业微生物学、农业微生物学、医学微生物学、药用微生物学、食品微生物学、兽医微生物学等。

根据微生物的生态环境不同,形成的分支学科有:土壤微生物学、海洋微生物学等。

随着现代理论和技术的发展,新的微生物学分支学科正在不断形成和建立,如微生物分子生物学和微生物基因组学等。

二、食品微生物学的研究对象

食品微生物学(food microbiology)是指专门研究微生物与食品之间相互关系的一门科学。它融合了普通微生物学、工业微生物学、农业微生物学等与食品有关的部分,同时又渗透了生物化学、机械学和化学工程等有关的内容。

三、食品微生物学的研究内容

食品微生物学所研究的内容主要包括:研究与食品有关的微生物的活动规律;研究如何利用有益微生物为人类制造食品;研究如何控制有害微生物并且防止食品发生腐败变质;研究检测食品中微生物的方法,制定食品中微生物指标,从而为判断食品的卫生质量提供科学依据。

四、食品微生物学的研究任务

微生物在自然界广泛存在,在食品原料和大多数食品中都存在微生物,但是不同的食品或在不同的条件下,微生物的种类、数量和作用亦不相同。食品微生物学研究的内容包括与食品有关的微生物的特征、微生物与食品的相互关系及其生态条件等,所以从事食品专业的人员应该了解微生物与食品的关系。一般来说,微生物即可在食品制造中起有益作用,又可通过食品给人类带来危害。

(一)有益微生物在食品制造中的应用

早在古代,人们就采食野生菌类,利用微生物酿酒、制酱,但当时并不知道是微生物的作用。随着人们对微生物与食品关系认识的日益深刻,逐步阐明了微生物的种类及其机理,也逐步扩大了微生物在食品制造中的应用范围。概括起来,微生物在食品中的应用有以下几种方式。

1. 微生物菌体的应用

食用菌、乳酸菌可用于蔬菜和乳类及其他多种食品的发酵，所以人们在食用酸牛奶和酸泡菜时也食用了大量的乳酸菌；单细胞蛋白(SCP)是从微生物体中所获得的蛋白质，也是人们对微生物菌体的利用。

2. 微生物代谢产物的应用

人们食用的某些食品是经过微生物发酵作用的代谢产物，如酒类、食醋、氨基酸、有机酸、维生素等。

3. 微生物酶的应用

例如豆腐乳、酱油等。酱类是利用微生物产生的酶将原料中的成分分解而制成的食品。微生物酶制剂在食品及其他工业中的应用日益广泛。

我国幅员辽阔，微生物资源十分丰富，开发微生物资源，并利用生物工程手段改造微生物菌种，使其更好地发挥有益作用，为人类提供更多更好的食品，是食品微生物学的重要任务之一。

(二)有害微生物对食品的危害及防治

微生物引起的有害作用主要是食品的腐败变质，从而使食品的营养价值降低或完全丧失。有些微生物是使人类致病的病原菌，有的微生物可产生毒素。如果人们食用含有大量病原菌或含有毒素的食物，则可引起食物中毒，影响人体健康，甚至危及生命。所以，食品微生物学工作者应该设法控制或消除微生物对人类的这些有害作用，采用现代的检测手段，对食品中的微生物进行检测，以保证食品安全性。

【本章小结】

微生物具有种类繁多，分布广泛，生长繁殖快、代谢能力强，遗传稳定性差、容易发生变异等特点。随着微生物学的不断发展，已形成了基础微生物学和应用微生物学。微生物学经过了史前时期人类对微生物的认识和利用时期、微生物学形态学发展时期、微生物学生理学发展时期、微生物学分子生物学发展时期四个阶段。食品微生物学研究内容包括与食品有关的微生物的活动规律，如何利用有益微生物为人类制造食品，控制有害微生物，防止食品发生腐败变质等内容。

【思考与练习题】

一、名词解释

微生物；微生物学；食品微生物学

二、判断题

(1)微生物的种类数目繁多，目前已发现的微生物达60万种以上，并且每年都有大量新微生物菌种报道。 (　　)

(2)一般认为，病毒不是引起食品变质的主要微生物类群。 (　　)

(3)一般认为，巴斯德、柯赫是微生物学的奠基人。 (　　)

三、选择题

(1)菌种的分离、培养、接种、染色等研究微生物的技术的发明者是(　　)。

A. 巴斯德　　B. 柯赫　　C. 列文虎克　　D. 别依林克

(2)第一个发明显微镜并在显微镜下看到微生物个体形态的是(　　)。

A. 巴斯德　　B. 柯赫　　C. 列文虎克　　D. 别依林克

(3)通过曲颈瓶实验证实了空气中的微生物引起了有机质的腐败,从而彻底否定了“自然发生说”,并建立病原学说推动微生物学发展的是(　　)。

A. 柯赫　　B. 列文虎克　　C. 巴斯德　　D. 别依林克

(4)证实炭疽病菌是炭疽病病原菌的是著名的德国细菌学家(　　)。

A. 柯赫　　B. 列文虎克　　C. 巴斯德　　D. 别依林克

四、填空题

(1)第一个用自制显微镜观察到微生物的学者是__________,被称为微生物学研究的先驱者;而法国学者__________和德国学者__________,则是微生物生理学和病原菌学研究的开创者。

(2)微生物学的发展简史可分为__________、__________、__________、__________等阶段。

(3)食品微生物学的研究任务包括__________、__________。

(4)按微生物所在的生态坏境来分的学科有__________、__________、__________、__________等。

五、简答题

(1)什么是微生物？什么是食品微生物学？它与微生物学有何异同？

(2)你认为食品微生物学研究的重点任务包括哪些方面？

(3)请举例说出微生物在人类生活中的作用。

第二章　原核微生物

【知识目标】

1. 了解原核微生物的分类和食品中常见的细菌种类及特性。
2. 理解细菌的革兰氏染色机理。
3. 掌握细菌的个体大小、形态和结构;细菌的群体形态及在生产实践中的应用。
4. 掌握细菌基本结构和特殊结构的化学组成成分和生理功能。

【技能目标】

1. 会在显微镜下熟练地辨认各种细菌的基本形态和进行大小的测量。
2. 能处理被细菌污染的环境及细菌培养物。
3. 能应用染色技术、借助普通光学显微镜及培养物的性状对常见细菌进行鉴别。

【重点与难点】

1. 重点:细菌的形态结构。
2. 难点:革兰氏染色机理。

第一节　细　菌

细菌(bacteria)是一类个体微小、形态简单,一般以二等分裂方式繁殖的单细胞原核微生物。在自然界中,细菌分布最广、数量最多。是微生物学的主要研究对象。

一、细菌的形态和大小

(一)细菌的形态

细菌是单细胞原核生物,即细菌的个体是由一个原核细胞组成。一个细胞就是一个生活个体。虽然细菌种类繁多。但其基本形态分为球状、杆状和螺旋状,分别称为球菌、杆菌和螺旋菌。

1. 球菌

细胞呈球形或近似球形。有的单独存在,有的连在一起。球菌分裂之后产生新的细胞常保持一定的排列方式，球菌的形状与排列有一定的分类鉴定意义（见图 2－1）。依据排列方式的不同可分为：

①单球菌　分裂后的细胞分散而单独存在的为单球菌，如尿素微球菌（*Micrococcus ureae*）；

②双球菌　分裂后两个球菌成对排列，如肺炎双球菌（*Diplococcus pneumoniae*）；

③链球菌　分裂是沿一个平面进行，分裂后细胞排列成链状，如乳链球菌（*Streptococcus lactis*）；

④四联球菌　沿两个互相垂直的平面各分裂一次，分裂后每四个细胞连在一起呈田字形，称四联球菌，如四联微球菌（*Micrococcus tetragenus*）；

⑤八叠球菌　按 3 个互相垂直的平面各分裂一次后，每 8 个球菌在一起成立方体形，如藤黄八叠球菌（*Sarcina ureae*），尿素八叠球菌（*Sarcina ureae*）；

⑥葡萄球菌　分裂面不规则，沿多个面分裂，分裂后多个球菌聚在一起，像一串串葡萄。如金黄色葡萄球菌（*Staphylococcus aureus*）。

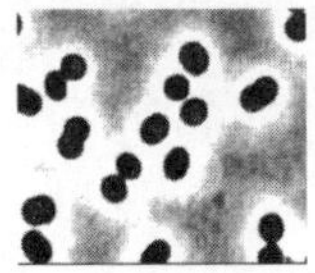
尿素微球菌

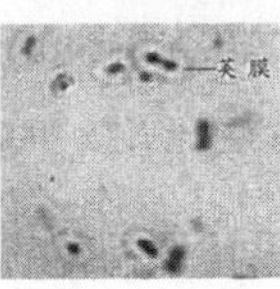

肺炎双球菌

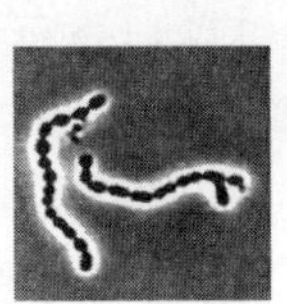
乳链球菌

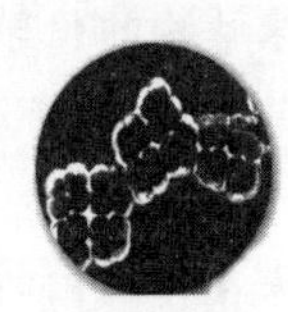
四联微球菌

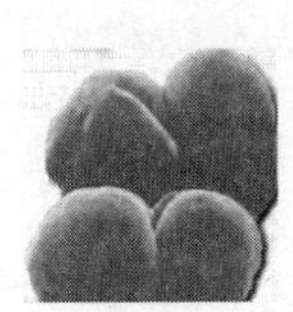
藤黄八叠球菌

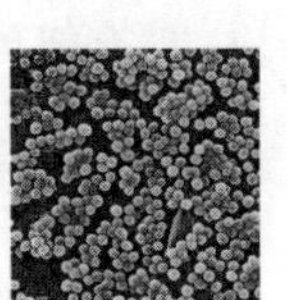
金黄色葡萄球菌

图 2－1　常见的球菌排列图

2. 杆菌

杆菌是细菌中种类最多的类型，杆菌细胞是杆状，其长度大于宽度，由于比例不同，往往杆菌的长短差别很大。形态有短杆状、长杆状、棒杆状、梭状、梭杆状、月亮状、分枝状、竹节状等；按杆菌细胞的排列方式则有链状、栅状、“八”字状以及有鞘衣的丝状等。杆状菌的形状与排列有一定的分类鉴定意义（见图 2－2）。工农业生产中用到的细菌大多数是杆菌。例如，用来生产淀粉酶与蛋白酶的枯草芽孢杆菌（*Bacillus subtilis*）。生产谷氨酸的北京棒状杆菌（*Corynebacterium pekinense*）。乳品工业中保加利亚乳杆菌（*Lactobacillus bulgaricus*）等。

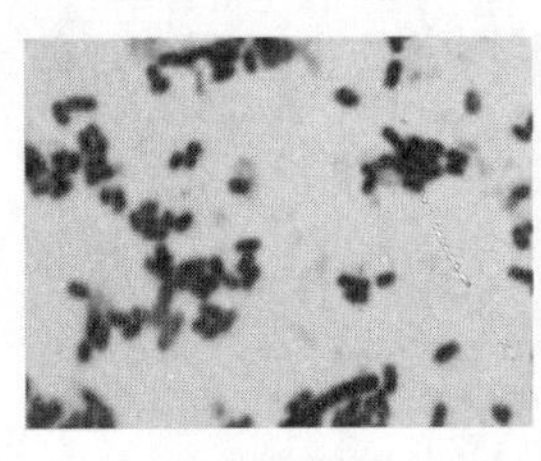
短杆菌

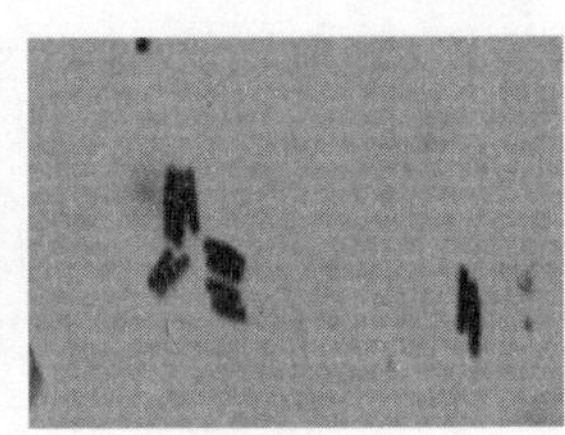
长杆菌

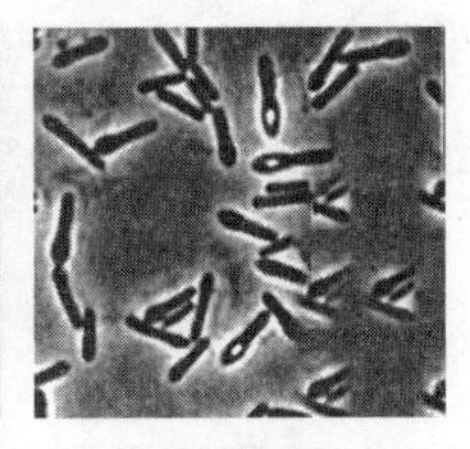
梭状芽孢杆菌

图 2－2　常见杆菌的形态

3. 螺旋菌

细胞呈弯曲状，根据其弯曲程度不同分为弧菌和螺菌（见图 2－3）。

①弧菌。菌体只有一个弯曲呈弧形或逗号形。如霍乱弧菌(*Vibrio cholerae*)是霍乱病的病原菌。

②螺菌。菌体有两个或两个以上弯曲,弯曲数目的多少及螺距大小随菌种不同而异。如鼠疫热螺旋菌(*Spirillum minus*)。

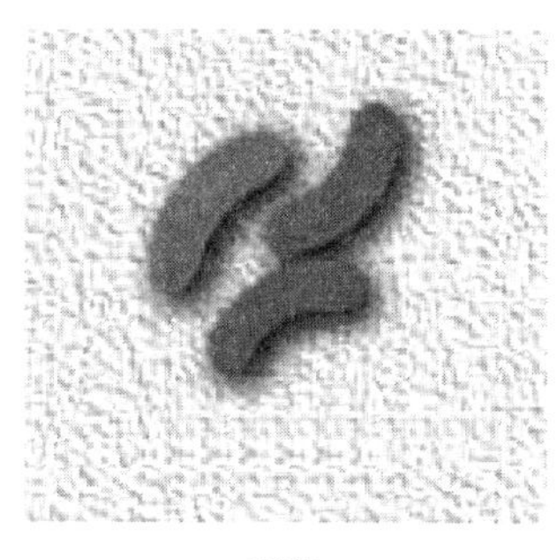

弧菌

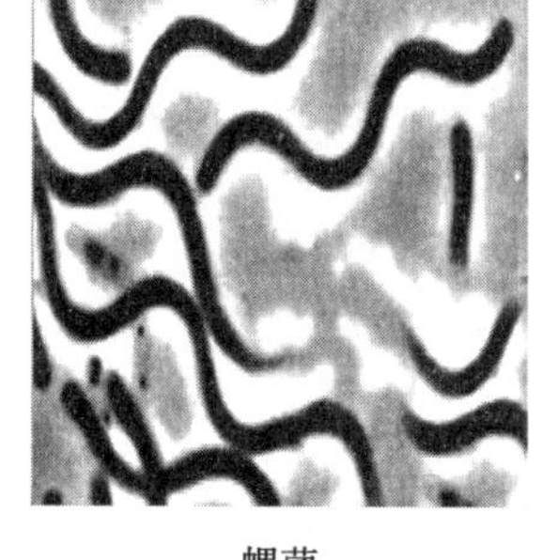

螺菌

图 2-3 常见螺旋菌的形态

细菌的形态与环境因子有关,例如与培养温度、培养基的成分和浓度及培养的时间有关。细菌的特殊结构(见图 2-4)。各种细菌在幼龄时和适宜的环境条件下表现出正常形态。当培养条件变化或菌体变老时,常常引起形态的改变,尤其是杆菌。有时菌体显著伸长呈丝状、分枝状或呈膨大状,这种不整齐形态称为异常形态。异常形态中又依其生理机能的不同分为畸形和衰颓形两种。畸形就是由于化学或物理因素的刺激,阻碍细胞的发育引起形态的异常变化,如巴氏醋酸杆菌(*Acetobacter Pasteurianus*)正常情况下为短杆菌,由于培养温度的改变而成纺锤状、丝状或链锁状;衰老形是由于培养时间过久,细胞衰老,养分缺乏或由于自身代谢产物积累过多等原因而引起的异常形态。此时细胞繁殖终止,形体膨大构成液泡,染色力弱,有时菌体虽然存在而实际上已死亡。如乳酪芽孢杆菌(*Bacillus casei*)正常情况下培养为长杆菌,衰老时变成无繁殖力的分枝状的衰老形。若再将它们转移到新鲜培养基上,并在合适的条件下生长,它们又将恢复其原来的形状。因此,在观察比较细菌形态时,必须注意因培养条件的变化而引起细胞形态的改变。

(二)细菌的大小

测量细菌大小的单位是 μm(微米,即 10^{-6} m),而量度其亚细胞构造则要用 nm(纳米,即 10^{-9}m)作单位。一个典型细菌的大小可用 *E. coli* 细胞作代表。它的细胞平均长度约 2μm,宽度约 0.5μm。形象地说,若把 1500 个细胞的长径相连,仅等于一颗芝麻的长度(3mm);如把 120 个细胞横向紧挨在一起,其总宽度才抵得上一根人发的粗细(60μm),至于它的重量则更是微乎其微,若以每个细胞湿重约 10^{-12} g 计,则大约 10^9 个 *E. coli* 细胞才达 1mg 重。

近年来也发现了个别大型细菌的实例,例如,1985 年以来,科学家先后在红海和澳大利亚海域生活的刺尾鱼肠道中,发现了一种巨形的共生细菌,称 *Epulopiscium fishelsoni*(费氏刺尾鱼菌),其细胞长度竟达 200～500μm,其体积是典型 *E. coli* 细胞的 10^5 倍;1997 年,

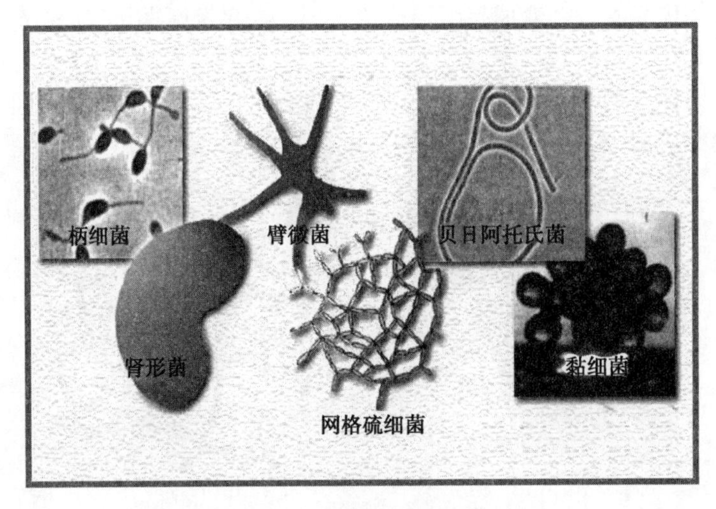

图 2－4　细菌的特殊形态

德国等国的科学家又在非洲西部大陆架土坡中，发现了一种迄今为止的最大细菌——*Thiomargarisa namibiensis*（纳米比亚嗜硫珠菌），它的细胞直径为 0.32～1.00mm，肉眼清楚可见，它们以海底散发的硫化氢为生，属于硫细菌类。此后，芬兰学者 E. O. Kajander 等又在 1998 年报道了一种最小细菌——纳米细菌（*Eanobacteria*）。据悉，这是一种可引起尿结石的细菌，其细胞直径仅为 *E. coli* 细胞的 1/10（50nm 或 0.05μm）。

二、细菌的细胞结构及其功能

（一）细菌的基本结构

细菌的基本结构（见图 2－5）包括：细胞壁、细胞（质）膜、细胞质（核糖体、气泡和贮藏物）、核质（拟核）。

1. 细胞壁

细胞壁（cell wall）是位于菌体的最外层，内侧紧贴细胞膜的一层无色透明，坚韧而有弹性的结构。细胞壁约占细胞干重的 10%～25%。各种细菌的细胞壁厚度不等，一般在 10～80nm 之间。

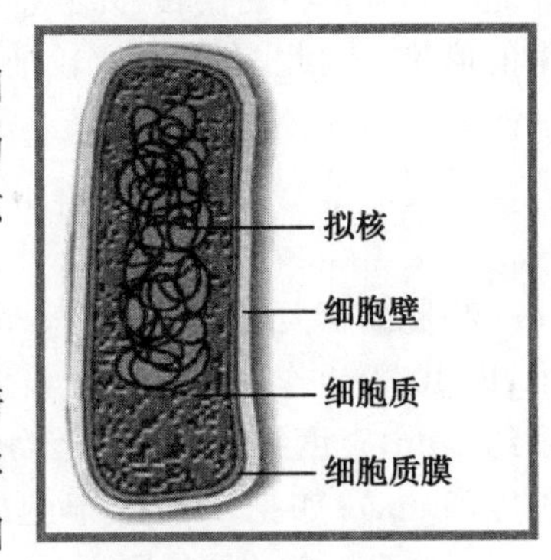

图 2－5　细菌的基本结构

（1）细胞壁的化学组成成分与结构

构成细胞壁的主要化学成分（基本骨架）是肽聚糖层，除此之外有的细菌具有磷壁酸；有的细菌具有脂多糖、磷脂、蛋白等成分。采用革兰氏染色技术可以将细菌分为两种类型，革兰氏阳性（G^+）菌和革兰氏阴性（G^-）菌。

革兰氏阳性菌细胞壁是由肽聚糖和磷壁酸组成；而革兰氏阴性菌的细胞壁分为外壁层和内壁层两部分，外壁层包括脂多糖、蛋白质（脂蛋白、基质蛋白和外壁蛋白）和磷脂层，内壁层紧贴胞膜，仅由1～2层肽聚糖分子构成，占细胞壁干重5%～10%。革兰氏阳性细菌与革兰氏阴性细菌细胞壁成分比较见表2－1。

表2－1 革兰氏阳性细菌与革兰氏阴性细菌细胞壁成分比较

成分	占细胞壁干重的比例	
	革兰氏阳性细菌	革兰氏阴性细菌
肽聚糖	含量很高(30%～95%)	含量很低(5%～20%)
磷壁酸	含量较高(<50%)	无
类脂质	一般无(<2%)	含量较高(约20%)
蛋白质	无	含量较高

细菌革兰氏染色的步骤及作用原理分为四个步骤。第一步：结晶紫使菌体着上紫色。第二步：碘和结晶紫形成大分子复合物，能被细胞壁阻留在细胞内。第三步：酒精脱色，细胞壁成分和构造不同，出现不同的反应。G^+菌细胞壁厚，肽聚糖含量高，交联度大，当乙醇脱色时，肽聚糖因脱水而孔径缩小，故结晶紫-碘复合物被阻留在细胞内，细胞不能被酒精脱色，仍呈紫色；而G^-菌的肽聚糖层薄，交联松散，乙醇脱色不能使其结构收缩，因其含脂量高，乙醇将脂溶解，缝隙加大，结晶紫-碘复合物溶出细胞壁，酒精将细胞脱色，细胞无色。第四步：沙黄或石炭酸复红复染后，G^+菌菌体呈紫色；而G^-菌菌体呈红色。

(2)细菌细胞壁的功能

保护细胞免受外力损伤，维持菌体外形；与胞膜一起完成细胞内外物质交换；为正常细胞生长、分裂和鞭毛运动所必需；与细菌的抗原性、致病性和对噬菌体的敏感性密切相关。

(3)缺壁细菌

尽管细胞壁是细菌的重要结构部分，但自然界也存在无壁细菌，如支原体属于这一类。G^+菌和G^-菌由于自发突变或在培养时用青霉素处理，可以形成无壁细胞或胞壁残缺不全的L型细胞。这种缺乏坚硬的肽聚糖细胞壁的L型细胞可以继续繁殖，甚至再形成胞壁。如果肽聚糖被全部去除无残余留下，则细胞壁不能再合成。这种形态同无胞壁的支原体是相关的，但不能混淆。此外，在实验室中，还可用人为方法通过抑制新生细胞壁的合成或对现成细胞壁进行酶解而获得人工缺壁细菌(见图2－6)。

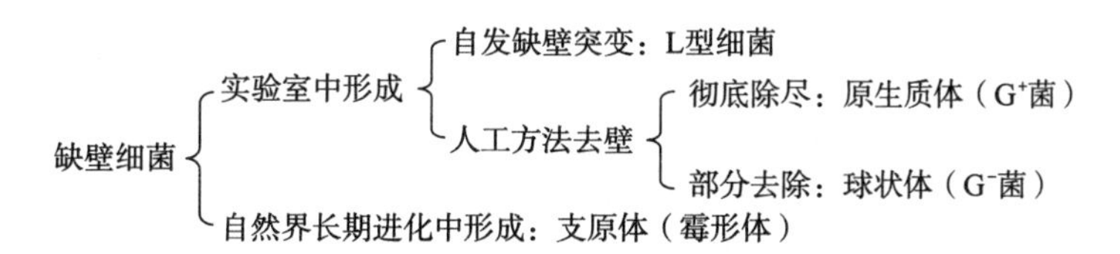

图2－6 四类缺壁细胞分解

2. 细胞膜

又称细胞质膜，简称质膜。是紧贴细胞壁内侧包围细胞质的一层柔软、富有弹性的半透明薄膜。细胞膜陷入细胞质内形成的折叠体称为间体。细胞膜具有选择性的半渗透性膜,其主要成分是磷脂、蛋白质和糖类。细胞膜是由球形蛋白与磷脂按照二维排列方式构成的流体镶嵌模式,流动的脂类双分子层构成了膜的连续体,而蛋白质像孤岛一样无规则地漂流在磷脂类的海洋当中。

细胞膜的作用是控制细胞内外物质交换和运送;在原核微生物中,参与生物氧化和能量产生;与细胞壁及荚膜的合成有关;它是鞭毛着生的位点。

间体是由细胞膜向内折叠形成的一种管状、层状或串状物,一般位于细胞分裂的部位或附近。间体的功能是参与隔膜形成;与核分裂有关;它具有类线粒体功能。

3. 细胞质

细胞质是位于细胞膜内的无色透明黏稠状胶体,是细菌细胞的基础物质,其基本成分是水、蛋白质、核酸和脂类,也含有少量的糖和无机盐类。细菌细胞质与其他生物细胞质的主要区别是其核糖核酸含量高,核糖核酸的含量可达固形物的15%~20%。据近代研究表明,细菌的细胞质可分为细胞质区和染色质区。细胞质区富于核糖核酸,染色质区含有脱氧核糖核酸。由于细菌细胞质中富有核糖核酸,因而嗜碱性强,易被碱性和中性染料所着色,尤其是幼龄菌。老龄菌细胞中核糖核酸常被作为氮和磷的来源而被利用,核酸含量减少,故着色力降低。细胞质具有生命物质所有的各种特征,含有丰富的酶系,是营养物质合成、转化、代谢的场所,不断地更新细胞内的结构和成分,使细菌细胞与周围环境不断地进行新陈代谢。细胞质中含有核糖体、内含物、气泡等。

(1)核糖体。核糖体是细胞中核糖核蛋白的颗粒状结构,由核糖核酸(RNA)与蛋白质组成,其中RNA约占60%,蛋白质占40%,核糖体分散在细菌细胞质中,其沉降系数为70S,是由50S的大亚基和30S的小亚基构成。是细胞合成蛋白质的场所,其数量多少与蛋白质合成直接相关,随菌体生长速度而异,当细菌生长旺盛时,每个菌体可有10^4个,生长缓慢时只有2000个。细胞内核糖体常成串联在一起,称为多聚核糖体。

(2)气泡。气泡吸收空气以其中氧气组分供代谢需要,并帮助细菌漂浮到盐水上层吸收较多的大气。

(3)内含物。细菌细胞内含有各种较大的颗粒,大多为细胞贮藏物,颗粒的多少随菌龄及培养条件的不同有很大变化。

①异染颗粒:是普遍存在的贮藏物,其主要成分是多聚偏磷酸盐,有时也被称为捩转菌素,多聚磷酸盐颗粒对某些染料有特殊反应,产生与所用染料不同的颜色,因而得名异染颗粒。如用甲苯胺蓝、次甲基蓝染色后不呈蓝色而呈紫红色。棒状杆菌和某些芽孢杆菌常含有这种异染颗粒。当培养基中缺磷时,异染颗粒可用为磷的补充来源。

②聚β-羟基丁酸颗粒:聚β-羟基丁酸是一类类脂物,一些细菌如巨大芽孢杆菌、根瘤菌、固氮菌、肠杆菌的细胞内均含有聚β-羟基丁酸的颗粒(是碳源与能源贮藏的物质)。由于易被脂溶性染料如苏丹黑着色,故常被误认为是脂肪滴或油球。

在很多细菌细胞中尚存有染色体外的遗传因子,为环状DNA分子,分散在细胞质中,能自我复制,称为质粒。而附着在染色体上的质粒叫附加体。质粒携带着遗传信息,一般质粒携带的基因是细菌细胞的次级代谢基因;质粒可自我复制、稳定遗传,随细菌繁殖在子代细胞中代代相传,质粒在细胞中有时可自行消失,但没有质粒的细菌不能自行产生。质粒在基因工程的研究中是重要的基因载体工具之一。

4. 核质(拟核)

细菌只具有比较原始形态的核称为核质或拟核。它没有核膜、核仁，只有一个核质体或称染色质体。一般呈球状、棒状或亚铃状，由于细胞核分裂在细胞分裂之前进行，所以，在生长迅速的细菌细胞中有两个或四个核，生长速度低时只有一个或两个核。

由于细菌核质体比其周围的细胞质电子密度较低，在电子显微镜下观察呈现透明的核区域，用高分辨率的电镜可观察到细菌的核为丝状结构，实际上是一个巨大的、连续的环状双链 DNA 分子(其长度可达 1mm)，比细菌本身长很多倍折叠缠绕形成的。核质在细菌的遗传性状的传递中起着重要的作用。

(二)细菌的特殊结构

细菌的特殊结构(见图 2－7)包括：荚膜、鞭毛、纤毛(菌毛)、芽孢。

1. 荚膜

有些细菌在生命过程中在其细胞壁外分泌的一层厚度不定的胶状物，称为荚膜。

(1)荚膜的种类

根据荚膜的形状和厚度不同可分为：①荚膜或大荚膜：黏液状物质具有一定外形，相对稳定地附着在细胞壁外，厚度$>0.2\mu m$(见图 2－8)。②微荚膜：黏液状物质较薄，厚度$<0.2\mu m$，与细胞表面牢固结合。③黏液层：黏液物质没有明显的边缘，比荚膜松散，可向周围环境中扩散，增大黏性。④菌胶团：多个细菌共有一个荚膜。

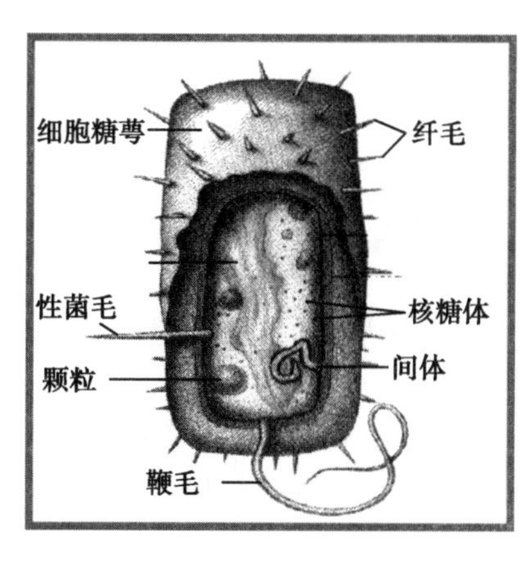

图 2－7　细菌的特殊结构

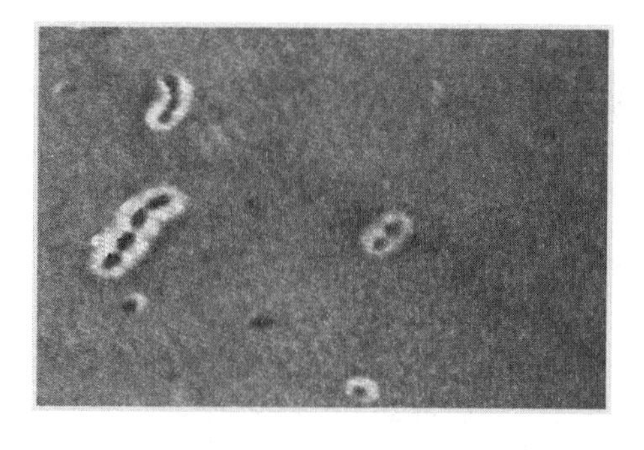

图 2－8　细菌的荚膜

(2)荚膜的组成

荚膜的组成因种而异，除水外，主要是多糖(包括同型多糖和异型多糖)，此外还有多肽、蛋白质、糖蛋白等。

(3)荚膜的生理功能

荚膜的生理功能主要有：保护细胞、抗干燥、贮藏养料，是细胞外碳源和能源的储备物质；荚膜可以抵御外界细胞对菌体的吞噬作用；荚膜具有抗原性；与细菌的致病力有关。

2. 鞭毛

某些细菌表面有细胞内生出的细长、弯曲、毛发状的结构。其主要成分是鞭毛蛋白。

鞭毛功能：具有运动功能，一般认为鞭毛靠鞭毛丝旋转而动，它们是细菌的"运动器官"。鞭毛的长度一般为 15～20μm，最长可达 70μm。鞭毛的直径：为 0.01～0.02μm。不同细菌的鞭毛数目和着生位置不同，鞭毛数目一般为一至数十条。

鞭毛着生的位置和数目，由细菌的遗传特性所决定，是菌种鉴定的重要依据。可分为以下几种类型(见图 2－9)。

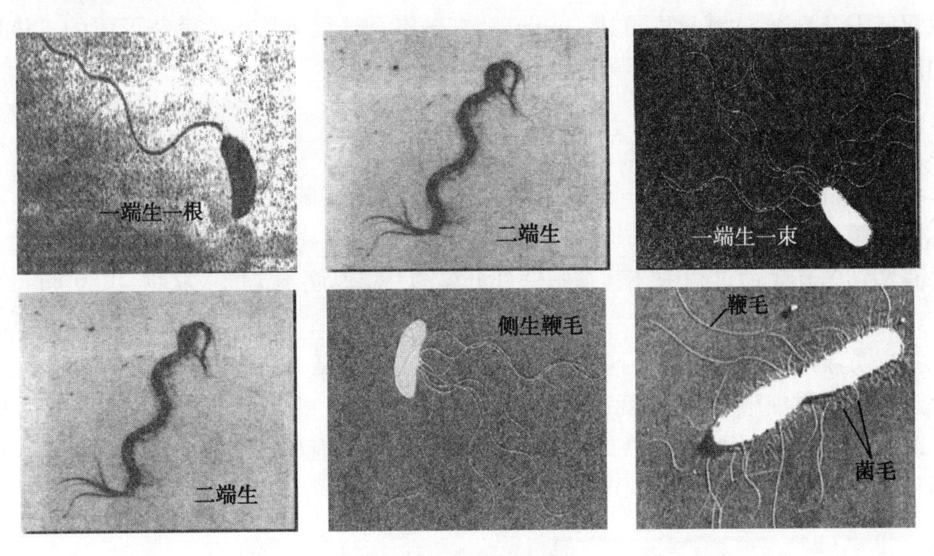

图 2－9　细菌的鞭毛

一端单毛菌：菌体的一端着生一根鞭毛，如霍乱弧菌(*Vibrio cholerae*)。

两端单毛菌：菌体的两端各着生一根鞭毛，如鼠咬热螺旋体(*Spirochetes morsumuris*)。

一端丛(束)毛菌：菌体的一端着生一丛鞭毛，如铜绿假单胞杆菌(*Pseudomonas aeruginosa*)。

两端丛(束)毛菌：菌体的两端各着生一丛鞭毛，如红螺菌(*Spirillum rubrum*)。

周毛菌：菌体周生鞭毛，如大肠杆菌(*Escherichia coli*)，枯草芽孢杆菌(*Bacillus subtilis*)。

侧毛菌：菌体一侧生有鞭毛，如反刍月形单胞菌(*Selenomonas ruminantiun*)。

细菌可借助鞭毛在水中或其他液体中运动，其运动的方式和速度与鞭毛着生的位置和数目有关。单毛菌和丛毛菌作直线运动，速度快，有时可摆动；周毛菌作翻转运动，速度慢。在不良环境中或生长后期，菌体常易失去鞭毛而停止运动。因此，观察细菌鞭毛时，需用幼龄菌体(培养 18～24h)才可靠。鞭毛还具有抗原作用，可进行血清学鉴定。

3. 菌毛(纤毛)

菌毛又称柔毛、伞毛和纤毛，是某些菌体表面存在的短而多的蛋白附属物。菌毛比鞭毛细、短、直而硬，且数目多，为毛发状细丝。其直径为 5～10nm，长为 0.2～0.5μm，少数达 4μm，菌毛为空心蛋白管。它可分普通菌毛和性菌毛。普通菌毛细、短、数量多，达50～400 条，具有吸附功能；性菌毛较普通菌毛粗、长、数量少，每个细菌不超过 4 条，是细菌的交配器官，传递遗传物质。菌毛往往与细菌的致病性有关。

4. 芽孢

芽孢是某些菌生长到一定阶段，细胞浆脱水形成的一个圆形、椭圆形或卵圆形的折光性强的小体（内生孢子），是对不良环境有较强抵抗力的休眠体。菌体在未形成芽孢之前称繁殖体或营养体，形成芽孢后称为芽孢体。能否形成芽孢是细菌种的特征，受其遗传性的制约，在杆菌中形成芽孢的种类较多，在球菌和螺旋菌中只有少数菌种可形成芽孢。芽孢有较厚的壁和高度折光性，在显微镜下观察芽孢为透明体。芽孢难以着色，为了便于观察常常采用特殊的染色方法——芽孢染色法。各种细菌芽孢形成的位置、形状与大小是一定的，是细菌鉴定的重要依据。有的位于细胞的中央，称为中央芽孢；有的位于顶端，称为顶端芽孢；有的位于菌体的偏端，称为偏端芽孢。有的由于菌体崩解，仅剩芽孢，称为游离芽孢。芽孢在中央如果其直径大于细菌的宽度时，细胞呈梭状，如丙酮丁醇梭菌（*Clostridium acetobutylicum*）。芽孢在细菌细胞顶端如芽孢直径大于细菌的宽度时，则细胞呈鼓槌状，如破伤风梭菌（*Clostridium tetani*）。芽孢直径如小于细菌细胞宽度则细胞不变形，如常见的枯草杆菌，蜡状芽孢杆菌（*Bacillus cereus*）等。芽孢的形状、大小和位置（见图 2－10）。

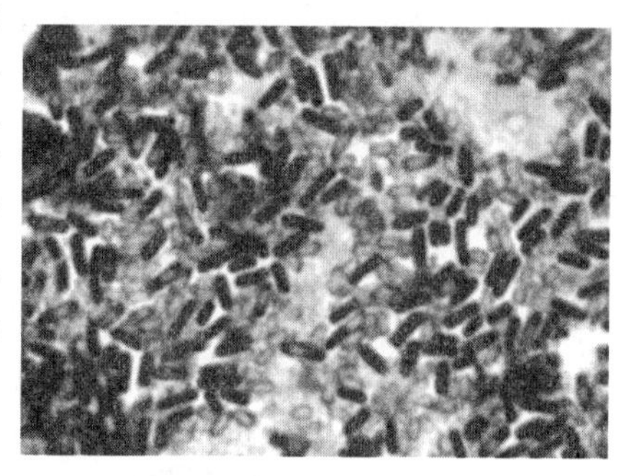

图 2－10　细菌的芽孢

芽孢的特性：具有很强的抗热、抗干燥、抗辐射、抗化学药物、抗静水压等能力；含水量低、壁厚而致密，通透性差，不易着色；新陈代谢几乎停止，处于休眠状态；一个芽孢萌发产生一个个体。

三、细菌的繁殖与菌落形态特征

（一）细菌的繁殖

细菌繁殖主要是简单的无性二分裂繁殖。分裂时首先菌体伸长，核质体分裂，菌体中部的细胞膜从外向中心作环状推进，然后闭合而形成一个垂直于细胞长轴的细胞质隔膜，把菌体分开；细胞壁向内生长把横隔膜分为两层，形成子细胞壁，然后子细胞分离形成两个菌体。球菌依分裂方向及分裂后子细胞的状态，可以形成各种形态的群体，如单球菌、双球菌、四联球菌、八叠球菌、葡萄球菌等。杆菌繁殖其分裂面都与长轴垂直，分裂后的排列形式也因菌种不同而其形态各异，有单在的、成对的、有的结成短链或长链，有的呈八字形、有的呈栅状排列。

除无性繁殖外，经电镜观察及遗传学研究证明细菌也存在有性结合，不过细菌的有性结合发生的频率极低。

(二)细菌菌落形态特征

在适宜的固体培养基上,一个细菌细胞在适合的环境条件下,固定于一点大量生长繁殖,形成一个肉眼可见的细胞群体或集落,称为菌落(colony)。多个细菌细胞密集生长,结果长成的各"菌落"连成一片,称为菌苔。

不同菌种其菌落特征不同,同一菌种因不同生活条件其菌落形态也不尽相同,但是同一菌种在相同培养条件下所形成的菌落形态是一致的,所以菌落形态特征对菌种的鉴定有一定的意义。

菌落物理特性包括:菌落的大小、形态(圆形、丝状、不规则状、假根状等),侧面观察的菌落隆起程度(如扩展、台状、低凸状、乳头状等),菌落表面状态(如光滑、皱褶、颗粒状龟裂、同心圆状等),表面光泽(如闪光、不闪光、金属光泽等),质地(如油脂状、膜状、黏、脆等),颜色与透明度(如透明、半透明、不透明等)。如图 2-11 所示。

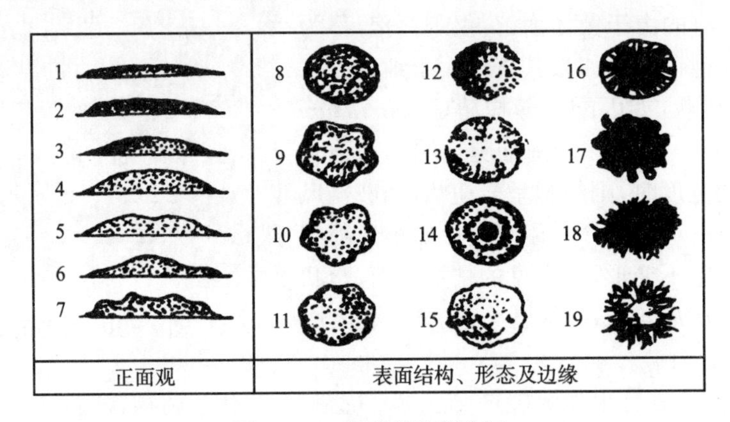

图 2-11 细菌的菌落特征

四、食品中常见的细菌

在日常生活中食品经常受到细菌的污染,从而使食品变质;但也有些对人类有益的细菌,人们常常利用它们制造一些食品或药品。现将常见的几个细菌属分述如下。

1. 假单胞杆菌属(*Pseudomonas*)

菌体呈直的或弯曲状(1.5～4μm)×(0.5～1μm),革兰氏阴性菌,端生鞭毛,可运动、不形成芽孢。化能异养型,需氧,在自然分布很广。某些菌株具有很强的分解脂肪和蛋白质的能力。它们污染食品后如环境条件适宜,可在食品表面迅速生长,一般产生水溶性色素、氧化产物和黏液,引起食品产生异味及变质,很多菌在低温下能很好的生长,所以在冷藏食品的腐败变质中起主要作用。例如:荧光假单胞菌(*Ps. fluorescens*)在低温下可使肉、牛乳及乳制品腐败。腐败假单胞菌(*Ps. putrefacicus*),可使鱼、牛乳及乳制品腐败变质,可使奶油的表面出现污点。菠萝假单胞菌(*Ps. ananas*)可使菠萝果实腐烂,被侵害的组织变黑并枯萎。

2. 醋酸杆菌属(*Acetobacter*)

醋酸杆菌分布也很普遍,一般从腐败的水果、蔬菜及变酸的酒类、果汁等食品中都能分离出醋酸杆菌。细菌细胞呈椭圆形杆状、单生或成链状，不产生芽孢，需氧，运动或不运动。本属菌有很强的氧化能力，可将乙醇氧化成醋酸。醋酸菌有两种类型的鞭毛，一群为周生鞭毛，它们可以把生成的醋酸进一步氧化成 CO_2 和水；另一群为极生鞭毛，它们不能进一步氧化醋酸。醋酸杆菌是制醋的生产菌株，在日常生活中常常危害水果与蔬菜，使酒、果汁变酸。

3. 无色杆菌属(*Achromobacter*)

无色杆菌属为革兰氏阴性杆菌，分布在水和土壤中，有鞭毛，能运动。多数能分解葡萄糖和其他糖类产酸而不产氧，能使禽、肉和海产品变质发黏。

4. 产碱杆菌属(*Aicaligenes*)

产碱杆菌属为革兰氏阴性菌，这个属细菌不能分解糖类而产酸，能产生灰黄色、棕黄色或黄色色素。分布极广，存在于水、土壤、饲料和人畜的肠道内。能使乳制品及其他动物性食品产生黏性而变质，能在培养基上产碱。

5. 黄色杆菌属(*Flavobacterium*)

黄色杆菌属细胞呈直杆或弯曲状(0.5～6.0μm)×(0.2～2.0μm)，通常极生鞭毛，可运动，革兰氏染色阴性。好氧或兼性厌氧，有机营养型。中温或嗜冷，大多来源于水和土壤。菌落可产生黄色、橘红、红色或褐色非水溶性色素，有很强的分解蛋白质的能力，可产生热稳定的胞外酶，故可在低温下使牛乳及乳制品酸败。有的黄色杆菌在4℃引起牛乳变黏等。对其他食品如禽、鱼、蛋等食品同样引起腐败变质。

6. 埃希氏杆菌属(*Escherichia*)

细胞呈杆状(1.0～4.0μm)×(0.4～0.7μm)通常单个出现，周生鞭毛，可运动或不运动，革兰氏阴性菌，好氧或兼性厌氧，化能异养型。是食品中重要的腐生菌。存在于人类及牲畜的肠道中，在水、土壤中也极为常见。大肠杆菌(*E. coli*)在合适条件下使牛乳及乳制品腐败产生一种不洁净或粪便气味。

7. 沙门氏菌(*Salmonella*)

沙门氏菌为无芽孢杆菌，不产荚膜，通常可运动，具有周生鞭毛，也有无动力的变种，革兰氏阴性。该属菌常常污染鱼、肉、禽、蛋、乳等食品，特别是肉类。是人类重要的肠道致病菌。误食由此菌污染的食品，可引起肠道传染病或食物中毒。

8. 变形杆菌(*Proteus*)

变形杆菌为无芽孢的革兰氏阴性菌(1～3μm)×(0.4～0.6μm)，卵圆形。幼龄时常常变成丝状或弯曲状，周生鞭毛，运动性强。广泛分布于土壤、水及粪便之中。有较强分解蛋白质的能力，是食品的腐败菌，可引起食物中毒。

9. 李斯特氏菌属(*Listeria*)

李斯特氏菌属为无芽孢的短杆菌，革兰氏染色阳性，周生鞭毛，在低温下可以生长。所以，在冷藏食品中可以发现，是人畜共患李氏菌病的病原菌，可引起人的脑膜炎、败血症、肺炎等。食品中常见的是单核细胞增生性李斯特氏菌(*L. monocytogenes*)。

10. 乳杆菌属(*Lactobacillus*)

乳杆菌属菌体单个或呈链状。不运动或极少能运动，厌氧或兼性厌氧，革兰氏染色阳性，分解糖的能力很强。从牛乳、乳制品和植物产品中能分离出来。常常被用作生产乳酸饮料、干酪、酸乳等乳制品的发酵菌剂。

11. 明串珠菌属(*Leuconostoc*)

明串珠菌属菌体呈圆形或卵圆形,呈链状排列,革兰氏染色阳性,分布较广,常常在牛乳、蔬菜、水果上发现。肠膜明串珠菌(*Leuconostoc mesenteroide*)能利用蔗糖合成大量荚膜物质——葡萄糖。已被用来生产右旋糖酐,作为代血浆的主要成分。明串珠菌常给食品的污染带来麻烦,如牛乳的变黏以及制糖工业中增加了糖液黏度,影响过滤而延长了时间,降低了产量。

12. 双歧杆菌属(*Bifidobacterium*)

双歧杆菌属为革兰氏染色阳性多形态杆菌,呈 Y 字形、V 字形、弯曲状、棒状、勺状等。菌种不同其形态不同。专性厌氧,目前市场上保健饮品风行,其中发酵乳制品及一些保健饮料常常加入双歧杆菌,以提高产品保健效果。

13. 芽孢杆菌属(*Bacillus*)

芽孢杆菌属细胞呈杆状,有些很大(1.2~7.0μm)×(0.3~2.2μm)。能出现单个、成对或短链状。端生或周生鞭毛,运动或不运动,革兰氏阳性菌,好氧或兼性厌氧,可产生芽孢,在自然界中广泛分布,在土壤、水中尤为常见。此菌产生芽孢具有一定对热的抵抗性。因此,在食品工业中是经常遇到的污染菌。蜡样芽孢杆菌(*Bacillus cereus*)污染食品引起食物变质,尚可引起食物中毒。枯草芽孢杆菌(*Bacillus subtilis*)常常引起面包腐败,但它们产生蛋白酶的能力强,常用作蛋白酶生产菌。该属中也有如炭疽芽孢杆菌(*Bacillus anthracis*)能引起人、畜共患的烈性传染病——炭疽病。

14. 梭状芽孢杆菌(*Clostridium*)

梭状芽孢杆菌为厌氧性革兰氏阳性杆菌,罐装食品中引起腐败的主要菌种,解糖嗜热梭状芽孢杆菌(*Cl. thermosaccharolyticum*)可分解糖类引起罐装水果、蔬菜等食品的产气性变质。腐败梭状芽孢杆菌(*Cl. putrefaciens*)可以引起蛋白质食物的变质。肉类罐装食品中最重要的是肉毒梭状芽孢杆菌(*Cl. botulinum*),其芽孢产生在菌体的中央或极端,芽孢耐热性极强,能产生毒性很强的毒素——肉毒毒素。

15. 微球菌属(*Micrococcus*)

微球菌属的细菌呈小球状的革兰氏阳性菌,需氧或兼性厌氧。在自然界分布很广,如土壤、水及人、动物体表面都可以分离出来。非致病性,菌落呈黄色、淡黄色、绿色或橘红色。污染食品可使食品变色。微球菌有耐热性和较高的耐盐性,并且有些菌可在低温下生长,故可引起冷藏食品的腐败变质。

16. 链球菌(*Streptococcus*)

链球菌细胞为球形、卵形。呈短链或长链排列。革兰氏阳性,很少运动,化能异养型,好氧或兼性厌氧。其中有些是人类或动物的病原菌。例如:化脓性链球菌(*Streptococcus pyogenes*)可以从人类的口腔、喉、呼吸道、血液等有炎症的地方或渗出物中分离出来。引起机体发红发烧的原因,是溶血性的链球菌。乳房链球菌(*Sc. uberis*)、无乳链球菌(Sc. agalactiae)常常是引起牛乳房炎的病原菌,有些也是引起食品变质的细菌。

17. 葡萄球菌(*Staphylococcus*)

菌体呈球形,多呈葡萄串状排列,革兰氏染色阳性,需氧兼性厌氧菌。如金黄色葡萄球菌(*Staphylococcus aureus*)主要在鼻黏膜、人及动物的体表上发现,可引起感染。污染食品产生肠毒素,使人发生食物中毒。

第二节 放线菌

放线菌是具有多核的单细胞原核生物,革兰氏染色阳性。比较原始的放线菌细胞是杆状分叉或只有基质菌丝没有气生菌丝。典型的放线菌除发达的基质(营养)菌丝外,还有发达的气生菌丝和孢子丝(见图 2-12)。放线菌在抗生素工业中非常重要。目前生产的抗生素绝大多数都是由放线菌产生的。

一、放线菌的形态特征

基质菌丝是紧贴固体培养基表面并向培养基里面生长的菌丝。基质菌丝也称营养菌丝。能产生黄、橙、红、紫、蓝、绿、灰、褐、黑等色素或不产色素。色素脂溶性或水溶性。水溶性色素在培养过程向培养基中扩散可使菌落周围培养基呈现颜色,而脂溶性色素在培养过程中使菌落呈现一定的颜色。气生菌丝是自培养基表面向空气中生长的菌丝,有弯曲、螺旋、轮生等各种形态。

放线菌的孢子有球形、椭圆形或瓜子形等各种形态,孢子表面还有不同的纹饰。孢子呈白、黄、绿、淡紫、粉红、蓝、褐、灰等颜色。

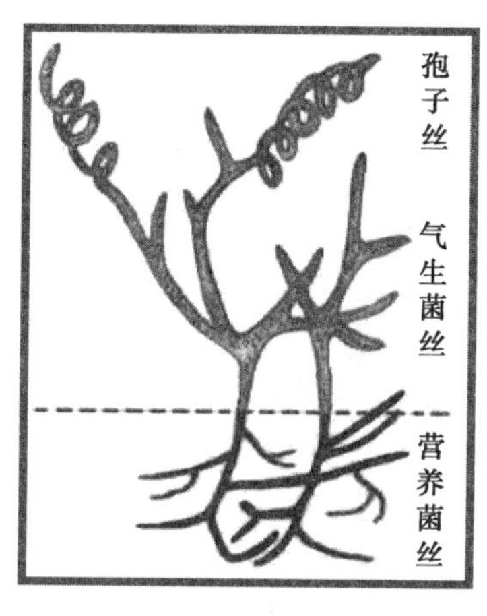

图 2-12 放线菌的菌丝

二、放线菌的繁殖

放线菌主要通过形成无性孢子的方式进行繁殖,也可靠菌丝片断进行繁殖。放线菌产生的无性孢子主要有分生孢子和孢囊孢子。

放线菌的孢子形成,通过电镜观察表明:孢子丝的分裂只有横隔分裂的方式,链霉菌的孢子形成又有三个基本型:(1)间隙横隔;(2)由缢缩壁和间隙组成孢子横隔;(3)由缢缩壁形成的孢子横隔。有些放线菌(游动放线菌科的各属)还形成孢子囊,长在气生菌丝或基内菌丝上。孢子囊内产生有鞭毛、能运动或无鞭毛、不运动的孢囊孢子。有些放线菌可在菌丝上形成孢子囊,在孢子囊内形成孢囊孢子,孢子囊成熟后,释放出大量孢囊孢子。孢子囊可在气生菌丝上形成(如链孢囊菌属),也可在基内菌丝上形成(如游动放线菌属),或二者均可生成。另外,某些放线菌偶尔也产生厚垣孢子。

借菌丝断裂的片段形成新菌体的繁殖方式常见于液体培养中,如工业化发酵生产抗生素时,放线菌就以此方式大量繁殖。

三、放线菌的菌落特征

放线菌的菌落特征因种而异。大致分为两类:(1)以链霉菌为代表,其早期菌落类似细菌,后期由于气生菌丝和分生孢子的形成而变成表面干燥、粉粒状并常有辐射皱褶。

菌落一般小，质地较密，不易挑起并常有各种不同的颜色。(2)以诺卡氏菌为代表，菌落一般只有基质菌丝，结构松散，黏着力差，易于挑起，也有特征性的颜色。

有些种类菌丝和孢子常含有色素，使菌落正面和背面呈现不同颜色。正面是气生菌丝和孢子的颜色，背面是基内菌丝或所产生色素的颜色。

将放线菌接种于液体培养基内静置培养，能在瓶壁液面处形成斑状或膜状菌落，或沉降于瓶底而不使培养基混浊；若振荡培养，常形成由短小的菌丝体所构成的球状颗粒。

四、放线菌常见类群

1. 链霉菌属(*Streptomyces*)

链霉菌属大多生长在含水量较低、通气较好的土壤中。其菌丝无隔膜，基内菌丝较细，直径0.5～0.8μm，气生菌丝发达，较基内菌丝粗1～2倍，成熟后分化为呈直形、弯曲形或螺旋形的孢子丝，孢子丝发育到一定时期产生出成串的分生孢子。链霉菌属是抗生素工业所用放线菌中最重要的属。已知链霉菌属有1000多种。许多常用抗生素，如链霉素、土霉素、井冈霉素、丝裂霉素、博来霉素、制霉菌素、红霉素和卡那霉素等，都是链霉菌产生的。

2. 诺卡氏菌属(*Nocardia*)

在固体培养基上生长时，只有基质菌丝，没有气生菌丝或只有很薄一层气生菌丝，靠菌丝断裂进行繁殖。该属产生多种抗生素。对结核分枝杆菌和麻风分枝杆菌特效的利福霉素就是由该属菌产生的。

3. 放线菌属(*Actinomyces*)

放线菌属菌丝较细，直径小于1μm，有隔膜，可断裂呈"V"形或"Y"形。不形成气生菌丝，也不产生孢子，一般为厌氧或兼性厌氧菌。本属多为致病菌，如引起牛颚肿病的牛型放线菌，引起人的后颚骨肿瘤病及肺部感染的衣氏放线菌。

4. 小单孢菌属(*Micromonaspora*)

小单孢菌属分布于土壤及水底淤泥中。基内菌丝较细，直径0.3～0.6μm，无隔膜，不断裂，一般无气生菌丝。在基内菌丝上长出短孢子梗，顶端着生单个球形或椭圆形孢子。菌落较小。多数好氧，少数厌氧。有的种可产抗生素，如绛红小单孢菌和棘孢小单孢菌都可产生庆大霉素，有的种还可产生利福霉素。此外，还有的种能产生维生素B_{12}。

第三节　其他原核微生物

一、蓝细菌

蓝细菌旧名蓝藻或蓝绿藻，是一类进化历史悠久，革兰染色阴性，无鞭毛，含叶绿素a(但不形成叶绿体)，能进行产氧性光合作用的大型原核微生物。

蓝细菌分布极广，普遍生长在淡水、海水和土壤中，并且在极端环境(如温泉、盐湖、贫瘠的土壤、岩石表面或风化壳中以及植物树干等)中也能生长，故有"先锋生物"的美称。许多蓝细菌类群具有固氮能力。一些蓝细菌还能与真菌、苔藓类、苏铁科植物、珊瑚甚至一些无脊椎动物共生。

(一)蓝细菌的形态与构造

蓝细菌的细胞一般比细菌大,通常直径为 3~10μm,最大的可达 60μm,如巨颤蓝细菌。根据细胞形态差异,蓝细菌可分为单细胞和丝状体两大类。单细胞类群多呈球状、椭圆状和杆状,单生或团聚体,如黏杆蓝细菌和皮果蓝细菌等属;丝状体蓝细菌是由许多细胞排列而成的群体,包括有异形胞的(如鱼腥蓝细菌属)、无异形胞的(如颤蓝细菌属)、有分支的(如费氏蓝细菌属)几类。

蓝细菌的细胞构造与 G^- 细菌相似。细胞壁有内外两层,外层为脂多糖层,内层为肽聚糖层。许多种能不断地向细胞壁外分泌胶黏物质,将一群细胞或丝状体结合在一起,形成黏质糖被或鞘。细胞膜单层,很少有间体。大多数蓝细菌无鞭毛,但可以“滑行”。蓝细菌光合作用的部位称为类囊体,数量很多,以平行或卷曲方式贴近地分布在细胞膜附近,其中含有叶绿素 a 和藻胆素(一类辅助光合色素)。蓝细菌的细胞内含有糖原、聚磷酸盐、PHB 以及蓝细菌肽等贮藏物和能固定 CO_2 的羧酶体,少数水生性种类中还有气泡。

在化学组成上,蓝细菌最独特之处是含有两个或多个双键组成的不饱和脂肪酸,而细菌通常只含有饱和脂肪酸和一个双键的不饱和脂肪酸。

蓝细菌的细胞有几种特化形式,较重要的是异形胞、静息孢子、链丝段和内孢子。异形胞是存在于丝状体蓝细菌中的较营养细胞稍大,色浅、壁厚、位于细胞链中间或末端,且数目少而不定的细胞。异形胞是固氮蓝细菌的固氮部位。营养细胞的光合产物与异形胞的固氮产物,可通过胞间链丝进行物质交换。静息孢子是一种着生于丝状体细胞链中间或末端的形大、色深、壁厚的休眠细胞,胞内有贮藏性物质,具有抗干旱或抗冷冻的能力。链丝段又称连锁体或藻殖段,是长细胞断裂而成的短链段,具有繁殖功能。内孢子是少数蓝细菌种类在细胞内形成许多球形或三角形的内孢子,成熟后可释放,具有繁殖功能。

(二)蓝细菌的繁殖

蓝细菌通过无性方式繁殖。单细胞类群以裂殖方式繁殖,包括二分裂或多分裂。丝状体类群可通过单平面或多平面的裂殖方式加长丝状体,还常通过链丝段繁殖。少数类群以内孢子方式繁殖。在干燥、低温和长期黑暗等条件下,可形成休眠状态的静息孢子,静息孢子在适宜条件下可继续生长。

二、支原体

支原体(mycoplasma)是一类介于细菌和立克次氏体之间的 G^- 原核微生物,是已知的能独立生活的最小生物。广泛分布于土壤和动物体内,多数致病,如胸膜肺炎、猪气喘病、鸡慢性呼吸道疾病等,少数腐生。其特点是:(1)无细胞壁,因而细胞柔软而形态多变,具有高度多形性,能通过细菌滤器。(2)在含血清的营养丰富的培养基上长出一种典型的“油煎蛋状”小菌落。(3)细胞膜含甾醇,这是其他原核生物罕有的。

三、衣原体

衣原体(chlamydia)是一种能通过细菌滤器、G^-、仅能在脊椎动物细胞质内繁殖并致病、具特殊生长周期的原核微生物,其特点是:(1)是一类“能量寄生物”,即体内缺乏完整的酶系,必须依靠寄主细胞提供。因而离开寄主细胞则不表现生命活力。(2)不经过节肢动物,而是在脊椎动物间直接传染,引起疾病。如沙眼衣原体、性病淋病肉芽肿衣原体等,在动物体内还可引起肺炎、多发性关节炎、胎盘炎、肠炎等疾病。(3)在细胞内有一定的发育阶段,即由细小、细胞壁坚韧的具传染性的原基体,变成较大的胞壁薄的非传染型,然后再形成致密的具传染性的原基体。

四、螺旋体

螺旋体(spirochetes)无论是形态特征和行动方式上,均不同于螺旋菌及其他细菌,可归为一个独立的类群。螺旋体细胞长而柔软,呈螺旋状卷曲。原核生物,单细胞革兰氏染色阴性,虽无鞭毛,但可靠细胞内的轴丝运动。螺旋体分布于水、污泥、沼泽地以及动物的器官中,有腐生型和寄生型两种生活方式。其寄生型可引起人和动物疾病,如人类梅毒和回归热均由螺旋体诱发。

五、立克次氏体

立克次氏体(rickettsia)是一类比细菌小的病原体。多为 G^- 球菌或杆菌,在不同宿主中或不同发育阶段表现不同形状。除个别(如 Q 热立克次氏体)外均不能通过细菌滤器。其主要特点是:(1)致病性强,往往通过节肢动物传染给人类或其他哺乳动物使其致病。如斑疹热病和落矶山斑疹伤寒。(2)细胞膜疏松而渗漏性大,因而必须在专性活细胞内寄生,不能在普通培养基上培养。可通过接种敏感动物的方法得到纯培养。

六、古细菌

古细菌(*Archaebacteria*)是 1977 年 Woese 和 Wolfe 对细菌类群中的 16s rRNA 核苷酸顺序的同源性进行分析测定后发现,产甲烷细菌(*Methanogens*)、极端嗜盐细菌(*Extreme halophiles*),嗜热嗜酸细菌(*Thermoacidophiles*)与其他细菌(真细菌,Eubacteria)具有明显区别。考虑到这三类细菌是在厌氧、高温、强酸条件下生活,与地球生命出现的初期环境相似,因此,命名为古细菌。其特点如下。

(1)细胞壁由假肽聚糖(N-乙酰氨基葡萄糖或 N-乙酰氨基半乳糖和 N-乙酰塔罗糖醛酸以及少量的氨基酸短肽链组成的亚单位聚合而成)或酸性杂多糖或蛋白质亚基构成,不含胞壁酸、磷壁酸、二氨基酸和 D 型氨基酸。

(2)细胞膜中的脂类为不可皂化的脂类,其中中性类脂为聚异戊二烯甘油醚,极性类脂为植烷甘油醚。

(3)细胞核与真细菌相同,属于原核微生物。

(4)16S rRNA 核苷酸顺序既不同于真细菌,也不同于真核生物。

(5)核糖体小亚基为 30S,但其形状不同于真细菌而与真核生物相似。

(6)RNA 聚合酶结构由多个蛋白质亚基构成，不同于真细菌(4 个蛋白质亚基组成)，而与真核生物相似。

(7)tRNA 结构和成分。它的结构不同于真细菌，而与真核生物相似，其成分不含胸腺嘧啶，既不同于真细菌，也不同于真核生物。

(8)蛋白质合成起始氨基酸为甲硫氨酸，不同于真细菌(N－甲酰甲硫氨酸)，而与真核生物相同。

(9)对溶菌酶和抗生素的敏感性。对作用于真细菌细胞壁的溶菌酶和抗生素如青霉素、头孢霉素、D－环丝氨酸、万古霉素等不敏感。对抑制真细菌基因转录和转译的利福平和氯霉素不敏感，对抑制真核生物转译的白喉毒素却十分敏感。

根据上述古细菌的性状特点，可以认为，古细菌是一类 16S rRNA 及其他细胞成分在分子水平上与原核生物和真核生物均有所不同的特殊生物类群。因此，有人指出，古细菌属于"第三型生物"。

【本章小结】

为便于学习，原核生物可粗分为"四菌"和"四体"八个大类，即细菌、古生菌、放线菌、蓝细菌以及螺旋体、支原体、立克次氏体和衣原体。

原核生物的共同特征是细胞微小、结构简单、进化地位低，无完整的细胞核，只有核质，细胞壁含独特的肽聚糖，细胞内无细胞器分化。通过革兰氏染色可把所有原核生物区分成 G^+ 和 G^- 两大类，并能揭示其在结构、功能、生理、遗传、生态等特性上的不同，故此染色法具有重要的理论和实践意义。

原核细胞的共同结构有细胞壁(支原体例外)、细胞(质)膜、细胞质、核质和各种内含物等，部分种类的细胞壁外还有糖被(荚膜、黏液层)、鞭毛、菌毛和芽孢等特殊构造。芽孢高度耐热，在理论与实践上均很重要。

【思考与练习题】

一、名词解释

细菌；菌落；芽孢；鞭毛；荚膜

二、填空

(1)微生物包括的主要类群有__________、__________和__________。

(2)细菌的基本形态有__________、__________和__________。

(3)根据分裂方式及排列不同，球菌分为__________、__________、__________、__________、__________和__________等，螺旋菌又可分为__________和__________。

(4)细菌的基本结构有__________、__________、__________和__________等，特殊结构有__________、__________、__________和__________等。

(5)细菌的染色方法依据所用染色剂的种类不同有__________和__________。

(6)革兰氏染色的步骤分为__________、__________、__________和__________，其中关键步骤为__________；而染色结果 G^- 为__________色、G^+ 为__________色，如大肠杆菌是革兰氏__________菌、葡萄球菌是革兰氏__________菌。

(7)G^+细胞壁的主要成分是________和________。

(8)缺壁细菌的主要类型有________、________、________和________。

(9)芽孢具有很强的________、________、________和________等性能。

(10)放线菌是一类呈菌丝生长和以孢子繁殖的原核生物，其菌丝有__________、__________和__________三种类型。

三、判断题

(1)细菌的异常形态是细菌的固有特征。 (　　)

(2)光学显微镜的分辨率与所用波长成正比。 (　　)

(3)脂多糖是革兰氏阳性细菌特有的成分。 (　　)

(4)菌落边缘细胞的菌龄比菌落中心的细胞菌龄长。 (　　)

(5)细菌形态通常有球状、杆状、螺旋状三类。自然界中杆菌最常见，球菌次之，螺旋菌最少。 (　　)

(6)蓝细菌是一类含有叶绿素 a，具有放氧性光合作用的原核生物。和光合细菌同属一类。 (　　)

(7)放线菌具有菌丝，并以孢子进行繁殖，它属于真核微生物。 (　　)

(8)放线菌孢子和细菌的芽孢都是繁殖体。 (　　)

(9)支原体是一类无细胞壁的原核生物。 (　　)

(10)细菌是一类细胞细而短，结构简单，细胞壁坚韧，以二等分裂方式繁殖，水生性较强的真核微生物。 (　　)

四、选择题

(1)细菌形态通常有球状、杆状、螺丝状三类。自然界中最常见的是(　　)。

A. 螺旋菌　　B. 杆菌　　C. 球菌

(2)自界长期进化形成的缺壁细菌是(　　)。

A. 支原体　　B. L 型细菌　　C. 原生质体　　D. 原生质球

(3)在革兰氏染色中一般使用的染料是(　　)。

A. 美蓝和刚果红　　B. 苯胺黑和碳酸品红

C. 结晶紫和番红　　D. 刚果红和番红

(4)产甲烷菌属于(　　)。

A. 古细菌　　B. 真细菌　　C. 放线菌　　D. 蓝细菌

(5)实验室中自发突变形成的缺壁细菌称作(　　)。

A. 支原体　　B. L 型细菌　　C. 原生质体　　D. 原生质球

(6)革兰氏阳性菌细胞壁特有的成分是(　　)。

A. 肽聚糖　　B. 几丁质　　C. 脂多糖　　D. 磷壁酸

(7)革兰氏阴性菌细胞壁特有的成分是(　　)。

A. 肽聚糖　　B. 几丁质　　C. 脂多糖　　D. 磷壁酸

(8)原核细胞细胞壁上特有的成分是(　　)。

A. 肽聚糖　　B. 几丁质　　C. 脂多糖　　D. 磷壁酸

(9)放线菌具吸收营养和排泄代谢产物功能的菌丝是(　　)。

A. 基内菌丝　　B. 气生菌丝　　C. 孢子丝　　D. 孢子

(10)下列微生物中,(　　)属于革兰氏阴性菌。

A. 大肠杆菌　　B. 金黄葡萄球菌

C. 巨大芽孢杆菌　　D. 肺炎双球菌

五、问答题

(1)细胞壁的主要生理功能是什么?

(2)细胞膜的主要生理功能是什么?

(3)简述古细菌与真细菌的区别。

(4)简述革兰氏染色机理。

(5)简述蓝细菌及其特点。

第三章　真核微生物

【知识目标】

1. 理解真核微生物与原核微生物的主要区别。
2. 掌握真核微生物的特点和真菌特点。
3. 掌握酵母菌和霉菌的细胞结构、个体形态、菌落特征和繁殖方式。
4. 掌握食品中常见酵母菌和霉菌的生活特征。

【技能目标】

1. 能从微生物菌落中分辨出食品中常见的酵母菌和霉菌菌落。
2. 会对霉菌和酵母菌的生长进行控制。
3. 能将所学的有关真菌理论知识与生产实践联系起来。

【重点与难点】

重点：真核微生物的繁殖特征。
难点：真核微生物的无性繁殖和有性繁殖。

真核微生物细胞的细胞核分化程度较高，有核膜、核仁和染色体，能进行有丝分裂。细胞内含有线粒体等多种不同功能的细胞器。真核微生物包含了属于不同生物界的几个类群，它们相互之间缺乏共同的进化联系。其主要类群概括如下。

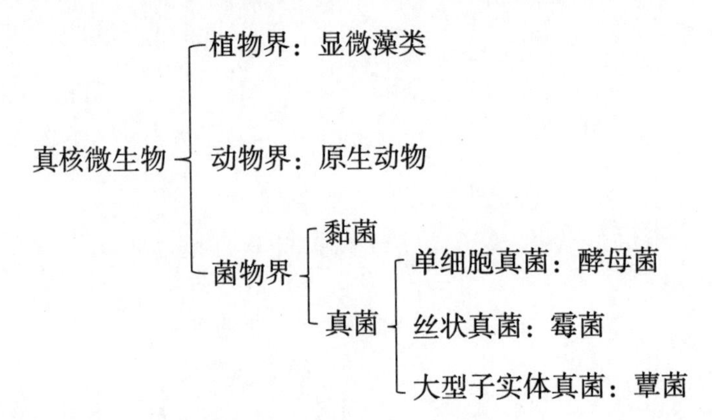

除红藻、褐藻、绿藻外，大多数藻类肉眼难以观察，称为显微藻类。其中，蓝藻（又称蓝细菌）为原核生物，其余均是能进行光合作用的真核微生物；原生动物如草履虫、眼虫、夜光虫、痢原虫等，形体微小，一般以有性和无性两种世代相互交替的方法进行生殖；菌物界是与动物界、植物界相并列的一大群无叶绿素、依靠细胞表面吸收有机养料、细胞壁一般含有几丁质的真核微生物，包括黏菌和真菌。黏菌是介于真菌和原生动物之间的一类微生物。

真菌是人类认识最早、应用最广的微生物，与人类关系极为密切。如酵母菌可以用来酿酒，制作面包等。霉菌可以酿制白酒、酱油、豆腐乳等食品。形成大型子实体的蕈菌可以直接用作食品，如木耳、蘑菇、竹荪等，它们不仅味道鲜美，而且营养丰富；名贵药材灵芝、猴头菇、茯苓等也是真菌。在发酵工业中，真菌广泛用来生产酒精、有机酸（柠檬酸、衣康酸、曲酸、葡萄糖酸等）、酶制剂（淀粉酶、糖化酶、果胶酶、蛋白酶、纤维素酶等）、抗生素（青霉素、头孢霉素、灰黄霉素等）等。此外，真菌在自然界也扮演着重要的分解者的角色。但部分真菌对人类生活会造成危害：如农作物的病虫害及工农业制品的发霉变质；食品的腐败变质；一些真菌还会产生真菌毒素，导致人畜中毒；还有不少病原菌会引起人和动物发生疾病，给人类健康带来危害。本章以酵母菌和霉菌为例，重点介绍真菌的形态结构、细胞结构、繁殖方式、菌落特征及其应用。

第一节　酵母菌

酵母菌（*Yeast*）是能发酵糖类的各种单细胞真菌的俗称，目前已知1000多种。酵母菌在自然界分布很广，主要生长在偏酸性的含糖环境中。例如，在水果、蔬菜、蜜饯的内部和表面以及果园土壤中存在大量酵母菌。

酵母菌是人类文明史中被应用得最早的微生物。早在4000多年前我国人民就利用酵母酿酒；公元前6000多年古埃及人利用酵母菌生产啤酒。在现代工业中，酵母菌被广泛应用于面包、酒类、有机酸、酶制剂、单细胞蛋白（SCP）、维生素等的制作或生产中，还可以提取核酸、辅酶A、细胞色素C、麦角固醇、谷胱甘肽等药品。因其细胞结构简单、易于培养、生长迅速，近年来，基因工程中酵母菌还用作表达外源性蛋白质功能的优良“工程菌”。

有些酵母会给人类带来危害，如发酵工业的污染菌，影响发酵的产量和质量；少数耐高渗的酵母菌如鲁氏酵母、蜂蜜酵母可使蜂蜜和果酱等败坏；引起人或动物疾病的病原菌，如白假丝酵母，又称白色念珠菌，可引起呼吸道、消化道及泌尿系统等多种疾病。

一、酵母菌的形态特征

酵母菌细胞的形态与其种类、培养条件和培养时间有关，基本形态有近球形、椭圆形、卵圆形、腊肠形、柠檬形或藕节形等。单细胞个体比细菌的要大得多，一般宽1～5μm，长5～30μm。酵母菌无鞭毛，不能游动。

有的酵母菌进行一连串的芽殖后，子细胞和母细胞并不立即分离，期间仅以极狭小的接触面相连，形成藕节状的细胞串，称为“假菌丝”，见图3－1。

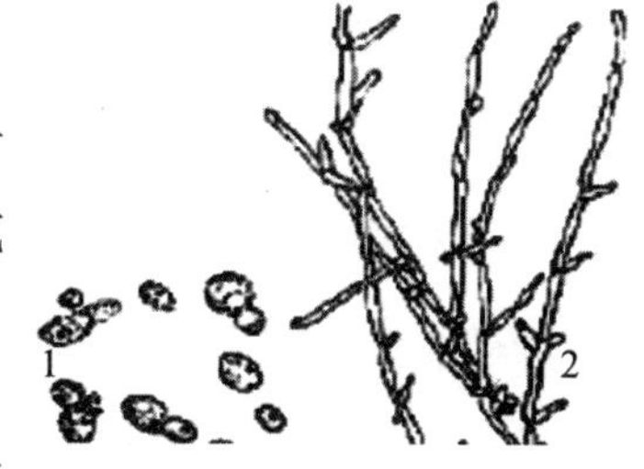

图3－1　热带假丝酵母
1—营养细胞；2—假菌丝

二、酵母菌的细胞结构特征

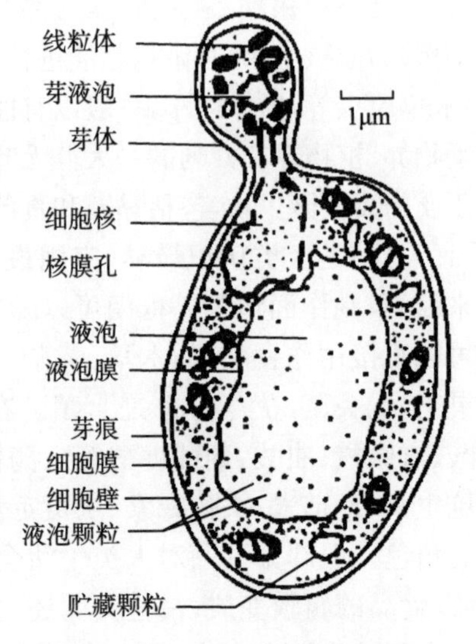

图 3-2　酵母菌的细胞结构

酵母菌具有较典型的真核细胞结构，有细胞壁、细胞膜、完整的细胞核、线粒体、细胞质及内含物，但没有高尔基体。酵母菌细胞的模式构造见图 3-2。

（一）细胞壁

细胞壁位于最外层，厚约 25nm，结构坚韧，具有特殊的三层结构，最外层为甘露聚糖，内层为葡聚糖，中间夹着一层蛋白质分子。葡聚糖与细胞膜相邻，是维持细胞壁机械强度的主要成分。

（二）细胞膜

细胞膜主要成分是蛋白质（约占干重的 50%）、类脂（约占 40%）和少量糖类。与细菌细胞膜一样，位于细胞壁的内侧由上下两层磷脂分子以及镶嵌在其间的蛋白质分子所组成的。磷脂的亲水部分排在膜的外侧，疏水部分则排在膜的内侧。细胞膜可以选择性地从环境中吸收维持生命活动所必需的营养物质，并将一些代谢产物排出体外。

（三）细胞核

酵母细胞核是其遗传信息的主要贮存库。为双层核膜所包围，核膜上分布着众多的小孔，得以与细胞质沟通，在细胞生殖周期中核膜一般不消失。核较小，呈直径为 2μm 左右的球状。核内产生分裂装置，承担着染色体分离和移动的任务。如在酿酒酵母的核中存在着 17 条染色体，有 6500 个基因，是第一个测出的真核生物基因组序列。

（四）细胞质与内含物

细胞质是一种黏稠的胶体，是细胞新陈代谢的场所。在细胞质中存在完整的细胞器，如线粒体等。老龄的酵母菌细胞出现较多颗粒和液泡，液泡多为透明的球形或椭圆形、一个或多个，具有贮藏水解酶类和营养物质、调节细胞渗透压的功能。细胞中的颗粒是酵母菌的贮藏物质，包括脂肪粒、肝糖粒和异染颗粒等。

三、酵母菌的繁殖

酵母菌的繁殖方式有无性繁殖和有性繁殖两种（见表 3-1）。无性繁殖又分为芽殖、裂殖及无性孢子繁殖等；凡具有性繁殖产生子囊孢子的酵母称为真酵母。

表 3-1　酵母菌的繁殖类型及特点

繁殖类型	繁殖方式		特点
无性繁殖	芽殖	多边出芽、两端出芽、三边出芽	成熟的酵母细胞长出芽体，并生长发育形成新的个体
	裂殖		酵母细胞二分裂
	无性孢子	掷孢子、厚垣孢子、节孢子、分生孢子	形成孢子
有性繁殖	有性孢子	子囊孢子	体细胞融合形成子囊，子囊内的二倍体细胞核经减数分裂形成子囊孢子

(一)无性繁殖

1. 芽殖

芽殖是酵母菌进行无性繁殖的主要方式。成熟的酵母菌细胞形成芽体的部位细胞壁变薄，核物质和细胞质等新细胞物质在芽体起始部位上堆积，使芽体逐步长大。当芽体长到一定程度时，它与母细胞相连部位形成了一块隔壁。母细胞与子细胞分离，母细胞上就留下芽痕，子细胞上留下蒂痕。每个酵母菌细胞有一个到多个芽痕。根据母细胞表面芽痕数目，可确定母细胞曾产生过的芽体数，因而也可用于测定该细胞的年龄。

不同的酵母菌出芽方式也不同，主要由以下三种。

(1)多边出芽。芽细胞产生于母细胞的各个方向。形成的子细胞为圆形、椭圆形或柱状，多数酵母菌以此方式繁殖。

(2)两端出芽。芽细胞产生于母细胞的两端，细胞常呈柠檬状。

(3)三边出芽。母细胞的三边产生芽体，细胞呈三角形，此种情况较少见。

2. 裂殖

少数酵母菌长到一定大小后，细胞的径间出现横隔，横向裂开形成两个细胞，同时形成芽痕。伸长的母细胞和新生长的细胞随后又裂殖，长出新细胞，重复上述循环。

3. 无性孢子繁殖

少数酵母菌(如掷孢酵母属)等产生掷孢子，外形呈肾状，形成于卵圆形营养细胞上生出的小梗。孢子成熟后，通过一种特有的喷射机制射出。用倒置培养皿培养掷孢酵母时，射出的掷孢子在皿盖上形成模糊的菌落镜像。有的酵母如白假丝酵母等还能在假菌丝的顶端产生厚垣孢子。

(二)有性繁殖

酵母菌通过形成子囊和子囊孢子的方式进行有性繁殖。它包括质配和核配阶段及子囊孢子的形成阶段。

1. 质配和核配

酵母菌生长发育到一定阶段，邻近的两个性别不同的细胞各自伸出一根管状的原生质突起，随即相互接触、局部融合并形成一个通道，细胞质结合(质配)，形成异核体。随后两个核便在接合子中融合，完成核配，形成二倍体核。二倍体在融合管垂直方向上长出芽体，二倍体核移入芽内，芽体从融合管上脱落形成二倍体细胞。二倍体细胞大，生命力强，故发酵工业中多采用二倍体酵母细胞。

2. 子囊孢子的形成

当二倍体细胞进入繁殖阶段后，营养细胞转变成子囊。囊内的核通过减数分裂，最终形成 4 个或 8 个子核，每个子核与其附近的原生质一起，在其表面形成一层孢子壁后就形成子囊孢子。

四、酵母菌菌落特征

（一）固体培养特征

酵母菌为单细胞微生物，细胞间充满着毛细管水，故它们在固体培养基表面形成的菌落也与细菌的相似，一般都湿润、较光滑、有一定的透明度、容易挑起、菌落质地均匀、正反面及边缘和中央部位的颜色都很均一。

但由于酵母菌的细胞比细菌的大，细胞内颗粒较明显、胞间含水量相对较少因而就产生了大而厚、黏稠、不透明的菌落。颜色多为乳白色，少数为红色，个别为黑色。

不产生假菌丝的酵母菌，菌落隆起，边缘十分圆整。而产生大量假菌丝的酵母，细胞易向外围蔓延，故菌落较平坦，表面和边缘较粗糙。

（二）液体培养特征

不同酵母菌对氧气的需求也不同，从而在液体培养基上呈现不同的生长情况。有的酵母菌在培养基中均匀生长，培养基呈浑浊状态；好气性酵母菌可在培养基表面形成菌膜或菌醭，其厚薄因种而异，这种酵母称为上面酵母；有的酵母菌在生长过程中始终沉淀在培养基底部，这种酵母称为下面酵母。

五、食品中常见的酵母菌

（一）酵母菌属

细胞呈圆形、椭圆形、腊肠形。发酵力强，能发酵葡萄糖、麦芽糖、蔗糖和半乳糖，主要产物为乙醇及二氧化碳。典型菌种有啤酒酵母，也称面包酵母，为酿造酒及酒精生产的主要菌种，还用于制造面包及医药工业；葡萄汁酵母，细胞椭圆形或长形，与啤酒酵母的最大区别是能将棉子糖全部发酵。可供啤酒酿造底部发酵，还可做饲料和药用。

（二）汉逊酵母属

细胞呈圆形、椭圆形、腊肠形。营养细胞为多边芽殖，有单倍体或二倍体。此属酵母大多可产生乙酸乙酯，并可自葡萄糖产生磷酸甘露聚糖。此菌能利用酒精为碳源在饮料表面形成菌醭，为酒类酿造的有害菌。代表种为异常汉逊酵母，因能产生乙酸乙酯，有时可用于食品的增香。

（三）毕赤酵母属

细胞形状多样，多边出芽，能形成假菌丝，常有油滴，表面光滑，发酵或不发酵，不同化硝酸盐。此属菌对正葵烷、十六烷的氧化能力强，可用石油、农副产品和工业废料培养毕赤酵母来生产蛋白质。在酿酒业中为有害菌，代表种为粉状毕赤酵母。

（四）假丝酵母属

细胞呈圆形、卵形或长形。多边芽殖，可生成厚垣孢子。有些种有发酵能力，有些种能利用农副产品和碳氢化合物生产单细胞蛋白，供食用或作饲料。少数菌能致病。代表种有热带假丝酵母，能利用石油生产饲料酵母。

（五）球拟酵母属

细胞呈球形、卵形或长圆形。无假菌丝，多边芽殖，有发酵力，能将葡萄糖转化为多元醇，为生产甘油的重要菌种，利用石油生产饲料酵母。代表种为白色球拟酵母。

（六）红酵母属

细胞呈圆形、卵形或长形。多边芽殖，少数形成假菌丝。无酒精发酵能力，但能同化某些糖类，产脂能力强，可从菌体提取大量脂肪，对烃类有弱氧化力。在牛乳及稀奶油中有时形成污染，形成红色乳。少数为致病菌。代表种为黏红酵母，在发酵剂活性降低的高酸度发酵乳制品中较常见，在表面形成红色菌落。

第二节　霉　菌

凡是在基质上长成绒毛状、棉絮状或蜘蛛网状菌丝体的真菌，称为霉菌。霉菌是丝状真菌的俗称，不是分类学上的名词。霉菌除用于传统的酿酒、制酱和做其他发酵食品外，在发酵工业中还可以广泛用来生产酒精、柠檬酸、青霉素、灰黄霉素、赤霉素、淀粉酶和发酵饲料等。多为腐生菌，少数为寄生菌。

一、霉菌的菌丝构成

构成霉菌营养体的基本单位是菌丝。菌丝是一种管状的细丝，在显微镜下观察，呈透明管状，直径一般为 3～10μm，比细菌和放线菌的细胞约粗几倍到几十倍，能够分泌酶类，降解营养物质。霉菌菌体由分枝或不分枝的菌丝构成，许多菌丝交织在一起称为菌丝体。

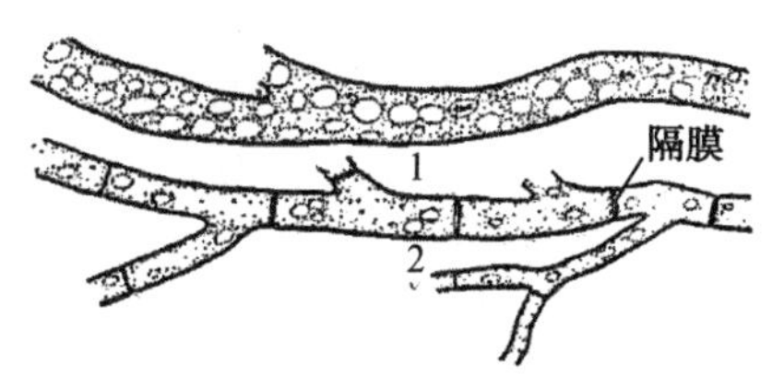

图 3－3　霉菌的菌丝

1—无隔菌丝；2—有隔菌丝

根据菌丝中是否存在隔膜，可把霉菌菌丝分为无隔膜菌丝和有隔膜菌丝两种（见图3－3）。无隔膜菌丝中间无隔膜，整团菌丝就是 1 个细胞，里面含有多个细胞核，如毛霉、根霉等；有隔膜菌丝中间有隔膜，被隔开的一段菌丝就是 1 个细胞，每个细胞内有 1 个或多个细胞核，菌丝体有很多个细胞组成，每个细胞内有 1 个或多个细胞核。在隔膜上有 1 至多个小孔，使细胞之间的细胞质和营养物质可以相互沟通，如青霉、曲霉等。

霉菌菌丝在生理功能上有一定程度的分化，在固体培养基上，一部分菌丝伸入培养基内部，吸收养料，称为营养菌丝；另一部分菌丝向空中生长，称为气生菌丝。一部分气生菌丝发育到一定阶段产生孢子，又称繁殖菌丝（见图 3-4）。

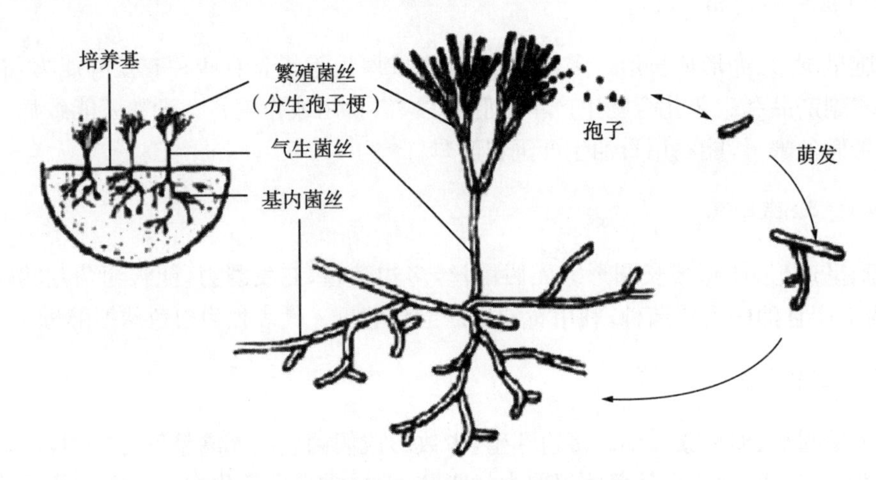

图 3-4　霉菌的营养菌丝、气生菌丝和繁殖菌丝

二、霉菌的菌丝细胞结构

霉菌具有典型的真核细胞结构，即细胞壁、细胞膜、细胞质、细胞核、液泡、线粒体及各种内含物（见图 3-5）。

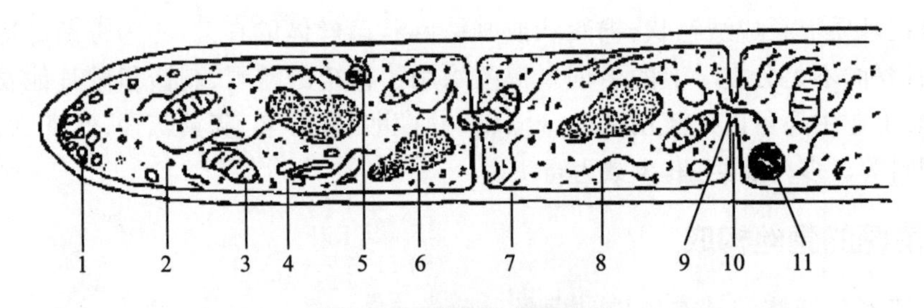

图 3-5　霉菌的细胞结构

1—泡囊；2—核蛋白体；3—线粒体；4—泡囊产生系统；5—膜边体；6—细胞核；7—细胞壁；8—内质网；9—隔膜孔；10—隔膜；11—伏鲁宁体

（一）细胞壁

细胞壁是真菌细胞的最外层结构单位，约占细胞干重的 30%。主要化学成分是几丁质（甲壳质）、纤维素、葡聚糖、甘露聚糖，另外还有蛋白质、类脂、无机盐等。

（二）细胞膜

霉菌的细胞膜具有典型的三层结构，主要成分为磷脂分子，它规则地排列成两层，蛋白质非对称地排列在磷脂两边，呈镶嵌状。对于细胞物质转运、能量转换、激素合成、核酸复制及生物进化等方面都具有重要意义。

（三）细胞核

真菌的细胞核比其他真核生物的细胞核小，一般直径为 2～3μm。细胞核通常为椭圆形，能通过隔膜上的小孔，在菌丝中移动很快。用相差显微镜观察霉菌活细胞，可看到中心稠密区，此为核仁，被一层均匀的无明显结构的核质包围，外边有一双层的核膜，在外膜上附着有核蛋白体。

（四）线粒体

线粒体是酶的载体，是细胞呼吸产生能量的场所，能为细胞运动、物质代谢、活性运输等提供足够的能量。所以，线粒体被称为细胞的“动力房”。线粒体是含有 DNA 的细胞器。真菌线粒体的 DNA 是闭环的，周长为 19～26μm，小于植物线粒体，而大于动物线粒体。

（五）核糖体

霉菌细胞中有两种核糖体，即细胞质核糖体和线粒体核糖体，是蛋白质合成的场所。这种颗粒包括 RNA 和蛋白质，直径为 20～25nm。细胞质核糖体呈游离状态，有的和内质网及核膜结合。

（六）内质网

内质网具有两层膜，有管状、片状、袋状和泡状等。多与核膜相连。幼龄细胞里的内质网比老龄细胞中的明显。内质网是细胞中各种物质运转的一种循环系统。

（七）液泡

大多数液泡一般有两层膜。液泡常靠近细胞壁。多为球形或近球形，少数为星形或不规则形。

除上述这些细胞器以外，真菌细胞中有许多其他内含物，如类脂质、淀粉粒、异染颗粒和肝糖粒等。

三、霉菌的繁殖和生活史

（一）霉菌的繁殖

霉菌具有很强的繁殖能力，繁殖方式多种多样，除了菌丝片段可以生长成新的菌丝体外，主要依靠各种孢子进行繁殖，产生孢子的方式分无性和有性两种。

1. 无性繁殖

霉菌的无性繁殖主要通过产生孢囊孢子、分生孢子、节孢子和厚垣孢子等。无性孢子的特点是分散、数量大,而且有一定抗性。这一特点用于发酵工业可在短期内得到大量菌体,所以常利用无性孢子来进行繁殖和扩大培养,或进行菌种保藏。

(1)孢囊孢子。又称孢子囊孢子,气生菌丝或孢囊梗发育到一定阶段,顶端膨大,形成孢子囊,囊内充满许多细胞核,每一个核外包以细胞质,产生孢子壁,即形成孢子囊孢子。孢囊梗伸入孢子囊的部分称为囊轴。孢子成熟后孢子囊破裂,孢囊孢子即分散出来,遇到适宜的环境发芽,形成菌丝体。如毛霉、根霉等(见图 3-6)。

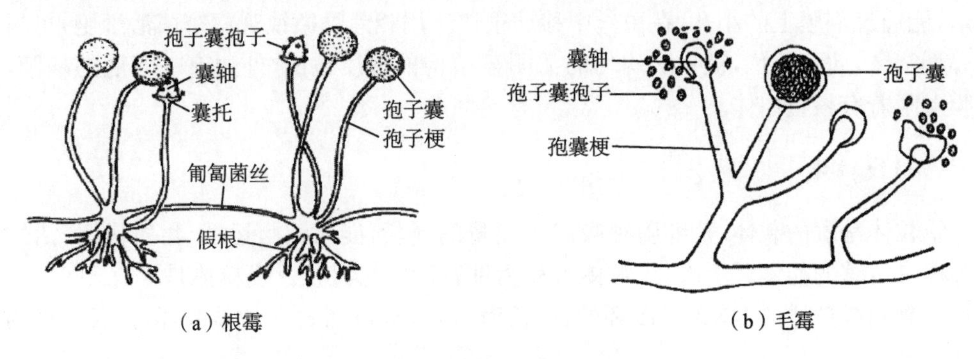

(a) 根霉　　(b) 毛霉

图 3-6　产孢囊孢子霉菌形态

(2)分生孢子。在菌丝顶端或分生孢子梗上,以类似于出芽的方式形成单个或成簇的孢子,称为分生孢子(见图 3-7)。它是霉菌中最常见的一类无性孢子,是生于细胞外的孢子,有时也称外生孢子。其形状、大小、在菌丝上着生的位置及排列因菌种不同而异:分生孢子着生在菌丝或其分支的顶端,产生的孢子可以是单生、成链或成簇的,如红曲霉;分生孢子着生在分生孢子梗的顶端或侧面,这种菌丝(细胞壁加厚或菌丝直径增宽等)与一般菌丝有明显差别;菌丝已分化成分生孢子梗和小梗,分生孢子着生在小梗顶端,成链或成团,如青霉菌。

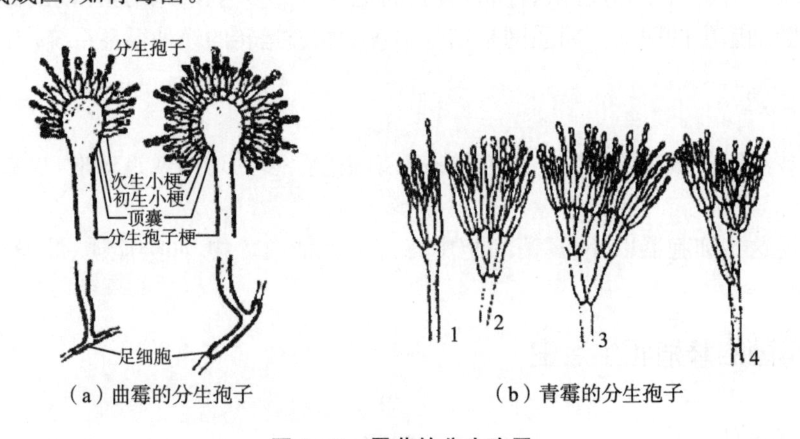

(a) 曲霉的分生孢子　　(b) 青霉的分生孢子

图 3-7　霉菌的分生孢子

1—单轮生;2—对称二轮生;3—多轮生;4—不对称生

(3)节孢子。(见图 3－8)菌丝生长到一定阶段，出现许多隔膜，然后从隔膜处断裂，产生许多单个的孢子，孢子形态多为圆柱形，称为节孢子，如白地霉。

(4)厚垣孢子。厚垣孢子又称厚壁孢子(见图 3－9)，是菌丝的顶端或中间部分细胞的原生质浓缩、变圆、细胞壁加厚，形成球形或纺锤形的休眠体，可以抵抗较热的或干燥的不良环境条件。

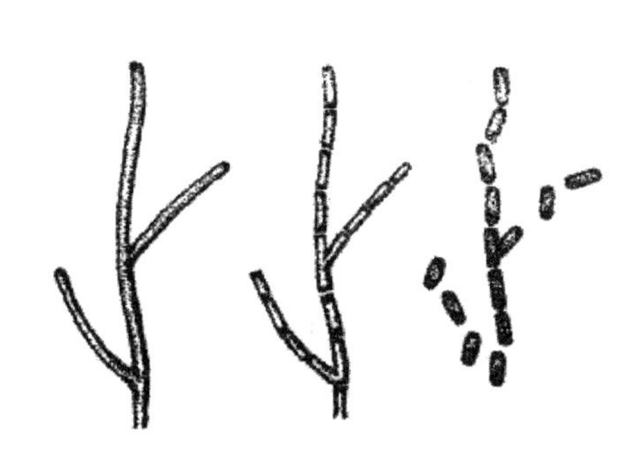

图 3－8　节孢子的形成过程

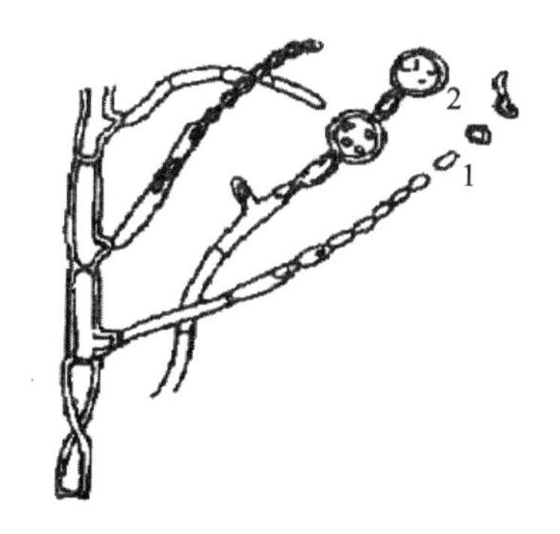

图 3－9　白地霉的节孢子和厚垣孢子

1—节孢子；2—厚垣孢子

2. 有性繁殖

霉菌的有性繁殖是不同性别的细胞经质配和核配后，产生一定形态的孢子来实现的。霉菌的有性孢子大致可归纳为卵孢子、接合孢子、子囊孢子和担孢子。

(1)卵孢子。卵孢子是由两个大小不同的配子囊结合发育而成的。其中小型的配子囊称为雄器，大型的配子囊称为藏卵器。藏卵器中的原生质在与雄器配合以前，往往又收缩成一个或数个原生质团，即卵球。当雄器与藏卵器配合时，雄器中的细胞质和细胞核通过授精管而进入藏卵器与卵球配合。受精后的卵球生出外壁，发育成双倍体的厚壁卵孢子(见图 3－10)。

(2)接合孢子。接合孢子是由菌丝生出形态相同或略有不同的配子囊接合而成。两个邻近的菌丝相遇，各自向对方生出极短的侧枝，称为原配子囊。原配子囊接触后，顶端各自膨大并形成横隔，融为一个细胞，此细胞称为配子囊。配子囊下面的部分称为配子囊柄。相接触的两配子囊之间的横隔消失，细胞质与细胞核互相进行质配和核配，同时外部形成厚壁，即接合孢子(见图 3－11)。

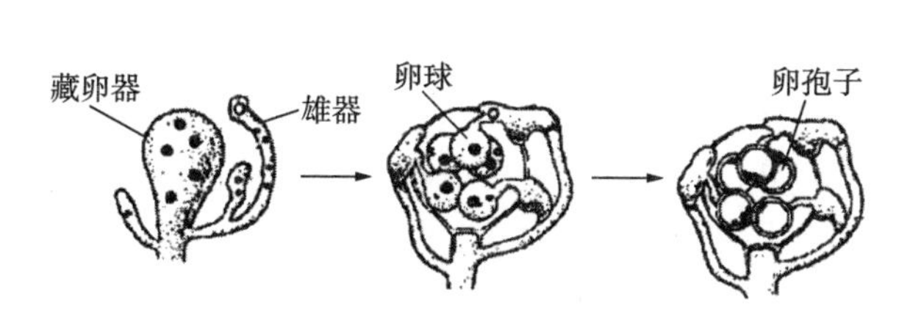

图 3－10　卵孢子形成过程

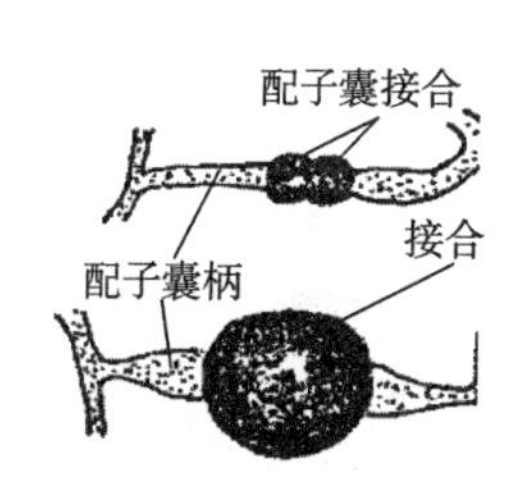

图 3－11　接合孢子形成过程

(3)子囊孢子。在子囊中形成的有性孢子叫子囊孢子，是子囊菌的主要特征。子囊是一种囊状的结构，呈球形、棒形或圆筒形，因种而异。子囊中孢子数目通常为2～8个，常以$2n$表示，典型的子囊中有8个孢子。子囊菌形成子囊的方式不一，最简单的是由两个营养细胞结合后直接形成子囊（见图3－12）。

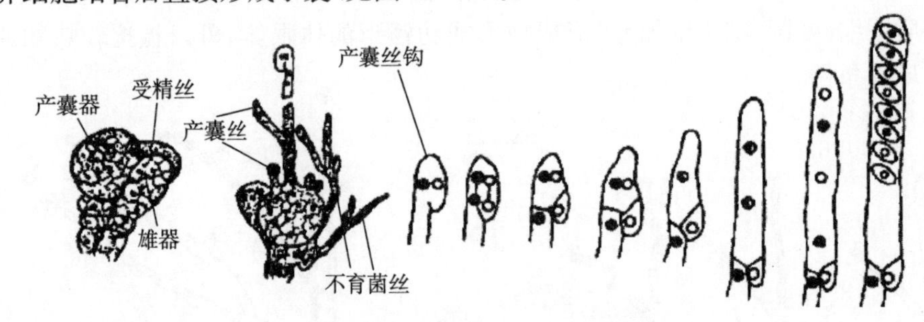

图3－12　子囊孢子形成过程

（二）霉菌的生活史

霉菌的生活史是指霉菌从一种孢子开始，经过一定的生长和发育，到最后又产生同一种孢子的过程。整个生活史中包括着无性阶段和有性阶段。较典型的生活史为：霉菌的菌丝体（即营养体）在适宜的条件下，产生无性孢子，无性孢子萌发形成新的菌丝体，如此多次重复，即是无性阶段；霉菌生长后期，可能进入有性阶段，在菌丝体上形成配子囊，经过质配、核配而形成二倍体的细胞核，又经过减数分裂，形成单倍体的有性孢子，有性孢子萌发形成新的菌丝体，如此循环。

霉菌的无性孢子通常较能抗干燥和辐射，但不耐高温，不是休眠体，只要条件适宜就能萌发。霉菌的有性孢子一般是休眠体，较能耐热，经活化后才能萌发。

四、霉菌的菌落特征

将霉菌的孢子或菌丝接种到一定的固体培养基上，经过培养后向四周蔓延生长出菌丝状的群体，这种群体在微生物学中称为菌落。由于霉菌的菌丝较粗且长，因而霉菌的菌落较大，有的霉菌的菌丝蔓延，没有局限性，菌落呈放射状生长，可扩展到整个培养皿；有的霉菌菌落则有一定的局限性，直径1～2cm或更小。

菌落的形态一般是指在固定的条件下（如培养基成分、培养时间和温度等）所呈现的形状、大小、色泽和结构等。霉菌菌落质地一般比放线菌疏松，外观干燥，不透明，呈现或紧或松的蛛网状、绒毛状或棉絮状；菌落边缘可呈全缘、锯齿状、树枝状或纤毛状等；菌落的高度可呈扁平、丘状隆起或中心部分呈凸起或凹陷；菌落与培养基的连接紧密，不易挑取；许多霉菌能产生多种颜色的色素，使菌落的背面也染有颜色，有的甚至分泌可溶性色素扩散到基质中，因此菌落正反面的颜色以及边缘与中心的颜色常不一致。

五、食品中常见的霉菌

（一）曲霉属

曲霉菌丝有横隔，多细胞，菌落呈圆形。以分生孢子方式进行无性繁殖，通常分生孢子梗生于足细胞上。并通过足细胞与营养菌丝相连，分生孢子梗大多无隔膜，不分支，顶端膨大成球状或棍棒状的顶囊，再在顶囊上长满 1～2 层呈辐射状的小梗(初生小梗与此生小梗)，上层小梗瓶状，顶端着生成串的球形分生孢子。分生孢子呈绿、黄、橙、褐、黑等各种颜色，故菌落颜色多种多样，是分类的主要特征之一。

曲霉广泛分布于土壤、空气、谷物和各类有机物品中，是发酵工业和食品加工业的重要菌种，也会引起皮革、布匹和工业品发霉及食品霉变，有些菌种可产生真菌毒素，危害人类健康。如黑曲霉是化工生产中应用最广的菌种之一，用于柠檬酸、抗坏血酸、葡萄糖酸、没食子酸、淀粉酶和酒类的生产；黄曲霉使食品和粮食污染带毒，有致癌、致畸作用，有些菌株具有很强的淀粉糖化和分解蛋白质的能力，因而被广泛用于白酒、酱油和酱类的生产；米曲霉分解蛋白质能力强，用于制酱；白曲霉可产生甘露醇；灰绿曲霉和杂色曲霉是使粮食和食品霉变的主要菌种。

(二)根霉属

根霉菌丝无隔膜，单细胞，生长迅速，有发达的菌丝体。根霉气生性强，故大部分菌丝匍匐生长在营养基质的表面，称为匍匐菌丝。匍匐菌丝生节后从节向下呈分枝状生长，形成假根状的基内菌丝，称为假根。假根起着固定和吸收养料的作用，这是根霉的重要特征。由假根着生处向上长出直立的 2～4 根孢囊梗，孢囊梗不分支，梗的顶端膨大形成孢囊，同时产生横隔，囊内形成大量孢囊孢子。成熟后，囊壁破裂，孢子释放。孢囊孢子呈球形或卵形。同时随着孢子囊的破裂，自然露出囊轴。

根霉在自然界分布广泛，在生长过程中能产生大量的淀粉酶，故常引起粮食、果蔬等淀粉质食品腐败，但也可用作酿酒和制醋业的糖化菌，有些根霉还用于甾体激素、延胡索酸和酶制剂的生产。如黑根霉能产生果胶酶，常引起果实的腐烂和甘薯的软腐；米根霉有淀粉糖化和蔗糖转化性能，能产生乳酸、反丁烯二酸及微量的酒精；华根霉淀粉液化力强，有溶胶性，能产生酒精、芳香脂类、左旋乳酸及反丁烯二酸，能转化甾族化合物。

(三)毛霉属

毛霉和根霉同属毛霉目，许多特征相似，最大区别是毛霉无假根。菌丝无隔膜，单细胞。气生菌丝发育到一定阶段，即产生垂直向上的孢囊梗，梗顶端膨大形成孢子囊，囊成熟后，囊壁破裂释放出孢囊孢子，囊轴呈椭圆形或圆柱形，孢囊孢子为球形、椭圆形或其他形状。菌落絮状，初为白色或灰白色，后变为灰褐色，菌丛高度可由几毫米至十几厘米，有的还具有光泽。

毛霉属在自然界分布很广，空气、土壤和各种物体上都有。毛霉喜高湿，孢子萌发的最低水活度为 0.88～0.94，故在水活度较高的食品和原料上易分离到。该菌有很强的分解蛋白质和淀粉糖化的能力，常被用于发酵和食品加工等工业。如总状毛霉能产生 3-羟基丁酮，并对甾族化合物有转化作用；高大毛霉孢子囊壁有草酸钙结晶，此菌能产生 3-羟基丁酮、脂肪酶，还能产生大量的琥珀酸，对甾族化合物有转化作用；鲁氏毛霉产蛋白酶能力较强，有分解大豆蛋白质的能力，我国多用它来做豆腐乳。

(四)青霉属

青霉菌丝有隔膜,分生孢子梗亦有横隔。顶端不形成膨大的顶囊,而是形成扫帚状的分枝。青霉有无性和有性生殖两种生殖方式。无性生殖时,从菌丝体上产生很多扫帚状的分生孢子梗,最末级的瓶状小枝上生出成串的青绿色的分生孢子。由于分生孢子的数量很大,所以此时青霉的颜色则由白色变成青绿色。分生孢子散落后,在适宜的条件下萌发成新的菌丝体。青霉的有性生殖极少见,有性过程产生球形的子囊果,叫闭囊壳。其内有多个子囊散生,每个子囊内产生子囊孢子。子囊孢子散出后,在适宜的条件下萌发成新的青霉菌丝体。

青霉在自然界分布很广,常生长在腐烂的柑橘皮上,呈青绿色,不少种类引起食品变质,但也可用来生产青霉素和有机酸等。黄绿青霉和橘青霉侵染大米后,可形成有毒的"黄变米";产黄青霉工业上用于生产葡萄氧化酶或葡萄糖酸,该菌也是青霉素的生产菌;灰黄青霉可提取灰黄霉素,部分菌种能用于干酪生产。

【本章小结】

真菌可分为三类:酵母菌、霉菌和蕈菌(能形成大型的子实体或菌核组织的高等真菌类)。

酵母菌细胞有圆形、卵圆形、有近球形、椭圆形、卵圆形、腊肠形、柠檬形或藕节形等。具有较典型的真核细胞结构,有细胞壁、细胞膜、完整的细胞核、线粒体、细胞质及内含物,但没有高尔基体。酵母菌的繁殖方式有无性繁殖和有性繁殖两种。芽殖和裂殖是酵母菌进行无性繁殖的主要方式,少数酵母菌通过无性孢子繁殖;有性繁殖主要通过形成子囊和子囊孢子的方式进行,包括质配和核配阶段及子囊孢子的形成阶段。酵母菌大多数可用于发酵和食品加工,有很高的利用价值。

构成霉菌营养体的基本单位是菌丝,分为无隔膜菌丝和有隔膜菌丝两种。霉菌具有典型的真核细胞结构,即细胞壁、细胞膜、细胞质、细胞核、液泡、线粒体及各种内含物。霉菌主要依靠各种孢子进行繁殖,产生孢子的方式分无性和有性两种。霉菌的无性繁殖主要通过产生孢囊孢子、分生孢子、节孢子和厚垣孢子等。霉菌的有性孢子大致可归纳为卵孢子、接合孢子、子囊孢子和担孢子。霉菌的生活史是指霉菌从一种孢子开始,经过一定的生长和发育,到最后又产生同一种孢子的过程。霉菌是发酵工业和食品加工业的重要菌种,但也会引起工业品发霉及食品霉变。

【思考与练习题】

一、名词解释

真核微生物;酵母菌;假菌丝;霉菌;菌丝体

二、判断题

1. 酵母菌是兼性厌氧微生物。 ( )

2. 酵母菌的细胞壁具有三层结构,其中位于外层的甘露聚糖是维持细胞壁强度的主要物质。 ( )

3. 每一个酵母菌细胞中仅存在一个球形液泡。（　　）
4. 酵母菌主要通过芽殖进行无性繁殖。（　　）
5. 在有氧条件下，酵母菌生长较快，可以把糖分解成酒精和水。（　　）
6. 构成霉菌营养体的基本单位是菌丝。（　　）
7. 霉菌的有隔膜菌丝体由多个细胞组成，每个细胞内有一个或多个细胞核。（　　）
8. 在自然界中，霉菌主要通过无性或有性孢子进行繁殖。（　　）
9. 曲霉和青霉主要通过分生孢子进行无性繁殖。（　　）
10. 霉菌菌落边缘与中心的颜色一致，但正、反面颜色不同。（　　）

三、选择题

(1)酵母菌的菌落特征是（　　）。
A. 较细菌菌落大、厚、较稠、较不透明、有酒香味
B. 形态大、蛛网状、绒毛状、干燥、不透明、不易挑起
C. 表面呈紧密的丝绒状、并有色彩鲜艳的干粉、不易挑起
D. 较小、湿润、光滑透明、黏稠、易挑起

(2)霉菌的菌落特征是（　　）。
A. 菌落大、厚、较稠、较不透明、有酒香味
B. 形态大、蛛网状、绒毛状、干燥、不透明、不易挑起
C. 表面呈紧密的丝绒状、并有色鲜艳的干粉、不易挑起
D. 较小、湿润、光滑透明、黏稠、易挑起

(3)以芽殖为主要繁殖方式的微生物是（　　）。
A. 细菌　B. 酵母菌　C. 霉菌　D. 病毒

(4)分生孢子头呈扫帚状的霉菌是（　　）。
A. 毛霉　B. 根霉　C. 青霉　D. 曲霉

(5)属于真核型微生物的是（　　）。
A. 细菌　B. 霉菌　C. 放线菌　D. 螺旋体

(6)酵母菌属于（　　）微生物。
A. 好氧型　B. 厌氧型　C. 兼性厌氧型　D. 微厌氧型

(7)酵母菌最适生长温度一般为（　　）。
A. 10～20℃　B. 20～30℃　C. 30～40℃　D. 40～50℃

(8)霉菌最适生长温度一般为（　　）。
A. 10～20℃　B. 20～30℃　C. 30～40℃　D. 40～50℃

(9)酵母菌最适生长 pH 一般为（　　）。
A. 3.0～4.0　B. 3.0～7.5　C. 4.5～5.0　D. 4.5～7.5

(10)依靠孢囊孢子进行无性繁殖的霉菌是（　　）。
A. 毛霉　B. 白地霉　C. 青霉　D. 曲霉

四、填空题

(1)霉菌在固体培养基上生长时，菌丝有所分化，主要分为________、________和繁殖菌丝三种。

(2)根据菌丝中是否存在隔膜,可以把霉菌的菌丝分为__________和__________。

(3)酵母菌的无性繁殖主要包括__________、__________和无性孢子繁殖。

(4)酵母菌有性繁殖过程一般分为三个阶段,即质配、__________和__________。

(5)酵母菌的细胞壁具有三层结构,外层为甘露聚糖,内层为__________,中间加有一层蛋白质分子。

(6)构成霉菌营养体的基本单位是__________,呈__________状。

(7)霉菌的无性繁殖主要通过产生__________、__________、__________和厚垣孢子进行的。

(8)霉菌的有性繁殖通过产生__________、__________和子囊孢子进行的。

(9)毛霉和根霉主要通过产生__________进行无性繁殖。

(10)曲霉和青霉主要通过产生__________进行无性繁殖。

五、简述题

(1)简述酵母细胞的主要结构特征。

(2)简述酵母菌在固体培养基上的菌落特征。

(3)简述霉菌的菌落特征。

(4)简述根霉和毛霉的异同。

(5)简述霉菌的生活史。

六、技能题

(1)如何从众多的菌落中分辨出霉菌的菌落?

(2)酵母菌和霉菌在食品工业上有哪些应用?

第四章　非细胞型微生物

【知识目标】

1. 了解类病毒、拟病毒和朊病毒等亚病毒的主要特点。
2. 理解噬菌体的繁殖方式、繁殖过程和繁殖特点。
3. 掌握病毒及噬菌体的形态结构及化学组成；掌握噬菌体的检测方法及在发酵工业的危害及预防。

【技能目标】

1. 会识别噬菌体在发酵工业中造成的污染。
2. 能处理发酵过程中噬菌体的污染。
3. 能运用噬菌体检测的方法。

【重点与难点】

重点：病毒的一般特性、结构及组成；噬菌体的形态结构；发酵工业噬菌体的危害、检测及处理。

难点：烈性噬菌体和温和性噬菌体的繁殖特点。

非细胞型微生物是结构最简单和最小的微生物，它体积微小，能通过除菌滤器，没有典型的细胞结构，无产生能量的酶系统，是只能在宿主活细胞内生长增殖的微生物。主要包括病毒和亚病毒，后者又包括类病毒、拟病毒和朊病毒。

自 19 世纪末 Ivanowski 和 Beijerinck 分别发现烟草花叶病毒以来，现已发现千余种，它们广泛分布于自然界中，无论动物、植物和人类都可受到病毒的危害，因此，掌握病毒的特性，认识病毒传染和发病特点，对控制病毒对人类的危害，防止病毒对食品造成的污染，以及减少发酵食品生产中因噬菌体污染而造成的损失均有一定的意义。

第一节　病　毒

一、病毒的概念和特点

病毒（Virus）是一类结构简单、比细菌更微小，能通过细菌滤器，只含一种类型核酸

(DNA或RNA),仅能在活细胞内生长繁殖的非细胞形态微生物。由于病毒没有细胞结构,必须借助电子显微镜才能看到,故又称超微微生物或分子生物。与细胞型微生物相比,病毒具有如下特点。

1. 个体微小

病毒大小不一,如口蹄疫病毒为20～25nm,而淋巴肉芽肿病毒直径达360～400nm,绝大多数病毒在150nm以下,必须用电子显微镜才能看见,可通过除菌过滤器,故又称为过滤性病毒。

2. 结构简单

病毒比其他微生物更简单,不具备完整的细胞结构,缺乏细胞器,既无产能酶系统也无蛋白质合成系统,故也称分子生物;其主要成分仅是核酸和蛋白质两种,且每一种病毒只含有一种核酸,不是DNA就是RNA。

3. 专性寄生性

病毒为严格的活细胞内复制增殖,必须进入活细胞中,依靠寄主细胞供给能量、营养、酶类才能增殖。不能在人工培养基上生长繁殖,在离体条件下,能以无生命的化学大分子状态存在,并保持其侵染活性。

4. 特殊的抵抗力

多数病毒耐冷不耐热(乙肝病毒例外);能耐受甘油的作用,常用50%甘油生理盐水保存病毒病料;在活细胞内生活的病毒,对于能干扰细胞代谢的各种因素具有明显的抵抗力,能抵抗多种抗生素的作用。但干扰素可阻止它的生长和繁殖。

由于病毒是专性活细胞寄生物,因此,凡是生物生存之处,都有其相应的病毒存在。当前对病毒的研究正在迅速开展,因此已知病毒的数量是一个正在急剧上升的变数,今后必将继续增加。由于病毒是活细胞内的寄生物,因此,如果它的宿主是人或对人类有益的动植物和微生物,就会给人类带来巨大损害。反之,如它们所寄生的对象是对人类有害的动植物或微生物,则会对人类带来巨大的利益。

二、病毒的分类

自从1892年俄罗斯的伊万诺夫斯基发现病毒以来,迄今已发现5000余种病毒。按遗传物质可分为DNA病毒、RNA病毒、蛋白质病毒(如:朊病毒);按病毒结构可分为真病毒(简称病毒)和亚病毒(包括类病毒、拟病毒、朊病毒);按侵染后的性质来可分为温和病毒(例如HIV)、烈性病毒(例如狂犬病毒);按寄主类型可以分为植物病毒(如烟草花叶病毒)、动物病毒(如禽流感病毒、天花病毒、HIV等)、细菌病毒(噬菌体)。

(一)植物病毒

植物病毒种类繁多,绝大多数种子植物都能发生病毒病,禾本科、葫芦科、豆科、十字花科和蔷薇科的植物受害较重,感染病毒的种类也多。

昆虫传播是自然条件下植物病毒最主要的传播途径,主要虫媒是半翅目刺吸式口器的昆虫,如蚜虫、叶蝉和飞虱;病株的汁液接触无病植株伤口,可以使无病植株感染病毒,病毒一般很少从植物的自然孔口侵入;嫁接传染也是植物病毒的传播途径之一,几乎所有全株性的病毒都通过嫁接传染。

植物病毒大多数是单链的 RNA 病毒，是严格寄生生物，但它们的专一性不强，一种病毒往往能寄生在不同的科、属、种的栽培植物和野生植物上，烟草花叶病毒能侵染十几个科、百余种草本和木本植物。

植物感染病毒后表现出三类症状：(1)叶绿体受到破坏，或不能形成叶绿素，从而引起花叶、黄化、红化等症状；(2)植株矮化、丛簇、畸形等；(3)形成枯斑、坏死等。

（二）动物病毒

病毒寄生于人体与动物细胞内广泛侵袭各类动物，引起人和动物多种疾病，常见的如引起流感、麻疹、腮腺炎、肝炎、艾滋病、狂犬病以及非典型性肺炎(SARS)等病症的病毒。禽流感病毒和口蹄疫病毒是其中影响范围很广、造成经济损失较为严重的两种病毒。另有一些，如鸡新城疫病毒、猪瘟病毒、兔出血热病毒、鹦鹉热病毒和狂犬病毒也是不可轻视的。

动物病毒病具有传播迅速、流行广泛、危害严重、高发病、高死亡、难诊、难治、难预防等特征。如流感、口蹄疫、甲肝等病毒病的传播极为迅速，短时期内可对一大范围、大区域甚至全世界造成巨大影响。

（三）微生物病毒

病毒还广泛寄生于细菌、真菌、单细胞藻类等细胞内。寄生于细菌的病毒又称细菌噬菌体，寄生于真菌的病毒又称真菌病毒。

(1)细菌噬菌体简称噬菌体，是微生物病毒中最早发现，也是研究得最透彻的一类病毒。噬菌体多数见于肠细菌、芽孢杆菌、棒状杆菌、假单胞菌、链球菌和放线菌等各类细菌中。噬菌体在自然界中的分布很广，从一般土壤、污水、粪便和发酵工厂的下水道均可分离到。但噬菌体对宿主的寄生专一性较强，一种噬菌体往往只能侵染一种或一株细菌，因此在发酵工业中，当生产菌发生噬菌体危害时，可通过换用菌种的方法加以防止。

(2)真菌病毒是寄生于真菌的病毒，首先发现在双孢蘑菇中，随后在玉米黑粉病菌、牛肝菌、香菇、裂褶菌、啤酒酵母和麦类白粉病菌中也有发现，产黄青霉、黑曲霉等菌现在也发现有病毒颗粒。目前已知的真菌病毒有 62 种，分布在 50 余属中。

三、病毒的基本形态和大小

由于病毒是非细胞生物，故单个病毒个体不能称作“单细胞”，故称其为病毒粒子。病毒粒子有时也称病毒颗粒，是指成熟的、结构完整的单个病毒。病毒粒子在电子显微镜一般呈多种形态(见图 4－1)。据目前所知，病毒的形态大体有以下几种类型。

(1)圆形或近圆形：大多数病毒粒子呈圆形或近圆形。圆形病毒的直径，小者 20nm，如小 RNA 病毒或细小病毒；大者可达 150～200nm，如疱疹病毒。

(2)杆状或长丝状：丝样形态常见于植物病毒，如烟草花叶病毒、苜蓿花叶病毒、甜菜黄花病毒等。而动物病毒，则只见于流感病毒等少数几种病毒，而且经常与圆形、椭圆形和短杆状等其他形态同时存在。丝状流感病毒有时长达几个微米(μm)，常见于初次由人体分离的毒株。

(3)弹状:病毒粒子外形呈子弹状,一头呈圆弧形,一头是平坦的,外被一层囊膜,直径约 70nm,长约 180nm。常见于狂犬病毒、动物水泡性口腔炎病毒和植物弹状病毒等。

(4)砖状:病毒粒子呈长方形,很像砖块,其体积约为 300nm×200nm×100nm,是病毒中较大的一类,如大多数痘病毒。

(5)蝌蚪状:病毒粒子呈蝌蚪状,常见于各种噬菌体。有一个六角形的“头部”和一条细长的“尾部”,但也有的噬菌体无尾。

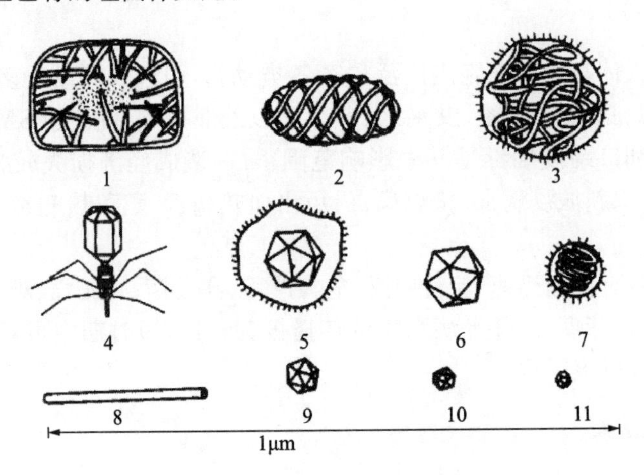

图 4-1　常见的病毒形态

1—痘病毒;2—口疮病毒;3—腮腺炎病毒;4—T 偶数噬菌体;5—疱疹病毒;6—大蚊虹色病毒;7—流感病毒;8—烟草花叶病毒;9—腺病毒;10—多瘤病毒;11—脊椎灰质炎病毒

四、病毒的基本结构和化学组成

(一)病毒的基本结构

成熟的具有侵袭力的病毒粒子主要成分是核酸和蛋白质。核酸位于病毒粒子的中心,构成了它的核心或基因组;蛋白质包围在核心周围,构成了病毒粒子的衣壳。衣壳是病毒粒子的主要支架结构和抗原成分,对核酸有保护作用。衣壳是由许多在电镜下可辨别的形态学亚单位——衣壳粒所构成。核心和衣壳合在一起称为核衣壳,它是任何病毒(真病毒)所必须具备的基本结构。有些较复杂的病毒,在其核衣壳外还被一层由类脂或脂蛋白组成的包膜包裹着。有时,包膜上还长有刺突等附属物。包膜实际上是来自宿主细胞膜但被病毒改造成具有其独特抗原特性的膜状结构,故易被乙醚等脂溶剂所破坏。

病毒粒子:
- 核衣壳(基本构造):
  - 核心:DNA或RNA
  - 衣壳:许多衣壳蛋白质
- 包膜(非基本结构):类脂/脂蛋白

病毒根据其衣壳粒的排列方式不同而表现出不同的构型，一般分为以下三类。

1. 螺旋对称

蛋白质亚基沿中心轴呈螺旋排列，形成高度有序、对称的稳定结构。研究得最透彻的螺旋对称的病毒粒子是烟草花叶病毒，见图 4－2。单股 RNA 分子位于由螺旋状排列的衣壳所组成的沟槽中，完整的病毒粒子呈杆状，全长 300nm，直径 15nm，由 2130 个完全相同的衣壳粒组成 130 个螺旋。每一圈螺旋有 16.33 个衣壳粒，螺距为 2.3nm。烟草花叶病毒是许多植物病毒的典型代表。

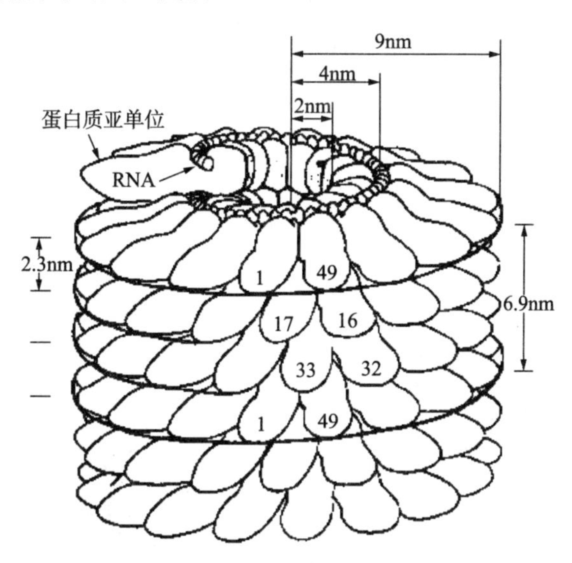

图 4－2　螺旋对称病毒颗粒的核衣壳

2. 多面体对称

多面体对称又称等轴对称。最常见的多面体是二十面体，它由 12 个角（顶）、20 个面（三角形）和 30 条棱组成。核酸以尚未明了的方式集装在一个空心的多面体头部内。以腺病毒粒子为例，它由 252 个衣壳粒组成，12 个衣壳粒位于顶点上，每个面上有 12 个衣壳粒，见图 4－3。由于多面体的角很多，看起来像个圆球形，所以有时也称球状病毒。

3. 复合对称

此类病毒的衣壳是由两种结构组成的，既有螺旋对称部分，又有多面体对称部分，故称复合对称。例如蝌蚪状噬菌体，头部是多面体对称（二十面体），尾部是螺旋对称，见图 4－4。它的头部外壳是蛋白质，核酸在外壳内。尾部是由不同于头部的蛋白质组成，外围是尾鞘，中为一空髓，称为尾髓。有的尾部还有颈环、尾丝、基板、刺突等附属物。尾部的作用是附着到宿主细胞，利用尾部具有的特异性的酶，穿破细胞壁，注入噬菌体核酸。

（二）病毒的化学组成

病毒的化学组成因种而异，概括起来有以下几种情况：大多数由核酸和蛋白质组成；有的除核酸、蛋白质外还含有脂类、多糖（常以糖脂、糖蛋白方式存在）；近几年发现有的

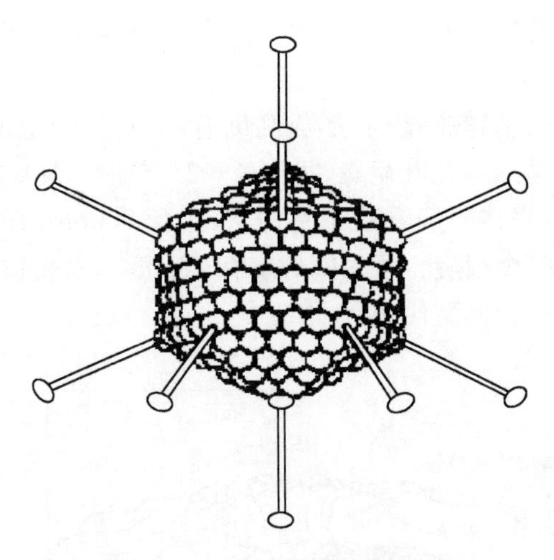

图 4-3　二十面体对称型衣壳

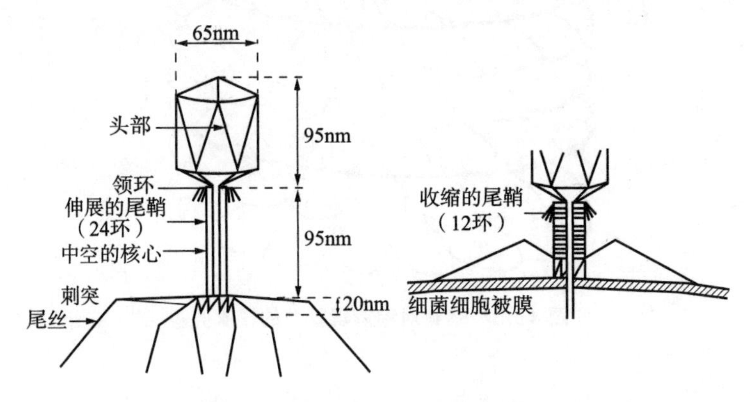

图 4-4　大肠杆菌 T4 噬菌体模式图

噬菌体含脂肪,而且含量在 10%以上,其中有一种噬菌体含有三条双链 RNA(一般只含一条);有些病毒除蛋白质分子外还含有少量的酶,如噬菌体的溶菌酶、核酸合成酶等。

1. 核酸

一种病毒只含一种核酸(RNA 或 DNA)。动物病毒有些属 DNA 型,如天花病毒等;有些属 RNA 型,如流感病毒等。植物病毒绝大多数属 RNA 型,少数属 DNA 型,如花椰菜花叶病毒。噬菌体多数属 DNA 型,少数属 RNA 的病毒,如大肠杆菌噬菌体 M13 和 f2 等。

病毒核酸的功能与细胞型生物一样,是遗传的物质基础,贮存着病毒的遗传信息,控制着病毒的遗传变异、增殖以及对宿主的感染性。

2. 蛋白质

蛋白质是病毒的主要组成成分,在其组成中几乎没有发现什么异常氨基酸的存在。自然界中常见的 20 种氨基酸也出现在病毒的结构蛋白和病毒诱导酶中,但是氨基酸的组合与含量因病毒种类而异。比较简单的植物病毒大都只含一种蛋白质,其他病毒均由一种以上的蛋白质构成。

病毒蛋白质的主要功能是构成病毒粒子外壳,保护病毒核酸免受核酸酶及其他理化因子的破坏;决定病毒感染的特异性,与易感细胞表面存在的受体具特异性亲和力,促使病毒粒子的吸附;决定病毒的抗原性,并能刺激机体产生相应的抗体;此外,病毒蛋白质还构成了病毒组成中的酶。

3. 其他

一般病毒只含蛋白质和核酸。较复杂的病毒如痘类病毒,在其被膜中含有脂类与多糖。脂类中磷脂占 50%～60%,其余则为胆固醇;多糖常以糖脂、糖蛋白形式存在。有的病毒含有胺类,植物病毒还发现了 12 种金属阳离子,有的可能还含有类似维生素的物质。

五、病毒的增殖

病毒体在细胞外是处于静止状态,基本上与无生命的物质相似,当病毒进入活细胞后便发挥其生物活性。由于病毒缺少完整的酶系统,不具有合成自身成分的原料和能量,也没有核糖体,因此决定了它的专性寄生性,必须侵入易感的宿主细袍,依靠宿主细胞的酶系统、原料和能量复制病毒的核酸,借助宿主细胞的核糖体翻译病毒的蛋白质。病毒这种增殖的方式叫做“复制”。从病毒颗粒进入易感细胞,经过复制形成单个新的病毒颗粒,再从细胞释放出来的过程称为一个复制周期。各种病毒增殖的时间因种而异,但其复制的过程主要分为吸附、穿入、脱壳、生物合成及装配释放五个连续阶段。图 4－5、图 4－6 所示分别为双链 DNA 病毒和单链 RNA 病毒的复制周期。

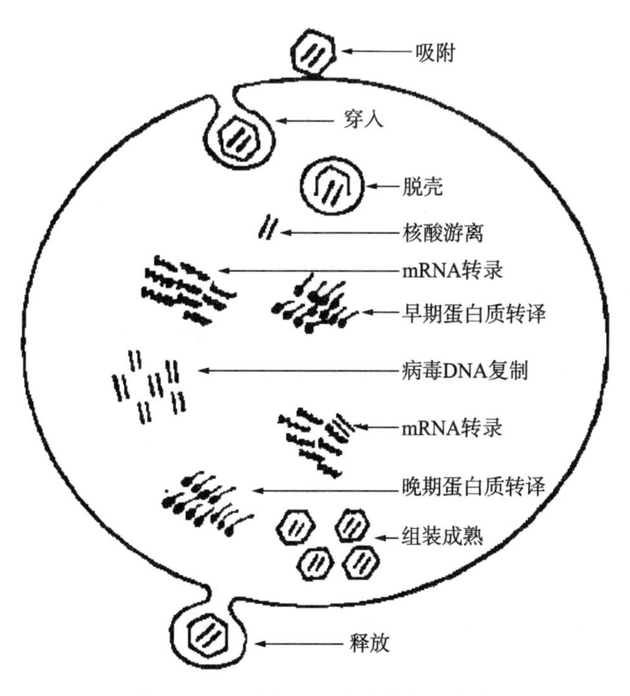

图 4－5 双链 DNA 病毒的复制周期

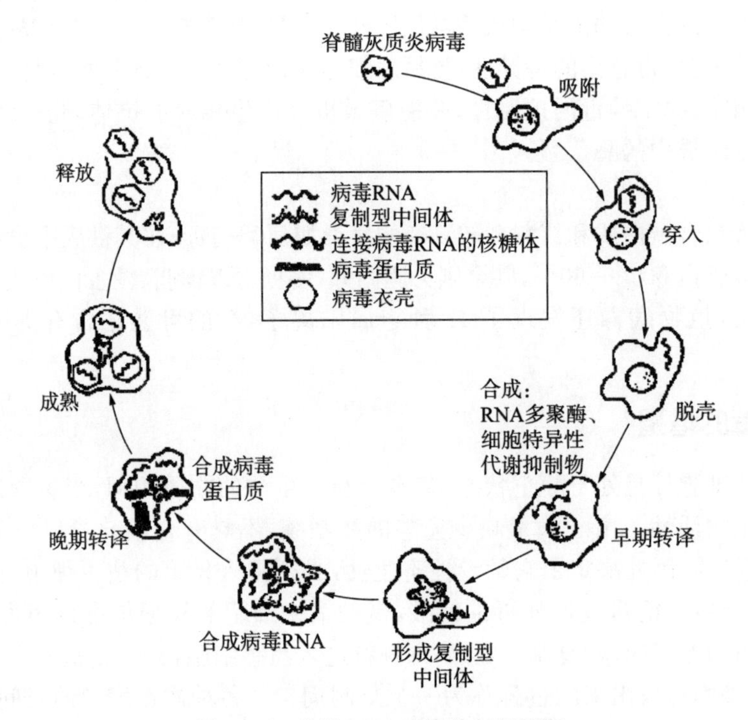

图 4-6 单链 RNA 病毒的复制周期

六、亚病毒

亚病毒是一类不具有完整病毒结构的侵染性因子，主要包括类病毒、卫星病毒和朊病毒三类。其中卫星病毒和类病毒只感染植物，朊病毒只存在于脊椎动物中，可导致人和动物的海绵状脑病。

（一）类病毒

类病毒是目前所知的最小病原体，呈棒形结构，没有蛋白质衣壳，只有一个裸露的单链环状 RNA 分子，其相对分子质量小，仅为最小 RNA 病毒相对分子质量的 1/10，严格专性寄生，只有在宿主细胞内才表现出生命特征，可使许多植物致病或死亡。

（二）卫星病毒

卫星病毒又称拟病毒，是一类包裹在病毒体中的有缺陷的类病毒，1981 年在植物绒毛烟的斑驳病毒中发现，其成分是环状或线状的 RNA 分子。卫星病毒所感染的对象不是细胞而是病毒，被卫星病毒感染的病毒称为辅助病毒，卫星病毒的复制必须依赖辅助病毒的协助，而卫星病毒又对辅助病毒的感染和复制起着不可缺少的作用。

卫星病毒大多存在于植物病毒中，近年在动物病毒如丁型肝炎病毒、乙型肝炎病毒中也发现有卫星病毒的存在。

（三）朊病毒

朊病毒又称蛋白质侵染因子，它是一类能侵染动物并在宿主细胞内自主复制的无免疫性的蛋白质。在电镜下呈杆状颗粒，成丛排列。

朊病毒最初由美国科学家于1982年发现。这一发现在生物学界引起震惊，因为它与公认的“中心法则”即生物遗传信息流的方向——“DNA→RNA→蛋白质”的传统观念发生抵触，因而有可能为分子生物学的发展带来革命性的影响，同时还有可能为弄清一系列疑难传染性疾病的病原带来新的希望。现已证明朊病毒是包括人的克雅病、库鲁病、致死性家族失眠症、山羊或绵羊的羊痛痒病、牛类中的疯牛病的致病原。由于变异后的朊病毒能抗100℃高温，能抗蛋白酶水解，而且不会引起生物体内的免疫反应，因此患疯牛病的牛肉被人食用后，病原体很可能完整进入人体，并进入脑组织，导致人患克雅病（传染性海绵状脑病）。

第二节　噬菌体

一、噬菌体的概念及其主要类型

噬菌体（*Bacteriophage*，*Phage*）是感染细菌、真菌、藻类、放线菌或螺旋体等微生物的病毒的总称，因部分能引起宿主菌的裂解，故称为噬菌体。20世纪初在葡萄球菌和志贺菌中首先发现。作为病毒的一种，噬菌体具有病毒的一些特性：个体微小；不具有完整细胞结构；只含有单一核酸。可视为一种“捕食”细菌的生物。噬菌体基因组含有许多个基因，但所有已知的噬菌体都是细菌细胞中利用细菌的核糖体、蛋白质合成时所需的各种因子、各种氨基酸和能量产生系统来实现其自身的生长和增殖。一旦离开了宿主细胞，噬菌体既不能生长，也不能复制。

噬菌体分布极广，在人和动物的排泄物或污染的井水、河水中，常含有肠道菌的噬菌体。在土壤中，可找到土壤细菌的噬菌体。噬菌体有严格的宿主特异性，只寄居在易感宿主菌体内，故可利用噬菌体进行细菌的流行病学鉴定与分型，以追查传染源。

因为它主要由蛋白质外壳和核酸组成，所以，可以根据噬菌体的蛋白质外壳或核酸的结构特点对噬菌体进行分类。

（一）根据蛋白质结构分类

1. 无尾部结构的二十面体

这种噬菌体为一个二十面体，外表由规律排列的蛋白亚单位——衣壳组成，核酸则被包裹在内部。

2. 有尾部结构的二十面体

这种噬菌体除了一个二十面体的头部外，还有由一个中空的针状结构及外鞘组成的尾部，以及尾丝和尾针组成的基部。

3. 线状体

这种噬菌体呈线状，没有明显的头部结构，而是由壳粒组成的盘旋状结构。迄今已知的噬菌体大多数是有尾部结构的二十面体噬菌，这是因为正多面体是多面体里最简单的结构，搭建起来最容易，所以病毒喜欢采用正多面体的结构。而正多面体一共又只有五种，分别是正四面体、六面体、八面体、十二面体、二十面体，其中正二十面体是最接近球形的，也就是在体积相同的情况下，需要更少的材料，更为节省。

（二）根据核酸特点分类

（1）ss RNA：噬菌体中所含的核酸是单链 RNA。

（2）ds RNA：噬菌体中所含的核酸是双链 RNA。

（3）ss DNA：噬菌体中所含的核酸是单链 DNA。

（4）ds DNA：噬菌体中所含的核酸是双链 DNA。

二、噬菌体的结构特点

噬菌体在光学显微镜下看不见，需用电子显微镜观察。不同的噬菌体在电子显微镜下有三种形态：蝌蚪形、微球形和丝形（见图 4－7）。从结构上看可分 A、B、C、D、E 和 F 等 6 种类型，其形态结构见表 4－1。

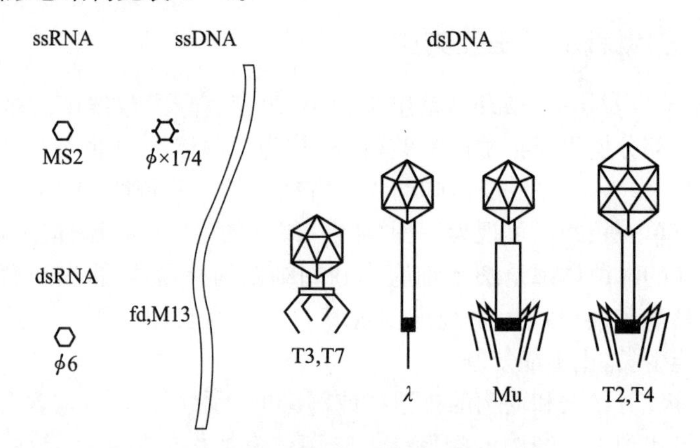

图 4－7 噬菌体的基本形态和大小

表 4－1 六类噬菌体的形态结构

类群	形态结构	核酸结构	举例	寄主种类
A	具有六角形头部及伸缩性的长尾	ds－DNA	T2、T4、T6	大肠杆菌、假单胞菌、枯草杆菌、沙门菌等
B	具有六角形头部及非伸缩性的长尾	ds－DNA	λ、T1、T5	大肠杆菌、棒杆菌、链霉菌、放线菌等
C	具有六角形头部及非伸缩性的长尾	ds－DNA	P22、T3、T7	大肠杆菌、假单胞菌、枯草杆菌、沙门菌、土壤杆菌等
D	无尾，六角形头部的顶点衣壳粒大	ss－DNA	ϕ×174	大肠杆菌、沙门菌等

续表

类群	形态结构	核酸结构	举例	寄主种类
E	无尾，六角形头部的顶点衣壳粒小	ss－DNA	R17、F2、MS2、Qβ	大肠杆菌、假单胞菌、丙细菌等
F	无尾，衣壳纤维状	ss－DNA	Fd、M13、Pf1、Vb	大肠杆菌、假单胞菌等

大多数噬菌体呈蝌蚪形，由头部和尾部两部分组成(见图 4－8)。例如大肠埃希菌 T4 噬菌体头部呈六边形，立体对称，大小约 95nm×65nm，内含遗传物质核酸；尾部是一管状结构，长 95～125nm，直径 13～20nm，由一个内径约 2.5nm 中空的尾髓和外面包着的尾鞘组成。尾髓具有收缩功能，可使头部核酸注入宿主菌。在头、尾连接处有一尾领结构，可能与头部装配有关。尾部末端有尾板、尾刺和尾丝，尾板内有裂解宿主菌细胞壁的溶菌酶；尾丝为噬菌体的吸附器官，能识别宿主菌体表面的特殊受体(见图 4－9)，有的噬菌体尾部很短或缺失。

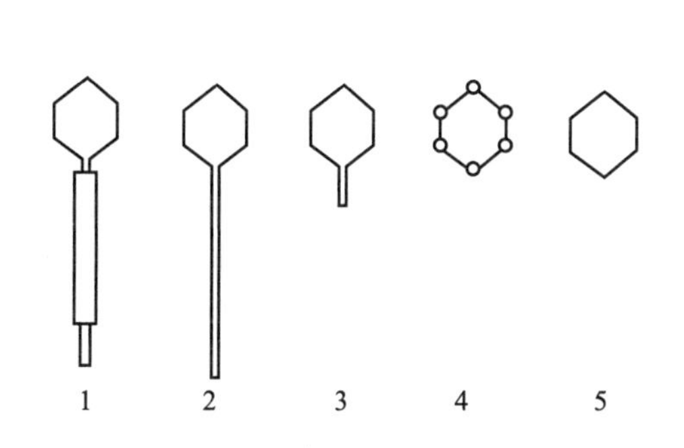

图 4－8　噬菌体的形态分类

1—长尾、收缩型；2—长尾、非收缩型；3—短尾；4—外壳较大、微球型；5—外壳较小、微球型

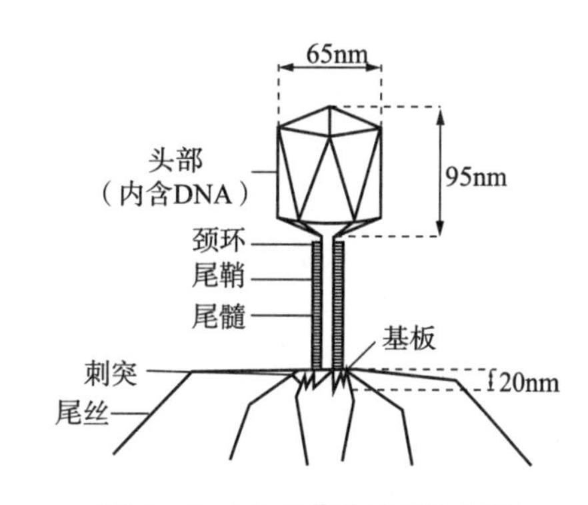

图 4－9　T4 噬菌体的形态结构

三、烈性噬菌体的增殖与溶菌作用

凡在短时间内能连续完成吸附、侵入、复制、装配和裂解这五个阶段而实现其繁殖的噬菌体为烈性噬菌体。烈性噬菌体感染寄主细胞后，即以自身的核酸物质，操纵寄主细胞的生物合成，然后聚集成新的噬菌体。从噬菌体吸附到细菌溶解释放出子代噬菌体，称为噬菌体的复制周期或溶解周期，其具体过程包括吸附、穿入、生物合成、成熟和释放五个阶段(见图 4－10)。

1. 吸附

当噬菌体与宿主细胞在水溶液中发生偶然碰撞后，如果尾丝的尖端与宿主细胞表面的特异受体接触，就可触发颈须把卷紧的尾丝散开。紧接着就附着在受体上，从而使刺突、尾板固着于细胞表面。据研究，一个细菌表面约有 300 个吸附位点。不同的噬菌体有不同的吸附位点，例如，*E. coli* T3、T4、T7 的吸附位点是脂多糖，T2 和 T6 是脂蛋白，

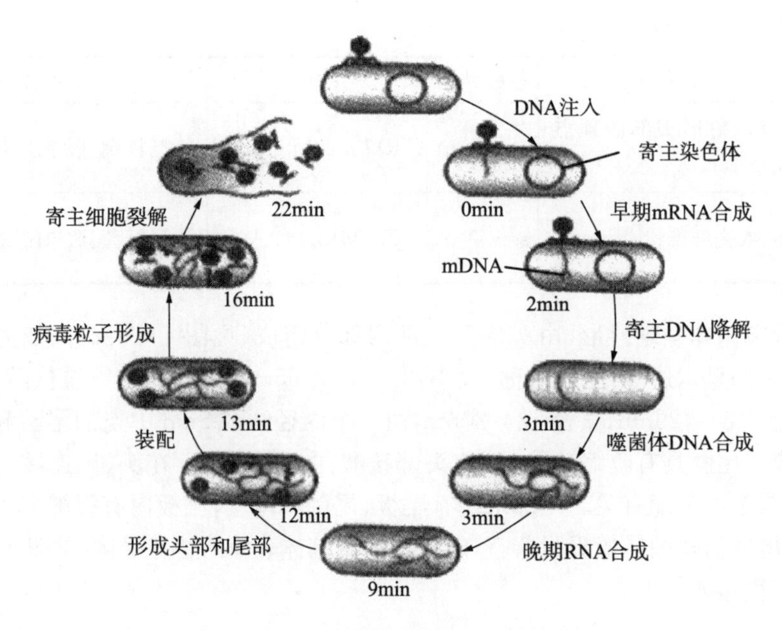

图 4－10　噬菌体 T4 感染各时段的情况

沙门氏菌的吸附位点是鞭毛。

2. 侵入

吸附后尾板从尾丝中获得一个构型刺激，促使尾鞘中的 144 个亚基发生复杂的移位，并缩成原来的一半，由它把尾管推出并插入到细胞壁和膜中。在这一过程中，尾管端所携带的少量溶菌酶有助于局部细胞壁中肽聚糖的溶解。接着，头部的核酸即可通过尾管注入到宿主细胞中，而将蛋白质衣壳留在细胞壁外。从吸附到侵入的时间一般很短，在合适温度下，T4 只需要 15s。如果有两种以上不同的噬菌体同时入侵同一个宿主细胞，最后只有一种噬菌体得以增殖，且不影响其释放的子代噬菌体数量，这就称相互排斥；反之，如果被排斥的噬菌体能使增殖噬菌体的释放量减少，则称为抑制作用。

3. 增殖

增殖过程包括核酸的复制和蛋白质的生物合成。首先噬菌体以其核酸中的遗传信息向宿主细胞发出指令和"蓝图"，使宿主细胞的代谢系统按次序逐一转向合成噬菌体的组分和"部件"，合成所需"原料"可通过宿主细胞原有核酸的降解、代谢库内的贮存物或从环境中取得。一旦大批成套的"部件"已合成，则在细胞"工厂"里就进行突击装配，于是就产生了一群大小相等的、成熟的子代噬菌体粒子。

4. 成熟(装配)

噬菌体的成熟过程实际上是其已合成的各部件的装配过程。在 T4 噬菌体的装配过程中，约有 30 个不同的蛋白和至少 47 个基因参与。具体过程可见图 4－11，主要步骤包括 DNA 分子的缩合→通过衣壳包裹 DNA 而形成头部→尾丝和尾部的其他部件独立装配完成→头部和尾部相结合→最后装上尾丝。至此，一个个成熟的大小相等的噬菌体粒子就装配完成了。

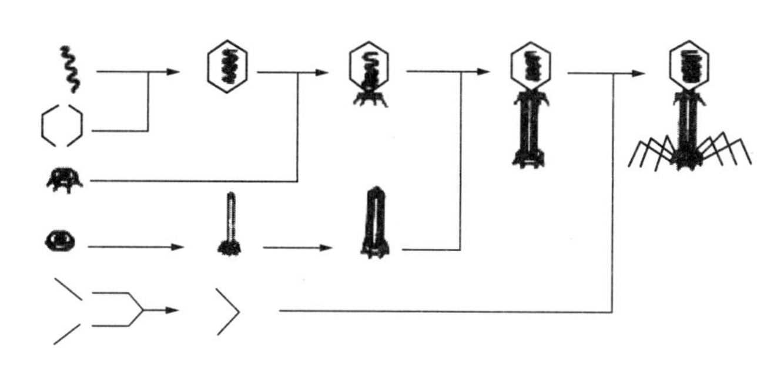

图 4-11　T 偶数噬菌体装配过程模式图

5. 裂解(释放)

当宿主细胞内大量子代噬菌体已成熟后，由于水解细胞膜的脂肪酶和水解细胞壁的溶菌酶的作用，从细胞内促进了细胞裂解，从而实现了噬菌体的释放。

噬菌体颗粒感染一个细菌细胞后可迅速生成几百个子代噬菌体颗粒，每个子代噬菌体又可感染细菌细胞，再生成几百个子代噬菌体颗粒。如此重复只需 4 次，一个噬菌体颗粒便可使几十亿个细菌感染而死亡。当把细菌涂布在培养基上，长成一层菌苔时，一个噬菌体感染其中一个细菌时，便把该细菌周围的成千上万个细菌感染致死，在培养基的菌苔上出现一个由于细菌被噬菌体裂解后造成的空斑，这便称为噬菌斑。

四、温和噬菌体与溶源性细菌

凡在吸附并侵入细胞后，噬菌体的 DNA 只整合在宿主的核染色体组上并可长期随宿主 DNA 的复制而进行同步复制，一般不进行增殖和引起宿主细胞裂解的噬菌体为温和性噬菌体，又称溶源性噬菌体。温和噬菌体吸附并侵入细胞后，在一般情况下不进行增殖和引起宿主细胞裂解，但在偶尔情况下，某一代其中有一个宿主细胞发生裂解并释放出新的子代噬菌体。因此，温和噬菌体有三种存在形式：

(1)游离态：指已成熟释放并有侵染性的游离噬菌体粒子；

(2)整合态：指整合，在宿主核染色体上处于前噬菌体的状态；

(3)营养态：指前噬菌体经外界理化因子诱导后，脱离宿主核基因组而处于积极复制和装配的状态。

含有温和噬菌体的 DNA 而又找不到形态上可见的噬菌体粒子的宿主细菌叫溶源性细菌或溶源化细菌。附着或整合在溶源性细菌染色体上的温和噬菌体的核酸称为原噬菌体或前噬菌体。温和噬菌体的复制见图 4-12。

溶源性是溶源性细菌的一个极其稳定的遗传特性。每个溶源性细胞的染色体上都含有一个非感染性核酸结构——原噬菌体，它作为细菌遗传结构的一部分，随着细菌的生长繁殖而复制，将它传递给每个子代细菌，这些子代细菌均具溶源性。

在没有任何外来噬菌体感染的情况下，极少数溶源性细胞中的原噬菌体偶尔也可恢复活动，进行大量复制，成为营养噬菌体核酸，并接着成熟为噬菌体粒子，引起宿主细胞裂解，这种现象称为溶源性细菌的自发裂解，也就是说，极少数溶源性细菌中的温和噬菌体核酸变成了烈性噬菌体。不过这种自发裂解的频率很低，例如大肠杆菌溶源性细菌，

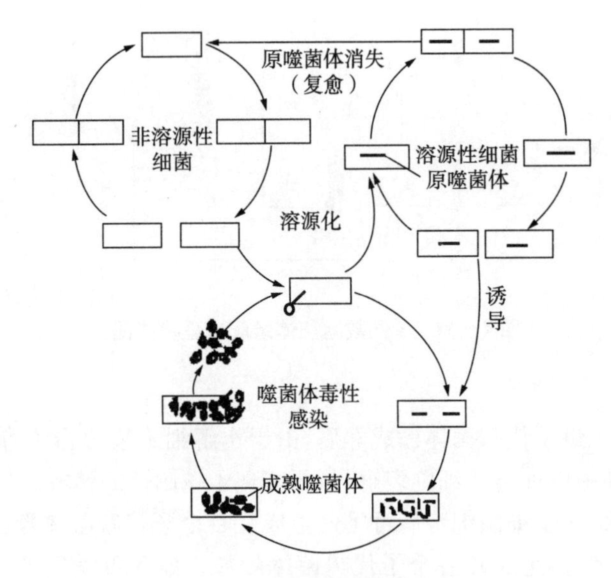

图 4－12　温和噬菌体的复制

每 10^2～10^5 个溶源性细菌中才有一个细菌的原噬菌体脱离细菌染色体进入营养期繁殖，导致细菌细胞裂解释放出新的子代噬菌体粒子，这些噬菌体粒子又可感染敏感细菌，使其仍具溶源性。由于此过程出现频率很低，故溶源性细菌培养物中只有少量游离的噬菌体存在。

用某些适量的理化因子，如 H_2O_2、紫外线、X 射线、氮芥子气、乙酰亚胺、丝裂霉素 C 等处理溶源性细菌，能导致原噬菌体活化，产生具有感染力的噬菌体粒子，结果使整个细胞裂解并释放出大量噬菌体粒子。溶源性细菌对其本身产生的噬菌体或外来的同源（相关）噬菌体不敏感，这些噬菌体虽可进入溶源性细菌，但不能增殖，也不导致溶源性细菌裂解。溶源性细菌这种不敏感的特性叫“免疫性”。例如，含有 λ 原噬菌体的溶源性细胞，对 λ 噬菌体的毒性突变株有免疫性。

溶源性细胞有时消失了其中的噬菌体，变成非溶源细胞。这时，它既不发生自发裂解现象，也不发生诱发裂解现象，称为溶源细胞的复愈或非溶源化。

溶源性细菌还可获得一些新的生理特性，如白喉杆菌，只有在含有特定类型的原噬菌体时才能产生白喉毒素，引起被感染机体发病。

溶源性广泛存在于各种细菌中，如大肠杆菌、假单胞菌、沙门氏菌、链球菌、芽孢杆菌、棒杆菌、弧菌等。

五、噬菌体的监测方法

（一）烈性噬菌体的检查

敏感细菌受噬菌体侵染后会在固体培养平板上产生噬菌斑，在液体培养基中会发生培养液变清的现象。每种噬菌体的噬菌斑有一定的形状、大小、边缘和透明度，可用作噬菌体鉴定的指标，也可利用噬菌斑进行纯种分离和计数。每毫升试样中所含有的侵染性的噬菌体粒子数称为噬菌体的效价，即噬菌斑形成单位数或感染中心数。其测定方法如下。

1. 斑点试验法

这是一种半定量的预试验方法。先将敏感的宿主菌浓悬液涂布于合适的培养基平板上，然后使平板表面朝下，在45℃左右的温箱中使平板表面不留水膜。再把不同稀释度待测试样依次用接种环点种在上述平板上。保温数小时后，根据点样处是否产生噬菌斑即可初步判断该试样的效价。

2. 液体稀释管法

与用于细菌活菌计数中的系列稀释法相似。不同处是：(1)各试管中均加有培养液；(2)各管中均须接入处于对数期的宿主细胞；(3)以不长菌的最高稀释管来计算效价。

3. 双层平板法

这是一种被普遍采用并能精确测定效价的常用方法。预先分别配制含2%和1%琼脂的底层肉汁琼脂培养基和上层肉汁琼脂培养基，培养基pH为7。先在无菌平皿内倒入约110mL适合宿主细胞生长的底层培养基，待凝固成平板后，将上层培养基约4mL融化并冷却至45～48℃，再加入0.2mL指数生长期的宿主细菌液(每毫升约含10^8个细菌)和待测噬菌体的稀释悬液0.1mL，充分混匀后，立即倒入底层平板上使之铺匀，待凝固后，在37℃下倒置培养18～24h后便能在平板上看见噬菌斑。检测过程见图4－13。

双层平板法主要有以下几个优点：(1)加了底层培养基后，可使原来底面不平的玻璃皿的缺陷得到了弥补；(2)所形成全部噬菌体斑都接近处于同一平面上，因此不仅每一噬菌斑的大小接近、边缘清晰，而且不致发生上下噬菌斑的重叠现象；(3)因上层培养基中琼脂较稀，故形成的噬菌斑较大，更有利于计数。

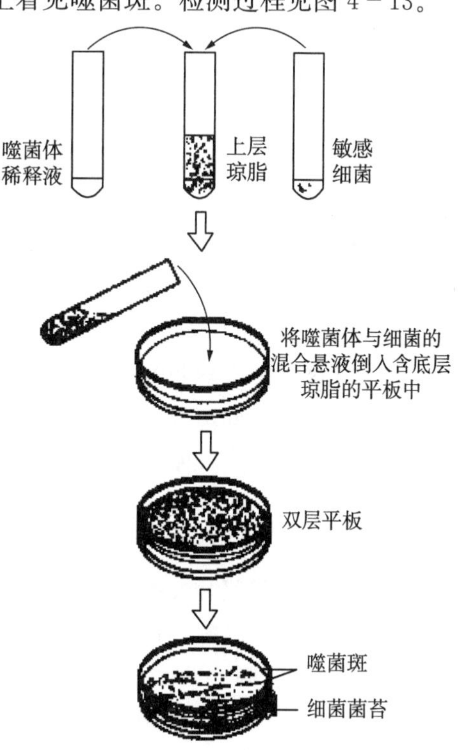

图4－13 双层平板培养法

4. 单层平板法

在上述双层平板法中省略底层，但所用培养基的浓度和所加的量均比双层平板法的上层高和多。此法虽较简便，但其实验效果较差。

5. 玻片快速法

将噬菌体和敏感的宿主细胞与适量的琼脂培养基(含0.5%～0.8%琼脂，事前融化)充分混合，涂布在无菌载玻片上，经短期培养后，即可在低倍显微镜或扩大镜下计数。例如，用于金黄色葡萄球菌噬菌体的效价测定，仅需2.5～4.0h即可，唯精确度较差。

(二)温和噬菌体的检查

检验溶源菌的方法是将少量溶源菌与大量的敏感性指示菌(遇溶源菌裂解后所释放

的温和噬菌体会发生裂解性生活周期者）相混合，然后加至琼脂培养基中倒入平板。过一段时间后溶源菌就长成菌落。由于在溶源菌分裂过程中有极少数个体会发生自发裂解，其释放的噬菌体可不断侵染溶源菌菌落周围的指示菌菌苔，所以会产生一个中央有溶源菌小菌落、四周有透明圈的特殊噬菌斑。

六、噬菌体与食品发酵工业的关系

噬菌体与实践的关系主要体现在对发酵工业的危害上。当发酵液受噬菌体严重污染时，会出现：(1)发酵周期明显延长；(2)碳源消耗缓慢；(3)发酵液变清，镜检时，有大量异常菌体出现；(4)发酵产物的形成缓慢或根本不形成；(5)用敏感菌作平板检查时，出现大量噬菌斑；(6)用电子显微镜观察时，可见到有无数噬菌体粒子存在。当出现以上现象时，轻则延长发酵周期、影响产品的产量和质量，重则引起倒罐甚至使工厂被迫停产。这种情况在谷氨酸发酵、细菌淀粉酶或蛋白酶发酵、丙酮丁醇发酵以及各种抗生素发酵中是司空见惯的，应严加防范。

要防治噬菌体的危害，首先是提高有关工作人员的思想认识，建立“防重于治”的观念。预防噬菌体污染的措施主要有以下几种。

(1)绝不使用可疑菌种。认真检查斜面、摇瓶及种子罐所使用的菌种，坚决废弃任何可疑菌种。

(2)严格保持环境卫生。

(3)绝不排放或随便丢弃活菌液。环境中存在活菌，就意味着存在噬菌体赖以增殖的大量宿主，其后果将是极其严重的。为此，摇瓶菌液、种子液、检验液和发酵后的菌液绝对不能随便丢弃或排放；正常发酵液或污染噬菌体后的发酵液均应严格灭菌后才能排放；发酵罐的排气或逃液均须经消毒、灭菌后才能排放。

(4)注意通气质量。空气过滤器要保证质量并经常进行严格灭菌，空气压缩机的取风口应设在30～40m高空。

(5)加强管道及发酵罐的灭菌。

(6)不断筛选抗性菌种，并经常轮换生产菌种。

如果预防不成，一旦发现噬菌体污染时，要及时采取合理措施。例如：(1)尽快提取产品，如果发现污染时发酵液中的代谢产物含量已较高，即应及时提取或补加营养并接种抗噬菌体菌种后再继续发酵，以挽回损失；(2)使用药物抑制，目前防治噬菌体污染的药物还很有限，在谷氨酸发酵中，加入某些金属螯合剂（如0.3%～0.5%草酸盐、柠檬酸铵）可抑制噬菌体的吸附和侵入；加入1～2 μg/mL金霉素、四环素或氯霉素等抗生素或0.1%～0.2%的吐温-60、吐温-20或聚氧乙烯烷基醚等表面活性剂均可抑制噬菌体的增殖或吸附；(3)及时改用抗噬菌体生产菌株。

【本章小结】

病毒是一类结构简单、比细菌更微小，能通过细菌滤器，只含一种类型核酸（DNA或RNA），仅能在活细胞内生长繁殖的非细胞形态微生物。成熟的具有侵袭力的病毒颗粒称为病毒粒子，其主要化学成分是核酸和蛋白质。核酸位于病毒粒子的中心，构成了它的核心或基因组;蛋白质包围在核心周围,构成了病毒粒子的衣壳。根据衣壳粒的排列方式不同可分为三种类型:螺旋体对称、多面体对称、复合对称。病毒按寄主类型大致可分为植物病毒、动物病毒和细菌病毒三大类。

感染细菌、放线菌、真菌或螺旋体等微生物的病毒统称为噬菌体,根据其所经历的繁殖过程可分为噬菌体有烈性噬菌体和温和噬菌体两种类型。噬菌体感染寄主细胞后,即以自身的核酸物质,操纵寄主细胞的生物合成,然后聚集成新的噬菌体。具体过程可分为:吸附、侵入、增殖、装配和释放五个阶段。噬菌体的危害主要体现在发酵工业上。当发酵液受噬菌体严重污染时,会出现发酵周期明显延长;发酵液变清,有大量异常菌体出现等现象。当出现这些现象时,轻则延长发酵周期、影响产品的产量和质量,重则引起倒罐甚至使工厂被迫停产。

【思考与练习题】

一、名词解释

噬菌斑;噬菌体;病毒;温和噬菌体;烈性噬菌体

二、判断题

(1)一个病毒的毒粒内既含有 DNA 又含有 RNA。 (　　)

(2)一个病毒的毒粒内只含有一种核酸 DNA 或 RNA。 (　　)

(3)一个病毒的毒粒内既含有双链 DNA 和双链 RNA。 (　　)

(4)溶源性细菌在一定条件诱发下,可变为烈性噬菌体裂解寄主细胞。 (　　)

(5)T4 噬菌体粒子的形态为杆状。 (　　)

(6)大肠杆菌噬菌体靠尾部的溶菌酶溶解寄主细胞壁后靠尾鞘收缩将 DNA 注入寄主细胞。 (　　)

(7)一种细菌只能被一种噬菌体感染。 (　　)

(8)原噬菌体是整合在宿主 DNA 上的 DNA 片段,它不能独立进行繁殖。 (　　)

(9)病毒具有宿主特异性,即某一种病毒仅能感染一定种类的微生物、植物或动物。 (　　)

(10)朊病毒是只含有侵染性蛋白质的病毒。 (　　)

三、选择题

(1)病毒的大小以(　　)为单位量度。

A. μm　　B. nm　　C. mm　　D. cm

(2)*E. coli* T4 噬菌体的典型外形是(　　)。

A. 球形　　B. 蝌蚪形　　C. 杆状　　D. 丝状

(3)类病毒是一类仅含有侵染性(　　)的病毒。

A. 蛋白质　　B. RNA

C. DNA　　D. DNA 和 RNA

(4)病毒壳体的组成成分是(　　)。

A. 核酸　　B. 蛋白质　　C. 多糖　　D. 脂类

(5)病毒囊膜不含有的组成成分是(　　)。

A. 脂类　B. 多糖　C. 蛋白质　D. 核酸

(6)病毒含有的核酸通常是(　　)。

A. DNA 和 RNA　B. DNA 或 RNA　C. DNA　D. RNA

(7)噬菌体是专性寄生于(　　)的寄生物。

A. 细菌　B. 酵母菌　C. 霉菌　D. 真菌

(8)最先提纯的结晶病毒是(　　)。

A. 烟草花叶病毒　B. 痘苗病毒　C. 疱疹病毒　D. 流感病毒

(9)在溶源细胞中,原噬菌体以(　　)状态存在于宿主细胞中。

A. 游离于细胞质中　B. 缺陷噬菌体

C. 插入寄主染色体　D. 游离于细胞核中

(10)溶源性细菌对(　　)具有免疫性。

A. 所有噬菌体　B. 部分噬菌体　C. 外来同源噬菌体　D. 其他噬菌体

四、填空题

(1)病毒是一种无__________结构,能通过__________,严格寄生于__________的超显微生物。

(2)病毒只有一种或少数几种酶,在寄主细胞外不能独立地进行__________和__________,只有在活__________中才表现生命活性,因而是严格的__________生物。

(3)病毒是侵害各种生物的分子病原体,现分为真病毒和亚病毒两大类,而亚病毒包括__________、__________和__________。

(4)病毒壳体的结构类型有__________、__________和__________。

(5)毒粒的基本化学组成是__________和__________,有包膜的病毒还含有__________和__________,它对大多数抗生素__________,但对干扰素__________。

(6)毒粒的形状大致可分为__________、__________和__________等几类。

(7)病毒核酸存在的主要类型__________、__________、__________和__________四种。

(8)病毒蛋白质根据其是否存在于毒粒中可分为__________和__________两类。

(9)病毒只能在活细胞内繁殖,其繁殖过程可分为__________、__________、__________、__________和__________五个阶段。

(10)温和噬菌体有三种存在形式即__________、__________和__________。

五、简述题

(1)简述病毒的特点、分类及基本形态。

(2)绘出 T4 噬菌体的形态图并标明各部位名称。

(3)绘出病毒粒子结构示意图,并标明各部位名称和主要化学组成。

(4)试述烈性噬菌体的侵染循环。

(5)简述溶源性细胞的形成过程及其特点。

六、技能题

(1)噬菌体对发酵工业有哪些危害,该如何预防?

(2)简述噬菌体的双层平板法检查法。

第五章　微生物的营养

【知识目标】

1. 了解微生物细胞的化学组成。
2. 掌握微生物所需的营养物质、营养类型及其对营养物质吸收的方式。
3. 掌握培养基配制的基本原则和基本方法。

【技能目标】

1. 学会培养基的制备方法。
2. 能够熟练地配制常用的培养基。

【重点与难点】

重点：微生物细胞所需的营养成分、营养类型和摄取营养物质的方式；培养基制备的基本原则和基本方法。

难点：基团移位和培养基的设计。

微生物同其他生物一样都是具有生命的，微生物细胞直接同生活环境接触并不停地从外界环境吸收适当的营养物质。营养物质是能够满足机体生长、繁殖和完成各种生理活动所需要的物质。在细胞内合成新的细胞物质和贮藏物质，并贮存能量，微生物从环境中获得营养物质并加以利用的过程即称为微生物的营养。营养物质是微生物生存的物质基础，而营养物质的吸收与代谢是微生物维持和延续其生命形式的一种生理过程。

第一节　微生物的营养需求

一、微生物细胞的化学组成

微生物细胞与其他生物细胞的化学组成并没有本质上的差异，微生物细胞平均水分含量80%左右，其余20%左右为干物质。在干物质中有蛋白质、核酸、碳水化合物、脂类和矿物质等。这些干物质是由碳、氢、氧、氮、磷、硫、钾、钙、镁、铁等主要化学元素组成，其中碳、氢、氧、氮是组成有机物质的四大元素，占细菌细胞干重的93%(见表5－1)。其余的7%是矿物质元素，除上述磷、硫、钾、钙、镁、铁外，还有一些含量极微的铂、锌、锰、硼、钴、碘、镍等微量元素。这些矿质元素对微生物的生长也起着重要的作用。

表5－1　微生物细胞中四种主要元素的含量(以干重计)　　%

元素	C	H	O	N
细菌	50	8	20	15
酵母菌	49.8	6.7	31.1	12.4
霉菌	47.9	6.7	40.2	5.2

二、微生物生长的营养物质及其生理功能

(一)水分

水分是微生物细胞的主要组成成分，大约占鲜重的70%～90%。不同种类微生物细胞含水量不同。同种微生物处于发育的不同时期或不同的环境其水分含量也有差异，幼龄菌含水量较多，衰老和休眠体含水量较少(见表5－2)。微生物所含水分以游离水和结合水两种状态存在，两者的生理作用不同。结合水不具有一般水的特性，不能流动，不易蒸发，不冻结，不能作为溶剂，也不能渗透。游离水则与之相反，具有一般水的特性，能流动，容易从细胞中排出，并能作为溶剂，帮助水溶性物质进出细胞。微生物细胞游离态的水同结合态的水的平均比大约是4∶1。

表5－2　各类微生物细胞中的水含量

微生物类型	细菌	霉菌	酵母菌	芽孢	孢子
水含量/%	75～85	85～90	75～80	40	38

微生物细胞中的结合态的水约束于原生质的胶体系统之中，成为细胞物质的组成成分，是微生物细胞生活的必要条件。游离态的水是细胞吸收营养物质和排出代谢产物的溶剂及生化反应的介质，定量的水分又是维持细胞渗透压的必要条件。由于水的比热容高又是热的良导体，故能有效地吸收代谢过程中产生的热量，使细胞温度不致于骤然升高，能有效地调节细胞内的温度。微生物如果缺乏水分，则会影响代谢作用的进行。

(二)氮源物质

微生物细胞中大约含氮5%～13%，它是微生物细胞蛋白质和核酸的主要成分。氮素对微生物的生长发育有着重要的意义，微生物利用它在细胞内合成氨基酸和碱基，进而合成蛋白质、核酸等细胞成分及含氮的代谢产物。无机的氮源物质一般不提供能量，只有极少数的化能自养型细菌如硝化细菌可利用铵态氮和硝态氮作为氮源和能源。

蛋白质是构成微生物的基本物质，含量占细胞干物质的50%左右，其中细菌和酵母菌的蛋白质含量往往高于霉菌。微生物细胞中的蛋白质种类很多，有的与其他物质结合，成为结合蛋白，如脂蛋白、核蛋白、糖蛋白等；有的以单一状态存在，如白蛋白、球蛋白

等。其中，脂蛋白是构成一切生物膜的主要成分；核蛋白在细胞内的含量很高，常占蛋白质总量的1/3～2/3，构成细胞的核糖体。另外，在细胞生命活动中起重要作用的酶也是一种蛋白质。有些酶是单纯的蛋白质，而有些则与金属离子或其他非蛋白组分结合成为结合蛋白质。

微生物细胞（除病毒外）都含两种核酸：一种是RNA，主要存在于细胞质内，除少量的游离状态存在外，大多数与蛋白质结合形成核蛋白体；另一种是DNA，主要存在于细胞核内。核酸对微生物的生长、遗传和变异起着重要的决定作用。

在实验室和发酵工业生产中，常常以铵盐、硝酸盐、牛肉膏、蛋白胨、酵母膏、鱼粉、血粉、蚕蛹粉、豆饼粉、花生饼粉作为微生物的氮源。

（三）碳源物质

凡是可以被微生物利用，构成细胞代谢产物的营养物质，统称为碳源物质。碳源物质通过细胞内的一系列化学变化，被微生物用于合成各种代谢产物。微生物对碳素化合物的需求是极为广泛的，根据碳素的来源不同，可将碳源物质分为无机碳源物质和有机碳源物质。除少数具有光合色素的蓝细茵、绿硫细菌、紫硫细菌、红螺菌能像绿色植物那样，利用太阳光能，还原二氧化碳合成碳水化合物，作为碳源以外，一些化能自养型微生物如硝化细菌和硫化细菌还能利用无机物的氧化作为供氢体来还原二氧化碳，同时无机物的氧化还产生化学能。但绝大多数的细菌以及全部放线菌和真菌都是以有机物作为碳源的。当然不同的微生物对不同碳源的分解和利用情况是不一样的。糖类是较好的碳源，尤其是单糖（葡萄糖、果糖）、双糖（蔗糖、麦芽糖、乳糖），绝大多数微生物都能利用。此外，简单的有机酸、氨基酸、醇、醛、酚等含碳化合物也能被许多微生物利用。所以我们在制备培养基时常加入葡萄糖、蔗糖作为碳源。

在微生物发酵工业中，常根据不同微生物的需要，利用各种农副产品如玉米粉、米糠、麦麸、马铃薯、甘薯等各种植物的淀粉，作为微生物生产廉价的碳源。这类碳源往往包含了几种营养要素。

（四）矿物质

微生物细胞中的矿物质元素约占干重的3％～10％，它是微生物细胞结构物质不可缺少的组成成分和微生物生长不可缺少的营养物质。许多无机矿物质元素构成酶的活性基团或酶的激活剂，并具有调节细胞的渗透压，调节酸碱度和氧化还原电位以及能量的转移等作用。有些自养型微生物需要利用无机矿物质元素作为能源。根据微生物对矿物质元素需要量的不同，分为常量元素和微量元素。

常量矿物质元素是磷、硫、钾、钠、钙、镁、铁等。磷、硫的需要量很大，磷是微生物细胞中许多含磷细胞成分，如核酸、磷脂、核蛋白、三磷酸腺苷（ATP）、辅酶的重要元素。硫是细胞中含硫氨基酸及生物素、硫胺素等辅酶的重要组成成分。钾、钠、镁是细胞中某些酶的活性基团，并具有调节和控制细胞质的胶体状态、细胞（质）膜的通透性和细胞代谢活动的功能。

微量元素有钼、锌、锰、钴、铜、硼、碘、镍、溴等，一般在培养基中含有0.1mg/L或更少量就可以满足需要。所以在制备培养基时,使用天然水如井水、河水或自来水,其中微量元素的含量已经足够,无需添加,过量的微量元素反而对微生物起到毒害作用。

无机盐对微生物的生理功能是参与细胞组成、能量转移、酶的组成部分或激活剂和调节酸碱度、细胞通透性、渗透压等。

(五)生长因子

生长因子是微生物维持正常生命活动所不可缺少的、微量的特殊有机营养物,这些物质在微生物自身不能合成,必须在培养基中加入。缺少这些生长因子就会影响各种酶的活性,新陈代谢就不能正常进行。

生长因子是指维生素、氨基酸、嘌呤、嘧啶等特殊有机营养物。而狭义的生长因子仅指维生素。这些微量营养物质被微生物吸收后,一般不被分解,而是直接参与或调节代谢反应。

在自然界中自养型细菌和大多数腐生细菌、霉菌都能自己合成许多生长辅助物质,不需要另外供给就能正常生长发育。

第二节 微生物对营养物质的吸收

微生物不像动物那样具有专门的摄食器官,也不像植物那样具有发达的根系吸收营养和水分,它们对营养物质的吸收是借助生物膜的半渗透性及其结构特点以几种不同的方式来吸收营养物质和水分的。如果营养物质是大分子的蛋白质、多糖、脂肪,微生物则分泌出相应的酶(这类在细胞内产生,分泌到细胞外起作用的酶蛋白叫胞外酶)加以分解成小分子的物质,才能以不同的方式吸收到细胞内,加以利用。

各种物质对细胞质膜的通透性是不一样的,就目前对细胞膜结构及其传递系统的研究,认为营养物质主要以以下几种方式透过细胞膜。

一、单纯扩散(简单扩散)

这是通过细胞膜进行内外物质交换最简单的一种方式。营养物质通过分子的随机运动透过微生物细胞膜上的小孔进出细胞。其特点是物质由高浓度区向低浓度区扩散(浓度梯度),这是一种单纯的物理扩散作用,不需要能量。一旦细胞膜两侧的浓度梯度消失(即细胞内外的物质浓度达到平衡),简单扩散也就达到动态平衡。但实际上,进入细胞内的物质总在不断被利用,浓度不断降低,细胞外的物质不断进入细胞。单纯扩散是非特异性的,没有运载蛋白质(渗透酶)参与,也不与膜上的分子发生反应。扩散的物质本身也不发生改变。单纯扩散的物质主要是一些小分子物质,如一些气体(O_2、CO_2)、水、某些无机离子及一些水溶性小分子(甘油、乙醇等)。

二、促进扩散(协助扩散)

单靠单纯扩散,对营养物质的吸收是有限的,微生物细胞为了加速对营养物质的吸收,以适应生长发育的需要,在细胞膜上还存在多种具有运载营养物质功能的特异性蛋白质，称为渗透酶。它们大多是诱导酶，当外界存在所需的营养物质时，能诱导细胞产生相应的渗透酶，每一种渗透酶能帮助一类营养物质的运输，如输送葡萄糖的渗透酶能与外界的葡萄糖分子特异性地结合，然后转移到细胞质膜的内表面后，再释放到细胞质中，并加速过程的进行。又如肠道杆菌吸收甘油的过程也是由渗透酶促进扩散，它们如同“渡船”一样，把营养物质由外界运输到细胞膜中去。其特点也是由高浓度区向低浓度区扩散，所不同的地方是这种运输有渗透酶参与，加速了营养物质的透过程度，以满足微生物细胞代谢之需要。细胞内外的物质浓度可以通过自由可逆的扩散而趋向平衡。促进扩散过程是由浓度梯度来驱动的，不需耗费代谢能量。

现在已分离出有关葡萄糖、半乳糖、阿拉伯糖、亮氨酸、精氨酸、酪氨酸、磷酸、Ca^{2+}，Na^{+}，K^{+}等的载体蛋白，它们的分子质量介于9000～40000u之间，而且都是单体。促进扩散是真核生物的普遍运输机制，如酵母菌运输糖类就是通过这种方式，但在原核生物中却很少见，在厌氧微生物中，促进扩散的过程常参与某些化合物的吸收和发酵产物的排出。然而在好氧微生物中这种传递机制似乎不太重要。

三、主动运输

如果微生物对营养物质吸收只能凭借浓度梯度由高浓度向低浓度扩散，那么微生物就无法吸收低于细胞内浓度的外界营养物质，生长就会受到限制。事实上，微生物细胞中有些营养物质以高于细胞外的浓度在细胞内积累，如大肠杆菌在生长期中，细胞中的钾离子浓度比周围环境高出3000倍。当以乳糖作为碳源时，细胞内乳糖的浓度比周围环境高出500倍。可见这种主动运输的特点是营养物质由低浓度向高浓度进行，是逆浓度梯度地被“抽”进细胞内的，因此这个过程不仅需要渗透酶，还需要代谢能量，能量由三磷酸腺苷(ATP)提供，渗透酶起着将营养物质从低浓度的周围环境转运进高浓度细胞内不断改变平衡点的作用。

存在于细胞膜上的渗透酶，当细胞膜外存在着重要结合的营养物质时，能分辨(认识)这些物质，由于对其营养物质具有高度亲和力，并且特异性地与之结合，形成渗透酶-运载物质复合体。复合体旋转180°从膜外方转移到细胞膜内表面，消耗代谢能量ATP，使渗透酶构型发生变化，亲和力减弱，于是被结合的物质则被释放到细胞质中去。构型变化的渗透酶，再获得能量恢复原状，亲和力增强，结合位置朝向膜外，又可重复进行这种主动运输。大肠杆菌对乳糖的吸收是研究得比较深入的，其渗透酶为β-半乳糖苷酶，它是由lacr基因控制的，这种酶可在膜内外特异性地同乳糖结合，但在膜内结合比膜外差得多，这就在于代谢能量ATP→ADP释放的能量，使酶蛋白构型发生变化而达到膜内，并在膜内降低其对乳糖的亲和力而在膜内释放出来，从而实现乳糖由细胞外的低浓度向细胞膜内的高浓度转运的。

四、基团移位

在微生物对营养物质吸收的过程中，还有一种特殊的运输方式，叫基团移位。这种方式除具有主动运输的特点外，主要是被转运的物质改变了本身的性质，有化学基团转移到被转运的营养物质上面去。如许多糖及其糖的衍生物在运输中由细菌的磷酸转移

酶系统催化，使其磷酸化，磷酸基团被转移到它们分子上，以磷酸糖的形式进入细胞。由于质膜对大多数磷酸化化合物无透性，磷酸糖一旦形成便被阻挡在细胞以内了，从而使糖浓度远远超过细胞外。

这种运输过程的磷酸转移酶系统包括酶Ⅰ、酶Ⅱ和热稳定蛋白(HPr)。酶Ⅰ是非特异性的，它们对许多糖都一样起作用。酶Ⅱ是膜上的结构酶，并能诱导产生，它对某一种糖具有特异性，只能运载某一种糖类，酶Ⅱ同时起着渗透酶和磷酸转移酶的作用。HPr是热稳定的可溶性蛋白质，它能够像高能磷酸载体一样起作用。该酶系统催化的反应分两步进行：

(1)少量的HPr被磷酸烯醇丙酮酸(PEP)磷酸化：

$$\text{PEP}+\text{HPr}\xrightarrow{\text{酶Ⅰ}}\text{磷酸}\sim\text{HPr}+\text{丙酮酸}$$

(2)磷酸～HPr将它的磷酰基传递给葡萄糖，同时将生成的6-磷酸葡萄糖释放到细胞质内。这步复合反应由酶Ⅱ催化。

$$\text{磷酸}\sim\text{HPr}+\text{葡萄糖}\xrightarrow{\text{酶Ⅱ}}\text{6-磷酸葡萄糖}+\text{HPr}$$

基团转位可转运糖、糖的衍生物，如葡萄糖、甘露糖、果糖、N-乙酰葡萄糖胺和β-半乳糖苷以及嘌呤、嘧啶、碱基、乙酸(但不能输送氨基酸)等。这个运输系统主要存在于兼性厌氧菌和厌氧菌中。但某些好氧菌，如枯草杆菌和巨大芽孢杆菌(*B. megatherium*)也利用磷酸转移酶系统将葡萄糖传送到细胞内。

目前，关于细菌对营养物质吸收的四种主要运输系统的主要机理可以概括成下面的图解(见图5-1)。总之，微生物对营养物质的吸收不是简单的物理、化学的过程，而是复杂的生理过程；是微生物对营养物质起能动的、选择吸收的作用。它是受细胞膜的特性和功能以及微生物本身代谢强度所支配的。

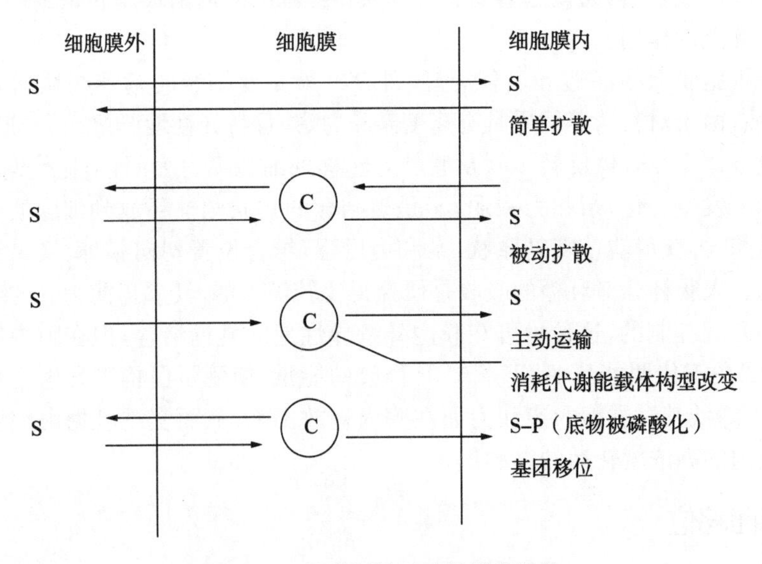

图5-1 四种运输系统的模式比较

第三节　微生物的营养类型

微生物在长期进化过程中，由于生态环境的影响，逐渐分化成各种营养类型。由于各种微生物的生活环境和对不同营养物质的利用能力不同，它们的营养需要和代谢方式也不尽相同。根据微生物对碳源的要求是无机碳化合物（如二氧化碳、碳酸盐）还是有机碳化合物可以把微生物分成自养型微生物和异养型微生物两大类。此外，根据微生物生命活动中能量的来源不同，将微生物分为两种能量代谢类型：一类是利用吸收的营养物质的降解产生的化学能，称为化能型微生物；另一类是吸收光能来维持其生命活动，称为光能型微生物。将碳源物质的性质和代谢能量的来源结合将微生物分为光能自养型、光能异养型、化能自养型和化能异养型四种营养类型，其区别见表 5－3。

表 5－3　微生物的营养类型

主要营养类型	能源	氢/电子供体	碳源	代表性微生物
光能自养型	光	无机物	二氧化碳	藻类、紫硫细菌、绿硫细菌、蓝细菌
光能异养型	光	有机物	有机物	紫色非硫细菌、绿色非硫细菌
化能自养型	化学能	无机物	二氧化碳	硫氧化细菌、氢细菌、硝化细菌、铁细菌
化能异养型	化学能	有机物	有机物	原生动物、真菌、大多数非光合细菌

一、光能自养型

光能自养型微生物能以 CO_2 作为唯一或主要碳源，并能通过光和磷酸化的方式将光能转变成化学能供细胞利用。同时，它们以无机物作为供氢体将 CO_2 还原，以合成细胞生长所需的各种复杂有机物。这类微生物主要是一些蓝细菌、紫硫细菌和绿硫细菌，它们通常在湖水中水质较清、可透光的厌氧环境中生长。由于这些细菌细胞内含有叶绿素或细菌叶绿素等光合色素，因而能进行光合磷酸化作用。由于还原 CO_2 的供氢体是硫化氢、硫代硫酸钠或其他无机硫化物，在还原过程中还产生单质硫，反应如下：

$$CO_2 + 2H_2S \xrightarrow{\text{光能、光合色素}} CH_2O + 2S + H_2$$

二、光能异养型

光能异养型微生物含光合色素，利用光能进行光合作用。但这类微生物不能以 CO_2 作为唯一或主要碳源，而需要以有机物为供氢体，利用光能将 CO_2 还原成细胞物质。红螺菌属中的一些细菌属于这类营养类型，它们利用异丙醇作为供氢体将 CO_2 还原成细胞物质，同时积累丙酮，反应如下：

$$2(CH_3)_2CHOH + CO_2 \xrightarrow{\text{光能、光合色素}} 2CH_3COCH_3 + CH_2O + H_2O$$

三、化能自养型

化能自养型微生物既不依赖于阳光，也不依赖于有机营养物，而是完全依赖于无机矿物质。它们利用CO_2或碳酸盐作为唯一或主要碳源，生长所需的能量来自于无机物氧化过程中释放的化学能，供氢体是某些特定的无机物，如H_2、H_2S、Fe^{2+}或亚硝酸盐。目前已经发现的化能自养型微生物都是原核生物，如硫化细菌、硝化细菌、氢细菌、铁细菌等。它们广泛分布于自然界的土壤和水体中，对自然界中无机营养物的循环起着重要作用。例如，甲烷细菌能利用H_2和CO_2产生甲烷，反应如下：

$$4H_2+CO_2 \longrightarrow CH_4+2H_2O$$

四、化能异养型

化能异养型微生物不含光合色素，不氧化无机物，生长所需的碳源主要是一些有机物，如淀粉、糖类、纤维素、有机酸等，能量也是来自有机物氧化过程中释放的化学能，因此有机物既是这类微生物的碳源物质又是能源物质。这类微生物包括绝大多数的细菌、放线菌和几乎全部真菌。根据它们获得有机营养物的来源，可将其分为寄生和腐生两类。寄生型微生物从活的寄主细胞或组织中获得营养，从而能使机体致病甚至死亡；而腐生型微生物从死亡的有机体中获得营养，它能使食品腐败、变质、受损等。与食品加工、保藏有关的微生物全部是化能异养型微生物。

上述营养类型的划分并非是绝对的，只是根据主要方面决定的。绝大多数异养型微生物也能吸收利用CO_2可以把CO_2加至丙酮酸上生成草酰乙酸，这是异养型微生物普遍存在的反应。因此，划分异养型微生物和自养型微生物时的标准不在于它们能否利用CO_2。而在于它们是否能利用CO_2作为唯一的碳源或主要碳源。在自养型和异养型之间、光能型和化能型之间还存在一些过渡类型。例如，氢细菌（*Hydrogrunuutas*）就是一种兼性自养型微生物类型，在完全无机的环境中进行自养生活。利用氢气的氧化获得能量，将CO_2还原成细胞物质。但如果环境中存在有机物质时又能直接利用有机物进行异养生活。

第四节　培养基

为了研究和利用微生物，必须人为地创造适宜的环境培养微生物，培养基是指经人工配制而成的适合微生物生长繁殖和积累代谢产物所需要的营养基质。我们配制培养基不但需要根据不同微生物的营养要求，加入适当种类和数量的营养物质；注意一定的碳氮比例（C/N）；调节适宜的酸碱度（pH）；保持适当的氧化还原电位和渗透压。

一、配制培养基的基本原则

（一）培养基组分应适合微生物的营养特点（目的明确）

即根据不同微生物的营养需要配制不同的培养基，不同营养类型的微生物，其对营养物的需求差异很大。如自养型微生物的培养基完全可以（或应该）由简单的无机物质组成。异养微生物的培养基至少需要含有一种有机物质，但有机物的种类需适应所培养微生物的特点。

(二)营养物的浓度与比例应恰当(营养协调)

浓度过高——微生物的生长起抑制作用;浓度过小——不能满足微生物生长的需要。

碳氮比(C/N)直接影响微生物生长与繁殖及代谢物的形成与积累,常作为考察培养基组成时的一个重要指标;C/N=碳源中的碳原子的摩尔数/氮源中所含的氮原子的摩尔数。例如:谷氨酸生产中C/N=4/1时,菌体大量繁殖,谷氨酸积累少;C/N=3/1时,菌体生长受抑制,而谷氨酸大量增加。另外,速效性氮(或碳)源与迟效性氮(或碳)源的比例和各种金属离子间的比例也会影响微生物的生长。

(三)物理化学条件适宜(条件适宜)

指培养基的pH、渗透压、水分活度和氧化还原电势等物理化学条件较为适宜。

1. pH

pH从整体上来看,各大类微生物都有其生长适宜的pH范围,如细菌为7.0~8.0,放线菌为7.5~8.5,酵母菌为3.8~6.0,霉菌为4.0~5.8,藻类为6.0~7.0,原生动物为6.0~8.0。但对某一具体微生物的物种来说,其生长的最适pH范围常可大大突破上述界限,其中一些嗜极菌更为突出。

由于在微生物(尤其是一些产酸菌)的生长、代谢过程中会产生引起培养基pH改变的代谢产物,如不及时调节,就会抑制甚至杀死其自身,因而在设计此类培养基时,就要考虑培养基成分对pH的调节能力,这种通过培养基内在成分所起的调节作用,可称作pH的内源调节。内源调节方式主要有两种:

(1)借磷酸缓冲液进行调节。例如:调节KH_2PO_4和K_2HPO_4两者浓度比即可获得pH6.0~7.6间的一系列稳定的pH,当两者为等摩尔浓度比时,溶液的pH可稳定在6.8。其反应原理为:

$$K_2HPO_4 + HCl \longrightarrow KH_2PO_4 + KCl$$

$$KH_2PO_4 + KOH \longrightarrow K_2HPO_4 + H_2O$$

(2)以$CaCO_3$作"备用碱"进行调节。$CaCO_3$在水溶液中溶解度极低,故将它加入至液体或固体培养基中时,并不会提高培养基的pH,但当微生物生长过程中不断产酸时,却可溶解$CaCO_3$,从而发挥其调节培养基pH的作用,反应为:

$$CO_3^{2-} \underset{-H^+}{\overset{+H^+}{\rightleftharpoons}} H_2CO_3 \rightleftharpoons CO_2 + H_2O$$

因为$CaCO_3$既不溶于水又是沉淀性的,故配制培养基时很难使它分布均匀,为方便起见,有时可用$NaHCO_3$来调节。

与内源调节相对应的是外源调节,这是一类按实际需要不断从外界流加酸或碱液,以调整培养液pH的方法。

2. 渗透压和A_w

(1)渗透压。由于微生物细胞膜是半通透膜,外有细胞壁起到机械性保护作用,要求其生长的培养基具有一定的渗透压,当环境中的渗透压低于细胞原生质的渗透压时,就会出现细胞的膨胀，轻者影响细胞的正常代谢，重者出现细胞破裂，当环境渗透压高于原生质的渗透压时，导致细胞皱缩，细胞膜与细胞壁分开，即所谓质壁分离现象。只有在等渗条件下最适宜微生物的生长。大多数微生物适合在等渗的环境下生长，而有的菌如 *Staphylococcus aureus* 则能在 3mol/L NaCl 的高渗溶液中生长。能在高盐环境（2.8～6.2mol/L，NaCl）生长的微生物常被称为嗜盐微生物（Halophiles）。

(2) A_w（水分活度）。指在相同温度下密闭容器内，基质的水蒸气压与纯水蒸气压的比值。微生物生长所需要的水分活度（A_w）界限是非常严格的，不同类型的微生物生长所需的 A_w 值不同。当 A_w 值接近 0.9 时，绝大多数细菌生长能力微弱；当低于 0.9 时，细菌几乎不能生长；当 A_w 值下降到 0.88 时，酵母菌生长受到严重影响，而大多数霉菌还能生长；多数霉菌生长的最低 A_w 值为 0.80。当 A_w 值低于 0.60 时，几乎所有的微生物都不能生长。

3. 氧化还原电势

氧化还原电势又称氧化还原电位，是量度某氧化还原系统中还原剂释放电子或氧化剂接受电子趋势的一种指标。氧化还原电势一般以 E_h 表示，它是指以氢电极为标准时某氧化还原系统的电极电位值，单位是 V（伏）或 mV（毫伏）。

就像微生物与 pH 的关系那样，各种微生物对其培养基的氧化还原势也有不同的要求。一般好氧菌生长的 E_h 值为 +0.3～+0.4V，兼性厌氧菌在 +0.1V 以上时进行好氧呼吸产能，在 +0.1V 以下时则进行发酵产能；而厌氧菌只能生长在 +0.1V 以下的环境中。在实验室中，为了培养严格厌氧菌，除应驱除空气中的氧外，还应在培养基中加入适量的还原剂，包括巯基乙酸、抗坏血酸（Vc），硫化钠、铁屑、谷胱甘肽或疱肉（瘦牛肉粒）等，以降低它的氧化还原电势。例如，加有铁屑的培养基，其 E_h 值可降至 −0.40V 的低水平。

测定氧化还原电势值除用电位计外，还可使用化学指示剂，例如刃天青等。刃天青在无氧条件下呈无色（E_h 相当于 −40mV）；在有氧条件下，其颜色与溶液的 pH 相关，一般在中性时呈紫色，碱性时呈蓝色，酸性时为红色；在微含氧溶液中，则呈现粉红色。

（四）根据培养基的应用目的选择原料及其来源（经济节约）

用于培养菌体种子的培养基营养应丰富，氮源含量宜高（碳氮比低）；用于大量生产代谢产物的培养基其氮源一般应比种子培养基稍低（但若发酵产物是含氮化合物时，有时还应提高培养基的氮源含量）；若代谢产物是次级代谢产物时要考虑是否加入特殊元素或特定的代谢产物。

当所设计的是大规模发酵用的培养基时，应重视培养基中各成分的来源和价格，应选择来源广泛、价格低廉的原料，提倡以粗代精，以废代好。

二、培养基的类型

（一）按培养基成分的来源划分

1. 天然培养基

天然培养基是指利用动物、植物、微生物体或其提取物等化学成分很不恒定或难以确定的天然物质制成的培养基。种类有肉汤、蛋白胨、麦芽汁、酵母汁、豆芽汁、玉米粉等，价格便宜，适用于实验室和生产上用来大规模地培养微生物和生产微生物产品。

2. 合成培养基

合成培养基是一种利用各种化学成分完全是已知的药品制成的培养基。这种培养基化学组成精确、清楚，重复性强；微生物生长较慢；价格昂贵；适于在实验室范围内有关微生物营养需要、代谢、分类鉴定、生物测定以及菌种选育、遗传分析等方面的研究工作。如高氏一号培养基、察氏培养基等。

3. 半合成培养基

半合成培养基是在天然培养基的基础上，适当加入已知成分的无机盐类，或在合成培养基的基础上添加某些天然成分而制成的培养基，如培养霉菌用的马铃薯葡萄糖琼脂培养基。半合成培养基的营养成分更加全面、均衡，能充分满足微生物对营养物质的需要，是实验室和发酵工业中最常用的一类培养基。

（二）按培养基的物理状态划分

1. 液体培养基

培养基呈液态。操作方便，常用于大规模工业生产，以及在实验室进行微生物生理代谢等基本理论的研究工作。可据培养后的浊度判断微生物的生长程度。

2. 固体培养基

天然固体营养基质制成的培养基（如马铃薯块、麸皮等作为培养微生物的培养基质），或液体培养基中加入一定量凝固剂（琼脂1.5%～2%）。常用凝固剂种类有琼脂（石花菜中提取的高度分支的复杂多糖）、明胶（胶原蛋白制备的产物）、硅胶（硅酸钠与盐酸聚合而成，纯无机物）。琼脂和明胶化学成分及一般性质比较见表5－4。为微生物的生长提供营养表面，常用于微生物的分离、纯化、计数等方面的研究。

3. 半固体培养基

半固体培养基是在液体培养基中加入少量凝固剂而呈半固体状态。一般是在液体培养基中加入0.2%～0.5%的琼脂；常用来观察细菌运动的特征，以进行菌种鉴定和噬菌体效价滴定等方面的实验工作。

表5－4　琼脂和明胶化学成分及一般性质比较

比较内容	琼脂	明胶
常用浓度	1.5%～2%	5%～12%
化学成分	聚半乳糖的硫酸酯	蛋白质
熔点/℃	96	25
凝固点/℃	40	20
pH	微酸	酸性
灰分/%	16	14～15
氧化钙/%	1.15	0
氧化镁/%	0.77	0
氮/%	0.4	18.3
微生物可利用能力	绝大多数微生物不能利用	不少微生物能利用

(三)按特殊用途划分

1. 基础培养基

基础培养基是根据某一类微生物共同的营养需求而配制的,可用于普通微生物的菌体培养。例如,用于培养大多数细菌的普通肉汤培养基、牛肉膏琼脂培养基等。

2. 选择性培养基

选择性培养基是根据某种或某一类群微生物的特殊营养需要,或对某种化合物的敏感性不同而设计出来的一类培养基。利用这种培养基可用来将某种或某类微生物从混杂的微生物群体中分离出来。

现举4种常用的选择性培养基,从中可以体会上述原理的实用情况。

(1)酵母菌富集培养基。葡萄糖5%,尿素0.1%,$(NH_4)_2SO_4$ 0.1%,KH_2PO_4 0.25%,Na_2HPO_4 0.05%,$MgSO_4 \cdot 7H_2O$ 0.1%,$FeSO_4 \cdot 7H_2O$ 0.01%,酵母膏0.05%,孟加拉红0.003%,pH 4.5。

(2)Ashby无氮培养基(富集好氧性自生固氮菌用)。甘露醇1%,KH_2PO_4 0.02%,$MgSO_4 \cdot 7H_2O$ 0.02%,NaCl 0.02%,$CaSO_4 \cdot 2H_2O$ 0.01%,$CaCO_3$ 0.5%。

(3)Martin培养基(富集土壤真菌用)。葡萄糖1%,蛋白胨0.5%,KH_2PO_4 0.1%,$MgSO_4 \cdot 7H_2O$ 0.05%,琼脂2%,孟加拉红0.003%,链霉素30μg/mL,金霉素2μg/mL。

(4)含糖酵母膏培养基(在厌氧条件下富集乳酸菌用)。葡萄糖2%,酵母膏1%,KH_2PO_4 0.1%,$MgSO_4 \cdot 7H_2O$ 0.02%,pH 6.5。

3. 鉴别性培养基

在普通培养基中加入能与某种代谢产物发生反应的指示剂或化学药品,从而产生某种明显的特征性变化,以区别不同的微生物。例如,伊红美兰乳糖培养基。

4. 富集(营养)培养基

在普通培养基中加入某些特殊的营养物,如血液、血清、动、植物组织液或其他营养物质(或生长因子)的一类营养丰富的培养基。用来培养营养要求苛刻的微生物,或用以富集(数量上占优势)和分离某种微生物。例如,鲜血琼脂培养基。

三、培养基的制备方法

(一)设计培养基的方法

1. 生态模拟

在自然条件下,凡有某种微生物大量生长繁殖着的环境,必存在着该微生物所必要的营养和其他条件。若直接取用这类自然基质(经过灭菌)或模拟这类自然条件,就可获得一个"初级的"天然培养基,例如可用肉汤、鱼汁培养细菌,用果汁培养酵母菌,用润湿的麸皮、米糠培养酵母菌以及用米饭或面包培养根霉等。调查所培养菌的生态条件,查看"嗜好",对"症"下料——初级天然培养基。

2. 查阅文献

任何科技工作者决不能事事都靠直接经验。多查阅、分析和利用文献资料上一切对自己研究对象直接或间接有关的信息，对设计新培养基有着重要的参考价值，因此，要时时注意和收集这类文献资料。查阅、分析文献，调查前人的工作资料，借鉴人家的经验，以便从中得到启发设计有自己特色的培养基配方。

3. 精心设计

在设计、试验新配方时，常常要对多种因子进行比较和反复试验，工作量极大。借助于优选法或正交试验设计等行之有效的数学工具，可明显提高工作效率。

4. 试验比较

要设计一种优化的培养基，在上述三项工作的基础上，还得经过具体试验和比较才能最后予以确定。试验的规模一般都遵循由定性到定量、由小到大、由实验室到工厂等逐步扩大的原则。例如：可先在培养皿琼脂平板上测试某微生物的营养要求，然后作摇瓶培养或台式发酵罐培养试验，最后才扩大到试验型并进一步放大到生产型发酵罐中进行试验。主要包括不同培养基配方的选择比较；单种成分来源和数量的比较；几种成分浓度比例调配的比较；小型试验放大到大型生产条件的比较；pH 和温度试验。

（二）培养基制备的一般过程

培养基的种类繁多，制备的具体方法也不完全相同，但制备的基本过程及其要求是相同的，下面介绍培养基制备的一般过程。

1. 配料

根据各种微生物需要，选择适宜的培养基配方，选用符合标准的试剂或药品，各种成分准确称量。

2. 加热熔化

各种成分准确称量后加入蒸馏水，加热熔化，校正 pH 后，再加热煮沸 5～10min，并补加损耗的液体。

3. 过滤及分装

液体培养基一般应澄清无沉淀，否则影响观察细菌的生长情况。培养基浑浊沉淀多主要与蛋白胨、牛肉膏和琼脂的质量有关，质量优良的原料制成的培养基基本上澄清，无须过滤。分装时，固体培养基要趁热分装以免冷却凝固；液体培养基分装时装量要适宜。

4. 灭菌

配制好的培养基需要及时进行灭菌处理，为所培养的微生物提供没有杂菌的生长环境。目前，常用的培养基灭菌方法主要有高压蒸汽灭菌法和过滤除菌法。

实验室中常用的培养基都采用高压蒸汽灭菌法进行灭菌处理。培养基成分耐热时，多采用 121℃，15～20min，容器和装量大的可延长至 30min；凡含有葡萄糖或其他糖类等不耐热的成分，宜用 115℃，20min 灭菌，以防压力大、温度高、时间长破坏糖分。发酵工业中对液体培养基灭菌时将高压蒸汽通入装在发酵罐的培养基内，使培养基的温度逐渐升至所需温度并保持一定的时间。

培养基中如果有血清、血液、糖类、维生素、酶等在高温下易于分解或变性的成分，应用过滤除菌法进行灭菌处理，再按规定的温度和量加入已灭菌的培养基中。

5. 质量检查

培养基的质量检查包括一般培养基的无菌检查、灵敏度测定及专用培养基、选择性培养基和生化试验培养基的已知菌对照试验等。无菌检查时,把配制好的培养基在适宜温度下培养,检测有无细菌生长;在已知菌对照试验时,用已知菌株测定各种生化反应及其他反应的质量效果,以保证培养基的各种鉴别反应的灵敏度和准确性。

6. 培养基的保存、备用

各种培养基均应在4~8℃下保存,绝不能冻结,因为冻溶后常因理化条件改变而影响试验结果。普通培养基可置冰箱内保存,一般应在两周内用完。久存后液体培养基会因失水过多、盐类出现沉淀等;而固体培养基出现干涸变形导致不能使用。选择性培养基最好当日用完,必要时应于冷暗处避光保存,但时间不能超过3d,否则会影响分离鉴定效果及其准确性。

【本章小结】

营养是一切生命活动所需物质之源。微生物的营养物质有五类,即水分、氮源物质、碳源物质、无机盐、生长因子。除水外,碳源物质所需的量最大,其次是氮源物质。在自养微生物中,能源是日光能或还原态无机物,在异养微生物中,能源就是碳源。在无机盐中,磷、硫需要量稍大,钾、镁次之。其他元素和生长因子的需要量一般很小。

微生物的营养类型是以其所需碳源和能源的性质来划分的,共分四大类。其中种类最多的是化能异养型微生物,其余三类是化能自养型微生物、光能自养型微生物和光能异养型微生物。

除原生动物为吞噬营养型外,其他有细胞构造的微生物,其营养方式都是渗透营养型。它们通过单纯扩散、促进扩散、主动运输和基团移位等方式从外界环境中不断吸取营养物。由于主动运输和基团移位可从外界稀溶液中不断吸取自身所需要的重要营养物,因此对微生物的生命活动更为重要。

设计和配制培养基,是微生物学实验室和有关生产实践中的基本环节。设计或选用培养基,应努力遵循目的明确、营养协调、理化条件适宜和经济节约四个原则,在具体设计过程中,还应认真做好生态模拟、查阅文献、精心设计和试验比较四个方法。培养基的种类很多,若以对其中营养成分的了解程度来分,有天然培养基、合成培养基和半合成培养基三类;若以其物理外观来分,有液体培养基、半固体培养基和固体培养基三类;若以培养基的功能来分,则可分为选择性培养基和鉴别性培养基等多种类型。选择性和鉴别性培养基在微生物学基础研究、菌种选育以及食品卫生和临床检验等工作中极其重要,除了选用现成配方外,可运用微生物生理、生化等理论知识自行设计。

【思考与练习题】

一、名词解释

人工培养基;生长因子;水分活度;化能异养型微生物;基团移位

二、填空

(1)培养基应具备微生物生长所需要的营养物质主要有________、________、________、________和________。

(2)碳源物对微生物的功能是________和________,微生物可用的碳源物质主要有________、________、________、________、________等。

(3)微生物利用的氮源物质主要有________、________、________、________、________等。

(4)无机盐对微生物的生理功能是__________、__________、__________和________。

(5)微生物的营养类型可分为________、________、________和________。

(6)生长因子主要包括________、________、________和________等。

(7)培养基制备的基本原则是________、________、________和________。

(8)液体培养基中加入 $CaCO_3$ 的目的通常是为了________。

(9)营养物质进入细胞的方式有__________、__________、__________和__________。

(10)培养基按用途分可分为________、________、________和________四种类型。

三、判断题

(1)在固体培养基中,琼脂的浓度一般为0.5%～1.0%。 ( )

(2)EMB培养基中,伊红美蓝的作用是促进大肠杆菌的生长。 ( )

(3)碳源对配制任何微生物的培养基都是必不可少的。 ( )

(4)被动扩散是微生物细胞吸收营养物质的主要方式。 ( )

(5)主动运输是广泛存在于微生物中的一种主要的物质运输方式。 ( )

四、选择题

(1)适合细菌生长的碳氮比(C/N)为( )。

A. 5∶1　B. 10∶1　C. 4∶1　D. 8∶1

(2)实验室常用的培养细菌的培养基是( )。

A. 牛肉膏蛋白胨培养基　B. 马铃薯培养基

C. 高氏一号培养基　D. 麦芽汁培养基

(3)在实验中我们所用到的淀粉水解培养基是一种( )培养基。

A. 基础培养基　B. 加富培养基　C. 选择培养基　D. 鉴别培养基

(4)下列物质属于生长因子的是( )。

A. 葡萄糖　B. 蛋白胨　C. NaCl　D. 维生素

(5)培养料进入细胞的方式中运送前后物质结构发生变化的是( )。

A. 主动运输　B. 被动运输　C. 促进扩散　D. 基团移位

(6)*E. coli* 属于( )型的微生物。

A. 光能自养　B. 光能异养　C. 化能自养　D. 化能异养

(7)实验室常用的培养放线菌的培养基是( )。

A. 牛肉膏蛋白胨培养基　B. 马铃薯培养基

C. 高氏一号培养基　D. 麦芽汁培养基

(8)酵母菌适宜的生长pH为( )。

A. 5.0～6.0　B. 3.0～4.0　C. 8.0～9.0　D. 7.0～7.5

(9)细菌适宜的生长 pH 为(　　)。

A. 5.0～6.0　　B. 3.0～4.0　　C. 8.0～9.0　　D. 7.0～7.5

(10)蓝细菌属于(　　)型的微生物。

A. 光能自养　　B. 光能异养　　C. 化能自养　　D. 化能异养

五、问答题

(1)何谓营养与营养物质,二者有什么关系?

(2)配制培养基的原则和方法是什么?

(3)简述三种物质运输方式的比较。

项目	运输方式			
	单纯扩散	促进扩散	主动运输	基团移位
能量消耗				
溶质运送方向				
平衡时内外浓度				
载体蛋白				
运送分子有无特异性				
运送对象举例				

(4)何谓培养基?培养基有哪些类型?

(5)pH 对微生物生长有何影响?发酵过程中如何加以控制?

第六章 微生物的代谢

【知识目标】

1. 了解代谢的类型，微生物独特的合成代谢，以及微生物代谢的调控机理。

2. 理解发酵过程中糖酵解的几种途径，有氧呼吸与无氧呼吸的区别。理解微生物次级代谢和次级代谢的定义，及次级代谢物的种类和作用。

3. 掌握化能异养微生物、自养微生物的生物氧化与产能的机理。

【技能目标】

1. 能够解释微生物能量代谢的过程。

2. 能运用微生物的发酵原理指导食品发酵工业的生产。

【重点与难点】

重点：化能自养微生物的生物氧化与产能，自养微生物的生物氧化，微生物分解与合成代谢、初级代谢与次级代谢。

难点：自养微生物的CO_2固定、固氮作用、肽聚糖合成等独特代谢的机理。微生物代谢调控的机理及工业发酵中的运用。

微生物在生长繁殖过程中，需要不断从外界环境摄取营养物质，在体内经过一系列的生化反应，转变成能量和构成细胞的物质，并排出废弃物。这一系列的生化过程称为新陈代谢。微生物代谢是微生物活细胞中所有生化反应的总称，它是生命活动的最基本特征。微生物的代谢分为能量代谢和物质代谢两部分。微生物代谢与其他生物代谢相比，具有代谢非常活跃、代谢类型多样化及代谢调节精确、灵活等特点。因此，微生物在自然界物质循环和生态系统中发挥着十分重要的作用。

第一节 微生物的能量代谢

微生物进行生命活动需要能量。能量代谢是微生物代谢的核心。能量代谢的中心任务是生物体如何把外界环境中多种形式的最初能源转换成对一切生命活动都能使用的通用能源——ATP(三磷酸腺苷)。对微生物来说，它们能利用的最初能源为有机物、还原态无机物和日光三大类能源，因此，微生物的能量代谢的实质就是追踪这三类最初能源如何转化并释放 ATP 的过程，见图 6－1。

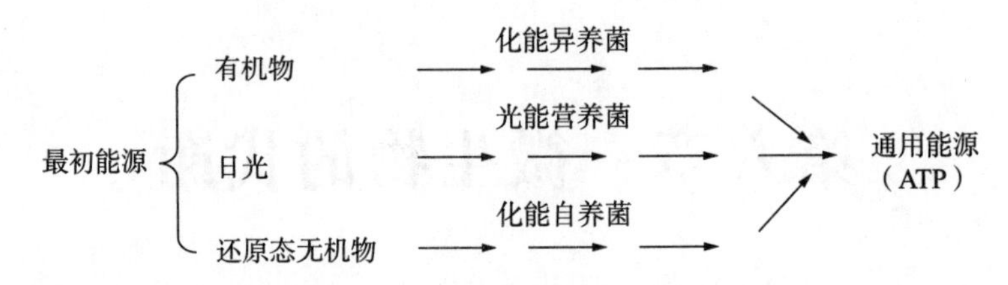

图 6－1　微生物的能量代谢过程

物质在生物体内经过一系列连续的氧化还原反应，逐步分解并释放能量的过程，这个过程也称为生物氧化，是一个产能代谢过程。在生物氧化过程中释放的能量可被微生物直接利用，也可通过能量转换贮存在高能化合物（如 ATP）中，以便逐步被利用，还有部分能量以热的形式被释放到环境中。不同类型微生物进行生物氧化所利用的物质是不同的，异养微生物利用有机物，自养微生物则利用无机物，通过生物氧化来进行产能代谢。

一、化能异养型微生物的能量代谢

（一）化能异养型微生物 ATP 的产生

ATP 是生物细胞内的通用能源，贮存能量时，ADP（二磷酸腺苷）结合 1 分子磷酸生成 ATP；供能时，ATP 末端高能键水解脱去 1 分子磷酸，生成 ADP 释放能量。其反应如下：

$$ADP+Pi+35kJ/mol \longrightarrow ATP$$

除 ATP 外，还有一些重要的高能化合物如乙酰磷酸、PEP（磷酸烯醇式丙酮酸）等，这些物质水解释放的能量贮存在 ATP 中。ATP 贮存的能量有能在激酶作用下转移至其他化合物。ATP 的形成按能量来源分为光合磷酸化和氧化磷酸化两种方式。光合磷酸化是光能营养微生物形成 ATP 的途径；氧化磷酸化是化能微生物形成 ATP 的途径，根据电子传递链的有无，可分为底物水平磷酸化和电子传递磷酸化两种类型。

1. 底物水平磷酸化

物质在生物氧化过程中，生成一些含有高能键的化合物，而这些化合物可直接偶联 ATP 或 GTP（三磷酸鸟苷）的合成，这种产生 ATP 等高能根子的方式称为底物水平磷酸化。例如，发生底物水平磷酸化的几种重要反应：

$$\text{磷酸烯醇式丙酮酸}+ADP \xrightarrow{\text{丙酮酸激酶}} ATP+\text{丙酮酸}$$

$$\text{甘油酸-1,3-二磷酸}+ADP \xrightarrow{\text{磷酸甘油酸激酶}} ATP+\text{甘油酸-3-磷酸}$$

$$\text{乙酰磷酸}+ADP \xrightarrow{\text{乙酰激酶}} ATP+\text{乙酸}$$

底物在生物氧化中脱下的电子或氢通过酶促反应直接交给底物自身的氧化产物，同时将释放出的能量交给 ADP，形成 ATP。底物水平的磷酸化是微生物在发酵中产生

ATP 的唯一方式，在呼吸过程中也有存在。

2. 电子传递磷酸化

底物在生物氧化过程中释放的电子通过电子传递链传递到氧或其他氧化型物质，同时形成 ATP 的过程称为电子传递磷酸化。电子传递磷酸化的核心为电子传递链（electron transport chain，ETC），其组成成员主要有泛醌（辅酶 Q）、NAD（烟酰胺腺嘌呤二核苷酸）与 NADP（烟酰胺腺嘌呤二核苷酸磷酸）、FAD（黄素腺嘌呤二核苷酸）和 FMN（黄素腺嘌呤单核苷酸）、铁硫蛋白及细胞色素 5 类物质。ETC 是由若干个氢和电子传递体按氧化还原电位高低顺序排列而构成的一条链，流动的电子通过呼吸链时做功，逐步释放能量形成 ATP。

（二）化能异养型微生物的生物氧化

1. 发酵

发酵是指微生物细胞将有机物氧化释放的电子直接交给底物本身未完全氧化的某种中间产物，同时释放能量并产生各种不同的代谢产物。在发酵条件下有机化合物只是部分地被氧化，因此，只释放出一小部分的能量。发酵过程的氧化是与有机物的还原偶联在一起的。被还原的有机物来自于初始发酵的分解代谢，即不需要外界提供电子受体。

发酵的种类有很多，可发酵的底物有碳水化合物、有机酸、氨基酸等，其中以微生物发酵葡萄糖最为重要。生物体内葡萄糖被降解成丙酮酸的过程称为糖酵解，主要分为四种途径：EMP 途径、HMP 途径、ED 途径、磷酸解酮酶途径。

（1）EMP 途径（Embden – Meyerhof pathway）

以葡萄糖为起始底物，丙酮酸为终产物。整个 EMP 途径大致可分为两个阶段。第一阶段可认为是不涉及氧化还原反应及能量释放的准备阶段，只是生成二分子的主要中间代谢产物：3 –磷酸–甘油醛。第二阶段发生氧化还原反应，合成 ATP 并形成二分子的丙酮酸，见图 6 – 2。

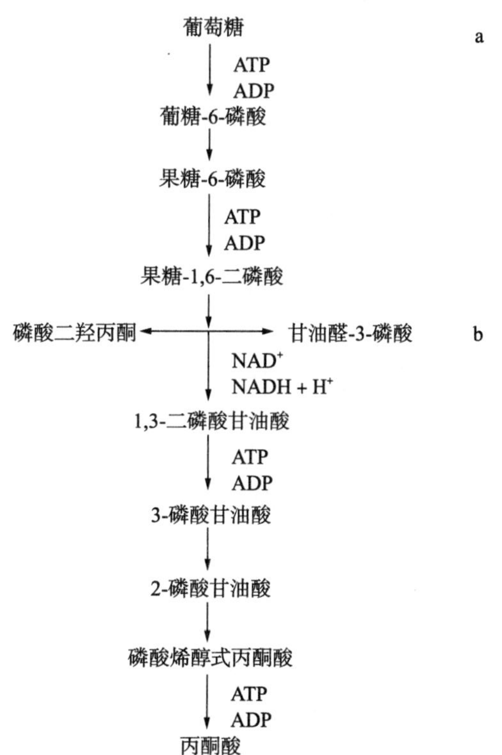

图 6 – 2 EMP 途径

a—预备性反应，消耗 ATP，生成甘油醛– 3 –磷酸；
b—氧化还原反应，形成 ATP 和产生发酵产物

EMP 途径可为微生物的生理活动提供 ATP 和 NADH，其中间产物又可为微生物的合成代谢提供碳骨架，并在一定条件下可逆转合成多糖。

（2）HMP 途径

HMP 途径是从 6 –磷酸葡萄糖酸开始

的，即在单磷酸己糖基础上开始降解的，故称为单磷酸己糖途径。HMP 途径与 EMP 途径有着密切的关系，因为 HMP 途径中的 3 -磷酸甘油醛可以进入 EMP，因此该途径又可称为磷酸戊糖支路。HMP 途径的一个循环的最终结果是一分子 6 -磷酸葡萄糖转变成一分子 3 -磷酸甘油醛，三分子 CO_2 和六分子 NADPH。

一般认为 HMP 途径不是产能途径，而是为生物合成提供大量的还原力(NADPH)和中间代谢产物。

大多数好氧和兼性厌氧微生物中都有 HMP 途径，而且在同一微生物中往往同时存在 EMP 和 HMP 途径，单独具有 EMP 或 HMP 途径的微生物较少见。

(3)ED 途径

在 ED 途径中，6 -磷酸葡萄糖首先脱氢产生 6 -磷酸葡萄糖酸，接着在脱水酶和醛缩酶的作用下，产生一分子 3 -磷酸甘油醛和一分子丙酮酸。然后 3 -磷酸甘油醛进入 EMP 途径转变成丙酮酸。一分子葡萄糖经 ED 途径最后生成两分子丙酮酸，一分子 ATP，一分子 NADPH 和 NADH。

ED 途径在细菌中，尤其是在革兰氏阴性菌中分布较广，特别是假单胞菌和固氮菌的某些菌株较多存在。ED 途径可不依赖于 EMP 和 HMP 途径而单独存在，但对于靠底物水平磷酸化获得 ATP 的厌氧菌而言，ED 途径不如 EMP 途径经济。

(4)磷酸解酮酶途径

磷酸解酮酶途径是明串珠菌在进行异型乳酸发酵过程中分解己糖和戊糖的途径。该途径的特征性酶是磷酸解酮酶，根据解酮酶的不同。把具有磷酸戊糖解酮酶的称为 PK 途径，把具有磷酸己糖解酮酶的叫 HK 途径。

在糖酵解过程中生成的丙酮酸可被进一步代谢。丙酮酸由脱羧酶催化形成乙醛和二氧化碳，乙醛在乙醇脱氢酶的作用下，被 NADH 还原为乙醇。这种氧化作用不彻底，只释放出部分能量，而大部分能量还贮存在乙醇中。发酵作用的总反应式如下：

$$C_6H_{12}O_6 + 2ADP + 2Pi \longrightarrow 2CH_3CH_2OH + 2CO_2 + 2ATP$$

各种微生物都能进行发酵作用。在无氧条件下，不同的微生物分解丙酮酸后会积累不同的代谢产物。目前发现多种微生物可以发酵葡萄糖产生乙醇，能进行乙醇发酵的微生物包括酵母菌、根霉、曲霉和某些细菌。许多厌氧菌主要靠发酵作用获取能量。好养微生物在进行有氧呼吸过程中，也要先经过糖酵解阶段产生丙酮酸，然后进入三羧酸循环，将底物彻底氧化成二氧化碳和水。

2. 呼吸作用

微生物在降解底物的过程中，将释放出的电子交给 $NAD(P)^+$、FAD 或 FMN 等电子载体，再经电子传递系统传给外源电子受体，从而生成水或其他还原型产物并释放出能量的过程，称为呼吸作用。其中，以分子氧作为最终电子受体的称为有氧呼吸，以氧化型化合物作为最终电子受体的称为无氧呼吸。

呼吸作用与发酵作用的根本区别在于：电子载体不是将电子直接传递给底物降解的中间产物，而是交给电子传递系统，逐步释放出能量后再交给最终电子受体。

(1)有氧呼吸

葡萄糖经过糖酵解作用形成丙酮酸，在发酵过程中，丙酮酸在厌氧条件下转变成不同的发酵产物；而在有氧呼吸过程中，丙酮酸进入三羧酸循环(tricarboxylic acid cycle，简称 TCA 循环)，被彻底氧化生成 CO_2 和水，同时释放大量能量，见图 6－3。

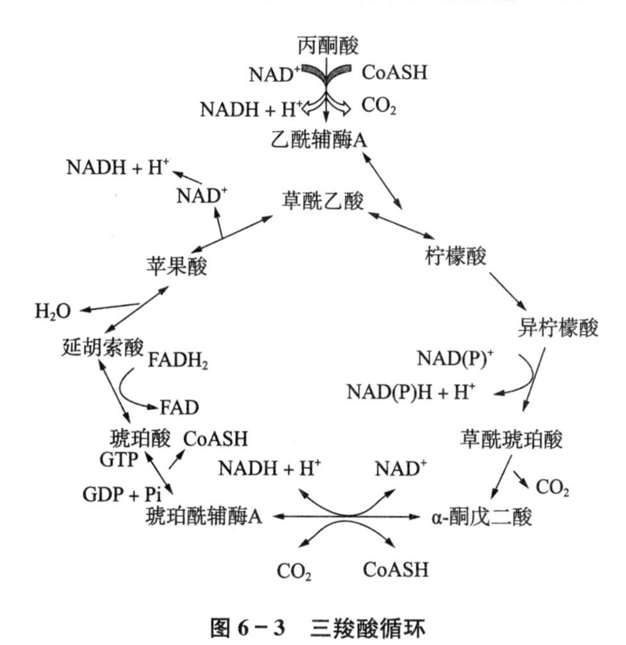

图 6－3　三羧酸循环

(2)无氧呼吸

某些厌氧和兼性厌氧微生物在无氧条件下进行无氧呼吸。无氧呼吸的最终电子受体不是氧，而是像 NO_3^-、NO_2^-、SO_4^{2-}、$S_2O_3^{2-}$、CO_2 等这类外源受体。无氧呼吸也需要细胞色素等电子传递体，并在能量分级释放过程中伴随有磷酸化作用，也能产生较多的能量用于生命活动。但由于部分能量随电子转移传给最终电子受体，所以生成的能量不如有氧呼吸产生的多。

二、自养微生物的生物氧化与产能

(一)化能自养菌的生物氧化与产能

一些微生物可以从氧化无机物获得能量，同化合成细胞物质，这类细菌称为化能自养微生物。它们在无机能源氧化过程中通过氧化磷酸化产生 ATP。化能自养菌是一类以还原性无机物如 NO_2^- 盐、硫化氢、Fe^{2+} 或氢气等作为电子供体并利用这些无机物的氧化释放出能量，以 CO_2 或碳酸盐为唯一或主要碳源合成细胞物质的微生物。此类微生物主要有硝化菌群、硫细菌、铁细菌和氢细菌四大类。化能自养微生物的生物氧化包含以下几种类型。

1. 氨的氧化

NH_3 同亚硝酸(NO_2^-)是可以用作能源的最普通的无机氮化合物，能被硝化细菌所氧化。硝化细菌可分为两个亚群——亚硝化细菌和硝化细菌。氨氧化的过程分为两个阶段，先由亚硝化细菌将氨氧化为亚硝酸，再由硝化细菌将亚硝酸氧化为硝酸。由氨氧化为硝酸是通过这两类细菌依次进行的。

硝化细菌都是一些专性好氧的革兰氏阳性细菌，以分子氧为最终电子受体，且大多数是专性无机营养型。它们的细胞都具有复杂的膜内褶结构，这有利于增加细胞的代谢能力。硝化细菌无芽孢，多数为二分裂殖，生长缓慢，平均代时在 10h 以上，分布非常广泛。

2. 硫的氧化

硫细菌是一群能够利用一种或多种还原态或部分还原态的硫化合物(包括硫化物、元素硫、硫代硫酸盐、多硫酸盐和亚硫酸盐)氧化释放能量生长的细菌。多数硫化细菌为专性化能自养，专性好氧，少数为兼性化能自养与兼性厌氧。H_2S 首先被氧化成元素硫，随之被硫氧化酶和细胞色素系统氧化成亚硫酸盐，放出的电子在传递过程中可以偶联产生 4 个 ATP。亚硫酸盐的氧化可分为两条途径，一是直接氧化成 SO_4^{2-} 的途径，由亚硫酸盐-细胞色素 c 还原酶和末端细胞色素系统催化，产生一个 ATP；二是经磷酸腺苷硫酸的氧化途径，每氧化一分子 SO_4^{2-} 产生 2.5 个 ATP。

3. 铁的氧化

从亚铁到高铁状态的铁的氧化，对于少数细菌来说也是一种产能反应，但从这种氧化中只有少量的能量可以被利用。亚铁的氧化仅在嗜酸性的氧化亚铁硫杆菌中进行了较为详细的研究。在低 pH 环境中这种菌能利用亚铁放出的能量生长。在该菌的呼吸链中发现了一种含铜蛋白质，它与几种细胞色素 c 和一种细胞色素 a_1 氧化酶构成电子传递链。虽然电子传递过程中的放能部位和放出有效能的多少还有待研究，但已知在电子传递到氧的过程中细胞质内有质子消耗，从而驱动 ATP 的合成。

4. 氢的氧化

氢细菌都是一些呈革兰氏阴性的兼性化能自氧菌。它们能利用分子氢氧化产生的能量同化 CO_2，也能利用其他有机物生长。氢细菌的细胞膜上有泛醌、维生素 K_2 及细胞色素等呼吸链组分。在该菌中，电子直接从氢传递给电子传递系统，电子在呼吸链传递过程中产生 ATP。在多数氢细菌中有两种与氢的氧化有关的酶。一种是位于壁膜间隙或结合在细胞质膜上的不需 NAD^+ 的颗粒状氧化酶，它能够催化以下反应：

$$H_2 \longrightarrow 2H^+ + 2e^-$$

该酶在氧化氢并通过电子传递系统传递电子的过程中，可驱动质子的跨膜运输，形成跨膜质子梯度为 ATP 的合成提供动力；另一种是可溶性氢化酶，它能催化氢的氧化，而使 NAD^+ 还原的反应。所生成的 NADH 主要用于 CO_2 的还原。

(二)光能自养菌的生物氧化与产能

光合作用是自然界一个极其重要的生物学过程，其实质是通过光合磷酸化将光能转变成化学能，以用于从 CO_2 合成细胞物质。光能自养菌是一类能以 CO_2 为唯一碳源或主要碳源并利用光能进行生长的微生物，如藻类、蓝细菌和嗜盐细菌等。光合细菌主要通过环式光合磷酸化作用将光能转变为化学能，产生 ATP。在光合细菌中，吸收光量子而被激活的细菌叶绿素释放出高能电子，叶绿素分析即带正电荷。所释放出来的高能电子顺序通过铁氧还蛋白、辅酶 Q、细胞色素 b 和色素 c，再返回到带正电荷的细菌叶绿素分子。在辅酶Q将电子传递给细胞色素c的过程中，造成了质子的跨膜运动，为ATP的合成提供了能量。在这个电子循环传递过程中，光能转变为化学能，故称为环式光合磷酸化。环式光合磷酸化可在厌氧条件下进行，产物只有ATP，无NADP(H)，也不产生分子氧。

第二节　微生物的物质代谢

微生物的物质代谢是发生在微生物细胞内的各种化学反应的总称。它主要由分解代谢和合成代谢两部分组成。

一、分解代谢

微生物的细胞膜为半透膜，只有小分子物质才能透过质膜进入细胞，被微生物分解利用。单糖、双糖、氨基酸和其他小分子有机物均能直接进入细胞。化能异养型微生物能利用的有机物质种类很多，如淀粉、纤维素、果胶、脂肪、蛋白质、木质素及核酸等均可作为微生物的营养物质，但这些大分子物质不能直接进入细胞，必须先经微生物分泌的胞外酶在细胞外部降解为小分子物质后才能进入细胞，参与细胞内的多种代谢过程。分解代谢是复杂的有机物在分解酶系作用下形成简单小分子物质，并在这个过程中产生能量。一般可将分解代谢分为三个阶段，见图6-4。

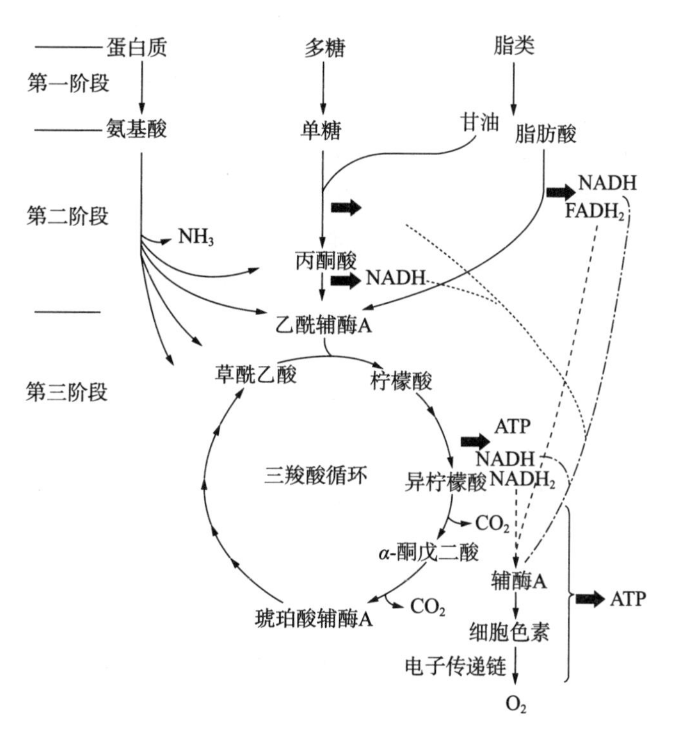

图6-4　分解代谢的三个阶段

第一阶段是将碳水化合物、蛋白质及脂质等大分子有机物分解成单糖、氨基酸及脂肪酸等小分子物质；

第二阶段是将第一阶段产物进一步降解成简单的乙酰辅酶A、丙酮酸及能进入三羧酸循环（TAC循环）的一些中间产物，在这一阶段会产生一些ATP、NADH及$FADH_2$；

第三阶段是通过TAC循环将第二阶段产物完全降解生成CO_2，并产生ATP、NADH及$FADH_2$。第二阶段和第三阶段产生的ATP、NADH及$FADH_2$通过电子传递链被氧化，可产生大量的ATP。

（一）碳水化合物的分解

碳水化合物的种类很多，大分子的碳水化合物（又称多糖）的分解是由微生物分泌的酶类催化进行的，如淀粉、纤维素、果胶质的分解。

1. 淀粉的分解

淀粉是多种微生物的主要碳源。它是葡萄糖的多聚物，有直链淀粉和支链淀粉两种。直链淀粉是由250～300个葡萄糖分子通过α-1,4-糖苷键连接而成的线性大分子聚合物，相对分子质量约60000，通常卷曲为螺旋形。支链淀粉是由1300个以上的葡萄糖分子通过α-1,4-糖苷键和α-1,6-糖苷键连接而成的大分子聚合物，相对分子质量大于20万。微生物对淀粉的分解是由微生物分泌的淀粉酶催化进行的。淀粉酶是水解淀粉糖苷键的一类酶的总称，包括α-淀粉酶、β-淀粉酶、糖化酶和异淀粉酶4种类型。微生物生产的淀粉酶广泛用于粮食加工、食品加工、发酵、医药、纺织、轻化工等行业。

（1）α-淀粉酶

α-淀粉酶又称液化型淀粉酶。这种酶可以任意分解淀粉的α-1,4-糖苷键，而不能分解α-1,6-糖苷键及紧邻α-1,6-糖苷键的α-1,4-糖苷键。因此，该酶催化直链淀粉分解的产物为寡糖与麦芽糖的混合物，催化支链淀粉分解的产物为带有α-1,6-糖苷键的糊精、麦芽糖及葡萄糖。淀粉经该酶作用后，黏度很快下降，故又称液化酶。由于生产的麦芽糖在光学构型上是α型的，所以又称为α-淀粉酶。产生α-淀粉酶的微生物很多，细菌、霉菌、放线菌中的许多种都能产生。因此常利用曲霉或枯草芽孢杆菌发酵生成淀粉酶，再利用淀粉酶水解淀粉可以制取葡萄糖。

（2）β-淀粉酶

β-淀粉酶可作用于α-1,4-糖苷键，从淀粉分子非还原性末端开始，以麦芽糖为单位切断α-1,4-糖苷键，不能切断α-1,6-糖苷键，也不能越过α-1,6-糖苷键去切断分子中间的α-1,4-糖苷键，故该酶作用于淀粉的产物为麦芽糖、带分支侧链的寡糖和较大分子的极限糊精。该酶催化淀粉分解形成的麦芽糖在光学构型上为β型，故称为β-淀粉酶。β-淀粉酶广泛存在于植物与霉菌中，细菌中少见。

（3）糖化酶

糖化酶是从淀粉分子的非还原性末端以葡萄糖为单位水解α-1,4-糖苷键，产物为葡萄糖。根霉、曲霉是常用的生产糖化酶的菌种。

（4）异淀粉酶

异淀粉酶能水解α-1,6-糖苷键，生成较短的直链淀粉。异淀粉酶用于水解由α-淀粉酶产生的极限糊精和由β-淀粉酶产生的极限糊精。软链球菌、链霉菌和霉菌等都能产生异淀粉酶。

2. 纤维素的分解

纤维素是葡萄糖由β-1,4-糖苷键组成的大分子化合物。广泛的存在于自然界,是植物细胞壁的主要成分。人和动物不能消化纤维素,但很多微生物如木霉、青霉等能分解利用纤维素,原因在于这些微生物能产生纤维素酶。

纤维素酶是一类纤维素水解酶的总称。它包括C_1酶、C_x酶和纤维二糖酶。纤维素经过这些酶分解后,再经过β-葡萄糖苷酶作用,最终变成葡萄糖。

细菌的纤维素酶位于细胞膜上,真菌和放线菌的纤维素酶是胞外酶。霉菌生产纤维素酶的能力较强,可作为纤维素酶的生产菌。纤维素酶在开发食品及发酵工业原料新来源,提高饲料的营养价值,综合利用农副产品方面具有重要经济意义。

3. 果胶的分解

果胶是构成高等植物细胞间质的主要物质,是植物的重要组成部分。果胶质由D-半乳糖醛酸通过α-1,4-糖苷键结合成的直链状分子化合物。聚合态半乳糖醛酸称为果胶酸,果胶酸羧基甲基化的产物称为果胶。果胶可分为可溶性果胶与不溶性果胶,在浆果中含量较高。在糖和酸存在条件下,可形成果冻,但在果汁加工、葡萄酒生产中会导致榨汁困难。

果胶酶含有不同的酶系,在分解果胶中发挥不同的作用。主要有果胶酶、果胶甲基酯酶和半乳糖醛酸酶三种。果胶酶广泛的存在于植物、霉菌、细菌和酵母菌中。其中霉菌产生的果胶酶产量高,具有澄清果汁的能力强,如文氏曲霉、黑曲霉等,饮料工业的常用菌种。

(二)蛋白质的分解

蛋白质是许多氨基酸通过肽键连接而成的大分子聚合物,不能直接进入微生物细胞内。在蛋白酶和肽酶作用下,蛋白质水解为肽和氨基酸。氨基酸可直接进入细胞参与一系列的生化反应。氨基酸是微生物生长的主要氮源物质,当碳源与能源不足时也可作为碳源和能源物质。

蛋白酶是一种胞外酶。不同的菌种可以产生不同的蛋白酶,例如黑曲霉主要生产酸性蛋白酶,短小芽孢杆菌可生产碱性蛋白酶。微生物不同,分解利用蛋白质的能力也不同。真菌分解蛋白质的能力较细菌强,且能利用天然蛋白质。大多数细菌不能直接利用天然蛋白质,只能利用蛋白胨、肽等蛋白质的降解物。

(三)脂肪的分解

脂肪是甘油和脂肪酸形成的酯。分解脂肪的微生物含有脂肪酶。在脂肪酶的作用下,脂肪水解为甘油和脂肪酸。甘油是己糖分解的中间产物之一,按照己糖分解途径进一步分解。脂肪酸需通过β-氧化途径生产乙酰CoA和少两个碳的酯酰CoA。乙酰CoA进入TAC循环或其他途径完全分解,形成CO_2、H_2O和ATP。能产生脂肪酶的微生物很多,如根霉、圆柱形假丝酵母、白地霉等。脂肪酶主要用于油脂工业、食品工业等,作为消泡剂、生产脂肪酸等。

二、合成代谢

微生物的合成代谢指微生物细胞利用能量将简单的无机或有机小分子前体物质在合成酶系催化下合成复杂生物大分子物质如蛋白质、核酸、多糖及脂质等化合物的过程，见图 6－5。微生物合成代谢需具备三个要素——小分子前体物质、ATP 和还原力。

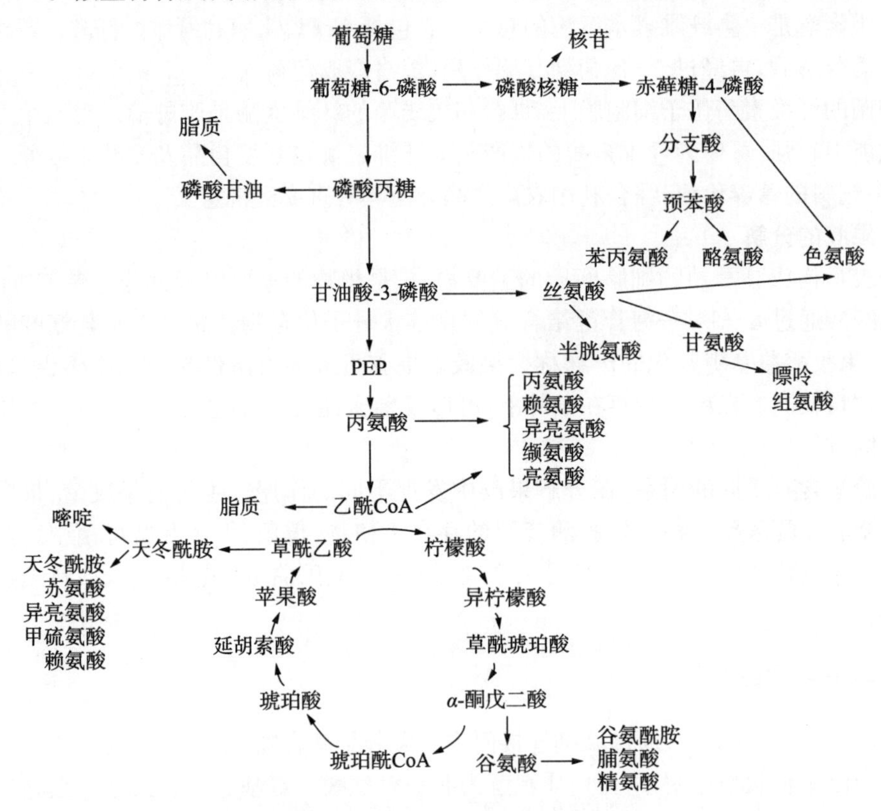

图 6－5　微生物合成代谢示意图

(一)合成代谢的类型

根据不同的分类依据，可将微生物细胞内合成代谢分为以下几种类型，见表 6－1。

表 6－1　微生物合成反应类型

分类依据	合成反应类型	示例
产物相对分子质量	①单体合成	氨基酸、单糖、单核苷酸
	②大分子聚合物合成	蛋白质、多糖、核酸
产物性质	①初级代谢产物	蛋白质、多糖、核酸、脂质
	②次级代谢产物	抗生素、激素、毒素、色素
合成反应在生物体中的分布	①生物共有合成反应	初级代谢产物的合成
	②微生物特有合成反应	肽聚糖合成、固氮、微生物次级代谢反应

(二)微生物合成代谢的原料

微生物合成作用需要小分子物质、能量和还原动力三种原料。这些物质和能量除直接从外界自然环境中吸取外,还可以从分解代谢中获得。所以细胞中的分解代谢是合成代谢的基础。

1. 还原力

主要指还原型烟酰胺腺嘌呤核苷酸类物质,即 $NADPH_2$ 或 $NADH_2$。在化能异养型微生物中,还原力 $NADPH_2$ 或 $NADH_2$ 通过发酵或呼吸过程形成。在光合作用里,通过光反应中心发生光解形成还原力。

2. 小分子前体物质

小分子前体物质是能直接被机体用来合成细胞物质基本组成成分的前体物质(氨基酸、核苷酸和单糖等)。形成这些前体物质的小分子碳骨架主要有 12 种,如乙酰 CoA、磷酸二羟丙酮、甘油醛-3-磷酸等,它们可通过单糖酵解途径及呼吸途径由单糖等物质产生,见表 6-2。

表 6-2 小分子前体碳骨架及其来源

小分子化合物	来源
葡萄糖-1-磷酸	多糖、半乳糖的分解
葡萄糖-6-磷酸	EMP 途径
核糖-5-磷酸	HMP 途径
赤藓糖-4-磷酸	HMP 途径
磷酸烯醇式丙酮酸	EMP 途径
丙酮酸	EMP、不完全 HMP、ED 途径
甘油酸-3-磷酸	EMP 途径
琥珀酸 CoA	TCA 循环
烯醇式草酰乙酸	TCA 循环
磷酸二羟丙酮	EMP 途径
乙酰 CoA	丙酮酸降解、脂肪分解
α-酮戊二酸	TCA 循环

3. 能量

微生物合成代谢所需能量来自发酵、呼吸和光合磷酸化过程形成的 ATP 和其他高能化合物。在碳源和培养基组成不同时,合成同样数量的细胞物质所需能量不同。当以氨基酸、葡萄糖和碱基等单体形式提供碳、氮源时,合成 1g 大肠杆菌细胞所需 ATP 仅为丙酮酸和无机盐为碳源所需 ATP 的 1/2。以 CO_2 为碳源所需能量远远高于以苹果酸或乳酸为碳源的 ATP 的消耗量。

三、初级代谢与次级代谢

（一）微生物的初级代谢

初级代谢是指微生物从外界吸收各种营养物质，通过分解代谢和合成代谢生成维持生命活动所需要的物质和能量的过程。在这一过程中的产物，如糖、氨基酸、脂肪酸、核苷酸及由这些化合物聚合而成的高分子化合物，如多糖、蛋白质、脂肪和核酸等，即为初级代谢产物。在不同种类的微生物细胞中，初级代谢产物的种类基本相同。此外，初级代谢产物的合成在不停的进行着，任何一种产物的合成发生障碍都会影响微生物正常的生命活动，甚至导致死亡。

（二）微生物的次级代谢

次级代谢产物是指微生物生长到一定阶段才产生的化学结构十分复杂、对该微生物无明显生理功能，或并非是微生物生长和繁殖所必需的物质，如抗生素、毒素、激素、色素等。

次级代谢与初级代谢关系密切，初级代谢的关键性中间产物往往是次级代谢的前体，比如糖降解过程中的乙酰 CoA 是合成四环素、红霉素的前体。次级代谢一般在菌体对数生长后期或稳定期间进行，但会受到环境条件的影响；某些催化次级代谢的酶的专一性不高；次级代谢产物的合成，因菌株不同而异，但与分类地位无关；质粒与次级代谢的关系密切，控制着多种抗生素的合成。

次级代谢不像初级代谢那样有明确的生理功能，因为次级代谢途径即使被阻断，也不会影响菌体生长繁殖。次级代谢产物通常都是限定在某些特定微生物中生成，因此它们没有一般性的生理功能，也不是生物体生长繁殖的必需物质。

四、微生物次级代谢物的合成

不同种类的微生物所产生的次级代谢产物不相同，它们可能积累在细胞内，也可能排到外环境中。次级代谢产物大多是一类分子结构比较复杂的化合物，大多数分子中含有苯环。

（一）抗生素

抗生素是由某些微生物合成或半合成的具有在低浓度下有选择的抑制或杀灭其他微生物或肿瘤细胞的一类次级代谢产物或衍生物。抗生素主要是通过抑制细菌细胞壁的合成、破坏细胞质膜、作用于呼吸链以干扰氧化磷酸化、抑制蛋白质和核酸合成等方式，来抑制微生物的生长或杀死它们。

目前，从自然界发现和分离的抗生素有 5000 多种，并通过化学结构的改造，共制备了 3 万余种半合成抗生素。世界各国实际生产和应用于医疗的抗生素达数百种，其中以青霉素类、头孢菌素类、四环素类、氨基糖苷类及大环内酯类最为常用。

(二)毒素

有些微生物在代谢过程中,能产生一些对人或动物有毒害的物质,称为毒素。微生物产生的毒素有细菌毒素和真菌毒素。

1. 细菌毒素

许多致病细菌都可以产生毒素。根据毒素在产生菌细胞中存在的部位不同,细菌毒素分为外毒素和内毒素两大类。外毒素是细菌在生长过程中不断分泌到菌体外的毒性蛋白质,主要由革兰氏阳性菌产生,其毒力较强,大多数外毒素均不耐热。内毒素产生后处于细胞壁上,仅在细胞崩解后才分散于环境中。蛋白质毒性均具有抗原性,可诱发宿主产生抗体来中和毒素使之失去毒性。有的毒素经化学处理可失去毒性,但仍保持抗原性,称为类毒素,可用于医疗。细菌种类不同,产生毒素也不相同,危害宿主机体部位和诱发的疾病也不一样,见表 6－3。

表 6－3　细菌产生的毒素和作用

产毒素细菌	毒素	作用	诱发疾病
肉毒梭菌	肉毒素	神经系统	腐肉中毒
金黄色葡萄球菌	多种毒素	溶血、破坏细胞	化脓、呼吸道感染
产气荚膜杆菌	多种毒素	溶血	食物中毒
白喉棒状杆菌	白喉毒素	抑制蛋白质合成	白喉
葡萄球菌	肠毒素	消化系统	呕吐、腹泻
化脓性链球菌	溶血素	溶血	化脓、传染性扁桃体炎

外来毒素的毒性都很强。毒性最强的是肉毒梭菌(*Clostridium botulinum*)产生的毒素,如 1mg 纯肉毒素足以杀伤 150 多万人;其次为破伤风梭菌(*C. tetani*)产生的破伤风毒素和痢疾志贺氏菌(*Shigella dysenteriae*)产生的痢疾毒素。

2. 真菌毒素

自 1961 年英国发生 10 万火鸡饲料中毒事件后,真菌毒素被引起广泛重视。黄曲霉是常见的霉变菌,在霉变的粮食上出现的霉菌中居首位。研究发现,30%以上的黄曲霉菌株均产生黄曲霉毒素。花生、玉米等均易受污染,毒素含较高。黄曲霉毒素毒性最强,能诱发肝癌、胃癌,是重要的致癌物之一。多种镰孢霉能在农作物和谷物上生长,它们不仅使宿主感染病害或发生霉腐,而且含有多种链孢霉毒素,如致呕毒素、赤霉烯酮等。一些毒蘑菇因含有蘑菇毒素也不能食用。

(三)激素

微生物能产生植物生长刺激素,如吲哚乙酸和赤霉素等。赤霉素是目前效能最高的植物生长素。它能强化植物生长,持久反复开花,中断休眠状态,改变有些植物组织中酶的功能与活性,影响植物生长发育。因此,赤霉素在农作物、水果蔬菜及牧草上已被广泛使用,提高产量。赤霉素是水稻恶苗病菌藤仓赤霉产生的生理活性物质。赤霉菌是生产赤霉素的唯一真菌。

（四）色素

色素是一类本身具有颜色并能使其他物质着色的高分子有机物质。有些微生物在代谢过程中可以产生各种色素，使菌呈现不同的颜色。目前，除了对光合色素与呼吸色素的生理功能知之较多外，对其他色素的生理功能了解很少。例如，黏质赛氏杆菌产生灵菌红素，在细胞内积累，使菌落呈红色。红曲霉产生的鲜红色的红曲菌素是重要的食用色素，常用来制作红豆腐乳。

第三节　微生物独特的合成代谢

一、自养微生物的CO_2固定

自养微生物具有强大的生物合成能力，它们不需要任何有机物质，可以只利用CO_2作为唯一的碳源。将空气或周围环境中的CO_2同化成细胞物质的过程称为CO_2的固定作用。微生物有两种同化CO_2的方式，一类是自养式，另一类为异养式。在自养式中，CO_2加在一个特殊的受体上，经过循环反应，使之合成糖并重新生成该受体。在异养式中，CO_2被固定在某种有机酸上。因此异养微生物即使能同化CO_2，最终却必须靠吸收有机碳化合物生存。

自养微生物同化CO_2所需要的能量来自光能或无机物氧化所得的化学能，固定CO_2的途径主要有二磷酸核酮糖途径（又称卡尔文循环）、还原性三羧酸循环、还原的单羧酸循环三条途径。

二、固氮作用

固氮微生物利用固氮酶的催化作用将分子态氮转化为氨的过程称为生物固氮。生物界只有原核生物才有固氮能力。根据其固氮方式不同分为3种类型：能独立固氮的微生物称为自生固氮菌；必须与其他生物共生才能固氮的微生物称为共生固氮菌；必须生活在植物根际、叶面或肠道等处才能固氮的微生物称为联合固氮菌。

具有固氮作用的微生物近50个属，包括细菌、放线菌和蓝细菌。目前尚未发现真核微生物具有固氮作用。

固氮反应需要大量的ATP、还原力$NAD(P)H_2$、固氮酶、N_2、Mg^{2+}及严格的厌氧环境。固氮总反应式为：$N_2+6e+6H^+ +12ATP \rightarrow 2NH_3 +12ADP+12Pi$。$N_2$分子经固氮酶催化还原为$NH_3$，再通过转氨途径形成各种氨基酸。固氮的生化途径如图6－6所示。

三、肽聚糖的合成

原核微生物细胞壁中的肽聚糖、磷壁酸，真核微生物细胞壁中的葡聚糖、甘露聚糖及几丁质等都是微生物特有的细胞物质。其中，肽聚糖是绝大多数原核生物细胞壁独特的组分，对维持细菌的细胞结构和正常生理活动起着重要作用。许多抗生素如青霉素、头

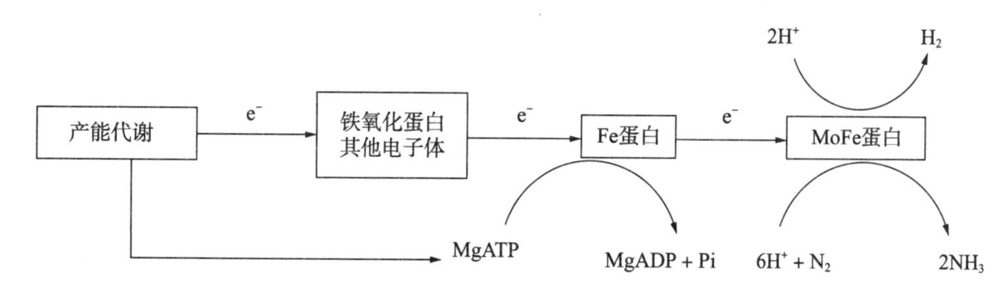

图 6－6　固氮的生化途径

孢霉素和杆菌肽等是通过阻止肽聚糖合成而实现其选择毒性。

肽聚糖合成机制复杂、步骤多、合成部位需多次转移，还需要能够转运与控制肽聚糖结构原件的载体 UDP(尿嘧啶二磷酸)和细菌萜醇参与。根据发生部位可将合成过程分为 3 个阶段：细胞质阶段，合成派克(“Park”)核苷酸；细胞膜阶段，合成肽聚糖单体；细胞膜外阶段，交联作用形成肽聚糖。以金黄色葡萄球菌为例，说明其肽聚糖合成的过程。

第一阶段：在细胞质中合成 N－乙酰胞壁酸五肽(Park 核苷酸)。葡萄糖经一系列反应合成 N－乙酰葡萄糖胺和 N－乙酰胞壁酸；由 N－乙酰胞壁酸合成“Park”核苷酸。

这个过程需要四步反应，由 N－乙酰胞壁酸逐步加上氨基酸生成 UDP－N－乙酰胞壁酸五肽(“Park”核苷酸)，它们都需要 UDP(尿嘧啶二磷酸)作为糖的载体。另外，还有合成 D－丙氨酰胺－D－丙氨酸的两步反应，这些反应都被环丝氨酸所抑制。

第二阶段：在细胞膜上由 N－乙酰胞壁酸五肽与 N－乙酰葡萄糖胺合成肽聚糖单体－双糖肽亚单位。这一阶段在细胞膜上完成需要细菌萜醇的类脂作载体。

细胞质中合成的“Park”核苷酸是亲水性的，细胞膜是疏水性的。要使之进入质膜，并在质膜上完成“双糖五肽”的合成及甘氨酸“五肽桥”连接，最后将肽聚糖单体插入细胞膜外的细胞壁生长点处，必须通过细菌萜醇的类脂作载体才能完成。细菌萜醇的类脂除用作肽聚糖合成的载体外，还参与微生物多种胞外多糖和脂多糖的生物合成，如细菌的磷壁酸、脂多糖，细菌和真菌的纤维素以及真菌的几丁质和甘露聚糖等。

第三阶段：已合成的双糖肽插在细胞膜外的细胞壁生长点中，并交联形成肽聚糖。

第四节　微生物代谢调控与发酵生产

生命活动的基础在于新陈代谢。微生物细胞内各种代谢反应错综复杂，各个反应过程之间是相互制约，彼此协调的，可随环境条件的变化而迅速改变代谢反应的速度。微生物细胞代谢的调节主要是通过控制酶的作用来实现的，因为任何代谢途径都是一系列酶促反应构成的。微生物细胞的代谢调节主要有两种类型：一类是酶活性调节，调节的是已有酶分子的活性，是在酶化学水平上发生的；另一类是酶合成的调节，调节的是酶分子的合成量，这是在遗传学水平上发生的。在细胞内这两种方式协调进行。

一、微生物的代谢调控

微生物的代谢方式很多。由于代谢过程中几乎所有的生化反应都是通过酶的催化实现的，因此代谢调节实际是控制酶的数量和活性的变化。

(一)酶的活性调节

酶的活性调节是通过中间代谢产物或终产物改变已有酶分子的活性，进而控制代谢速率。酶活性的调节分为激活和抑制两种方式，调节效果迅速而灵敏，通过酶活性调节，微生物能迅速适应代谢环境的突然变化。

酶激活指酶在特定物质作用下，从无活性变为有活性或活性提高的过程。酶活性的抑制指酶在特定物质作用下酶活性降低或丧失的过程。酶活性抑制主要指反馈抑制，即某代谢途径的终产物过量合成时反过来直接抑制该途径中第一个酶的活性，使整个反应过程减慢或停止，避免终产物过度积累。

(二)酶合成的调节

酶合成的调节是一种通过调节酶的合成量来调节代谢速率的调节机制。由代谢终产物抑制酶合成的负反馈作用称为反馈阻遏。反之，代谢终产物促进酶生物合成的现象，称为诱导作用。其优点是通过阻止酶的过量合成，节约生物合成的原料和能量。在正常代谢途径中，酶活性调节和酶合成调节两者是同时存在且紧密配合、协调进行的。

二、代谢调控在发酵工业中的应用

正常菌株自身拥有精细的代谢调控系统，使其可以经济地利用营养资源和能量，但是这一特点却使我们无法利用微生物大量获得对人类有用的各种代谢产物。为了解决这一矛盾，必须打破微生物原有代谢平衡，通过对细胞的代谢途径进行修饰，使微生物可以大量积累某种代谢产物。代谢控制发酵的基本思想就是要打破微生物自身的代谢调节控制机制，使其能够大量积累某种代谢产物，具体措施如下。

(一)解除菌体自身的反馈调节

通过传统诱变方法或基因工程手段选育解除了自身反馈调节的菌株，可以大量积累中间代谢产物或终产物。

1. 选育代谢拮抗物抗性突变株

选育代谢拮抗物抗性突变菌株是代谢控制发酵的主要方法。正常合成代谢的终产物对于有关酶的合成具有阻遏作用，对于合成途径的第一个酶具有反馈抑制作用。代谢拮抗物是指那些与正常代谢产物结构相似，并具有与之同等的与阻遏物或变构酶相结合的能力的物质。但是，代谢拮抗物不能代替正常的终产物而合成为细胞内大分子物质，它们在细胞中的浓度不会降低。因此，它们与阻遏物以及变构酶的结合是不可逆的，这就是有关酶的不可逆停止了合成，或是酶的催化作用被不可逆地抑制。因此，将代谢拮抗物作为选择压力进行突变株的选育，得到的代谢拮抗物抗性突变株的变构酶将对反馈抑制不敏感或对阻遏有抗性，又或二者兼而有之，即在这类菌株中的反馈抑制或阻遏已解除，或是反馈抑制和阻遏已同时解除，所以能分泌大量的末端代谢产物。

2. 选育营养缺陷型突变株

营养缺陷型菌株由于其合成途径中某一步骤发生缺陷，致使终产物不能积累，因此解除了正常的反馈调节，使得中间产物或另一分支途径的末端产物得以积累。

3. 选育营养缺陷型回复突变株

营养缺陷型回复突变是对一个由于突变失去某一遗传性状的菌株再次进行诱变，使其能够回复其原有的遗传性状的一种育种方法。实践证明，当菌株的某一结构基因发生突变后，该结构基因所编码的酶就因结构改变而失活。经过回复突变后，该酶的活性中心结构可以复原，而调节部位的结构常常没有恢复。这样，可以得到具有酶活性，同时反馈抑制已全部或部分解除的突变株。例如，在金霉素生产中，就曾将生产菌绿链霉菌先诱变成蛋氨酸缺陷突变株，然后再进行回复突变，结果有 85％的回复突变株产量提高了 1.2～3.2 倍。

（二）增加前提物质

增加目标产物的前体物的合成，可以为目标代谢物合成途径供给更多的“原料”，使目标代谢物大量积累。如增强前体物合成酶活性，使前体物合成量增加；解除代谢途径中对前体物合成酶的各种反馈抑制和阻遏；切断支路代谢，将目标代谢物途径之外的其他分支途径切断，使分支点的代谢中间物只用于合成目标代谢物。

（三）去除代谢终产物

代谢途径的反馈抑制或阻遏是当代谢终产物在细胞内积累到一定浓度后产生的，如果能够及时将合成的代谢终产物排出细胞，使其无法形成高浓度，就可以达到解除反馈抑制的目的。采用生理学或遗传学方法，可以改变细胞膜的透性，使细胞内的代谢产物迅速渗漏到细胞外。这种解除末端产物反馈抑制作用的菌株，可以提高发酵产物的产量。

【本章小结】

微生物的代谢可分为合成代谢和分解代谢，但它是一个整体过程，保证生命活动得以正常进行。

微生物代谢类型多种多样。异养微生物在有氧或无氧的条件下，以有机物为生物氧化基质，氧和其他无机物为最终电子受体，通过有氧呼吸或无氧呼吸产生能量和合成细胞的前体物质。有些异养微生物在无氧的条件下以有机物为生物氧化基质和最终氢受体，产生少量能量和乳酸、乙醇、乙酸、甲酸、丁酸等发酵产物。自养微生物通过光合作用和化能合成作用，获得能量并通过同化二氧化碳和其他无机盐合成细胞物质。微生物将化学能和光能转变为生物能，将这些能量用于合成细胞物质及其他耗能过程，如：运动、营养物质运输及发光等。CO_2 固定、肽聚糖合成、生物固氮等方式是微生物所特有的合成代谢。

微生物次级代谢途径多样，受多种因素影响。次级代谢物种类繁多，如抗生素、激素、色素等多种具有重要经济意义。微生物的代谢受着严格的调节。微生物的代谢调节主要通过对酶的调节，包括酶合成的调节和酶活性的调节。

【思考与练习题】

一、名词解释

生物氧化；发酵；生物固氮；抗生素

二、判断题

(1)EMP和HMP代谢途径往往同时存在于同一种微生物的糖代谢中。 ( )

(2)光合磷酸化和氧化磷酸化一样都是通过电子传递系统产生ATP。 ( )

(3)光合细菌和蓝细菌都是产氧的光能营养性微生物。 ( )

(4)同工酶是行使同一功能、结构不同的一组酶。 ( )

(5)化能自养菌以无机物作为呼吸底物,以O_2作为最终电子受体进行有氧呼吸作用产生能量。 ( )

(6)发酵是厌氧或兼性厌氧微生物在厌氧条件下获得能量的主要方式。 ( )

(7)微生物代谢的实质是微生物与外界环境进行物质交换和能量交换。 ( )

(8)微生物的代谢具有代谢旺盛和代谢类型多样的特点。 ( )

(9)光合细菌通过底物水平磷酸化将光能转换成化学能。 ( )

(10)硝化细菌将氨氧化成亚硝酸,然后进一步氧化成硝酸,在此过程中获得能量。 ( )

三、选择题

(1)当一个NADH分子经代谢并让它的电子通过电子传递链传递后,可产生( )。

A. 6个氨基酸分子　　B. 1个葡萄糖分子
C. 3个ATP分子　　D. 1个甘油三酯分子

(2)微生物从糖酵解途径中可获得( )个ATP分子。

A. 2　　B. 4　　C. 36　　D. 38

(3)硝酸细菌依靠( )方式产能。

A. 发酵作用　　B. 有氧呼吸　　C. 无氧呼吸　　D. 光合磷酸化

(4)根瘤菌处于植物所形成的根瘤内,所以它属于( )型微生物。

A. 好氧　　B. 厌氧　　C. 兼性厌氧　　D. 耐氧

(5)能被硝化细菌利用的能源物质是( )。

A. 氨　　B. 亚硝酸　　C. 硝酸　　D. 氮气

(6)大多数微生物获得能量的方式是( )。

A. 发酵　　B. 有氧呼吸　　C. 无氧呼吸　　D. 光合磷酸化

(7)酵母菌的酒精发酵是通过( )进行。

A. EMP途径　　B. HMP途径　　C. ED途径　　D. PK途径

(8)蓝细菌的光合作用中,作为供氢体的物质是( )。

A. 水　　B. 硫酸　　C. 硫化氢　　D. 硫

(9)新陈代谢研究中的核心是( )。

A. 分解代谢　　B. 合成代谢　　C. 能量代谢　　D. 物质代谢

(10)碳水化合物是微生物最主要的能源和碳源,通常( )被异养微生物优先利用。

A. 甘露糖和蔗糖　　B. 葡萄糖和果糖
C. 乳糖　　D. 半乳糖

四、填空题

(1)________能将氮气还原为氨。

(2)生物氧化的类型有________、________和________三种。

(3)代谢是细胞内发生的全部生化反应的总称，主要是由________和________两个过程组成。

(4)合成代谢是指利用________在细胞内合成________，并________能量的过程。

(5)微生物的4种糖酵解途径中，________是存在于大多数生物体内的一条主流代谢途径。

(6)产能代谢中，微生物通过________磷酸化和________磷酸化将某种物质氧化而释放的能量贮存在ATP等高能分子中。

(7)化能自养微生物氧化________而获得能量和还原力。

(8)次级代谢产物大多是分子结构比较复杂的化合物如__________、________、________、________等多种类别。

(9)分支代谢途径中酶活性的反馈抑制可以有不同的方式，常见的方式是______________、____________、组合激活和抑制等。

(10)微生物有两种同化CO_2的方式：________和________。

五、简述题

(1)生物固氮必须满足哪些条件？

(2)试比较底物水平磷酸化、氧化磷酸化和光合磷酸化中ATP的产生。

(3)什么是次级代谢？根据次级代谢产物的作用，可将其分为哪几种主要类型？

(4)简述化能自养微生物的生物氧化作用。

(5)什么是无氧呼吸？比较无氧呼吸和有氧呼吸产生能量的多少，并说明原因。

六、技能题

(1)如何利用营养缺陷突变株进行赖氨酸发酵工业化生产？

(2)一酵母突变株的糖酵解途径中，从乙醛到乙醇的路径被阻断，它不能在无氧条件下的葡萄糖平板上生长，但可在有氧条件下的葡萄糖平板上存活。试解释这一现象。

第七章　微生物的生长与控制

【知识目标】

1.了解微生物个体生长和群体生长的概念及其之间的关系。

2.理解环境因素对微生物生长的影响及控制方法，微生物同步培养和连续培养技术。

3.掌握几种常见的微生物生长量的测定方法，微生物纯培养的生长曲线及对发酵生产的指导意义。

【技能目标】

1.会进行微生物生长量的测定。

2.能处理生产实践中出现的微生物生长及控制问题。

3.能运用微生物培养技术进行科学研究与发酵工业生产。

【重点与难点】

重点：微生物生长量的测定方法、控制微生物生长的方法。

难点：微生物的生长曲线及对生产实践的指导。

第一节　微生物生长的概念及生长量的测定

一、微生物生长的概念

(一)生长

生长和繁殖速度快是微生物的特征之一。微生物细胞在合适的环境条件下，会不断获取外界的营养物质。这些营养物质在细胞内发生各种化学变化，有些被作为能源消耗了，有些变成了细胞自身的结构组分，如果变成细胞组分的物质多于被消耗掉的，即同化作用大于异化作用，则细胞物质的总量就会不断增加，结果细胞个体就会长大，于是表现为生长。简单地说，生长就是微生物的细胞组分与结构在量方面的增加。

（二）繁殖与发育

单细胞微生物如细菌，生长往往伴随着细胞数目的增加。当细胞增长到一定程度时，就以二分裂方式，形成两个基本相似的子细胞，即由一个细胞变成两个，子细胞又重复以上过程，两个变成四个，……。在单细胞微生物中，由于细胞分裂而引起的个体数目的增加，称为繁殖。在一般情况下，当环境条件适合，生长与繁殖始终是交替进行的。从生长到繁殖是一个由量变到质变的过程，这个过程就是发育。

（三）个体生长与群体生长

发育的结果是原有的个体已经发展成一个群体。群体中各个个体进一步生长，就引起了一个群体的生长，所以，个体生长是指微生物细胞个体吸收营养物质，进行新陈代谢，原生质与细胞组分的增加。群体生长是指群体中个体数目的增加。可以用重量、体积、密度或浓度来衡量。个体生长到一定程度是个体繁殖，个体繁殖到一定阶段是群体生长。群体生长是个体生长与个体繁殖的结果。

由于微生物大多为单细胞生物，体积极小，因此，除了特定的目的外，在微生物的研究和应用中，生长通常都指群体的生长。

二、微生物的纯培养

微生物在自然界中分布广、种类多，且多是混杂在一起生存。要想研究某一微生物，必须将其与其他混杂的微生物类群分离开来，在实验室条件下将一个细胞或一群相同的细胞经过培养繁殖得到的后代称为微生物的纯培养。

纯培养技术有两个步骤：一是从自然环境中分离出来培养对象；二是在以培养对象为唯一微生物种类的隔离环境中培养、增殖，获得这一微生物种类的细胞群体。

（一）获得纯培养的方法

1. 稀释分离法

（1）液体稀释法

首先将待分离的样品在液体培养基中进行顺序稀释，目的是得到高度稀释的效果，使一支试管中分配不到一个微生物。如果经过稀释后的大多数试管中没有微生物生长，那么有微生物生长的试管得到的培养物可能就是由一个微生物个体繁殖而来的纯培养物。采用此法进行液体分离，必须在同一个稀释度的许多平行试管中，大多数（一般应超过 95%）表现为不生长。

这种方法适合于一些细胞大的细菌、许多原生动物和藻类以及那些不能在固体培养基上生长的微生物。

（2）稀释倒平板法

首先将待分离的样品进行连续稀释（如 1∶10，1∶100，1∶1000，1∶10000，…），取一定稀释度的样品和熔化的营养琼脂混合，培养到平板上长出分散的单个菌落。这个菌落可能就是由一个细菌细胞繁殖形成的。随后挑取该单个菌落，或重复以上操作数次，便可得到纯培养。

由于这种方法是将含菌样品先加到还比较烫的培养基中再倒平板，会造成某些热敏感菌的死亡，而且会使一些严格好氧菌因被固定在琼脂中间缺乏氧气而影响其生长，故这种方法不适用于热敏感菌和严格好氧菌的分离。

(3)涂布平板法

先将已熔化的培养基倒入无菌平皿，制成无菌平板，冷却凝固后，将一定量的某一稀释度的样品滴加在已制好的平板表面，用灭好菌的涂布棒将菌液均匀的涂抹在整个平板上，经培养长出单一菌落。

对于涂布平板的样品菌落通常仅长在平板的表面，而与营养琼脂混合的样品菌落通常会出现在平板的表面和内部。

2. 划线分离法

将灭好菌的琼脂培养基倒入培养皿中，凝固后用接种针以无菌操作沾取少量的需分离菌，在培养基的表面上进行划线，微生物细胞数量随着划线次数的增加而减少，并逐步分散开来，如果划线适宜，微生物能逐一分散，经培养后，形成单菌落。划线的方法有：连续划线法、分区划线法。如图 7-1 所示。

这种方法快速、方便。分区划线适用于浓度较大的样品；连续划线适用于浓度较小的样品。

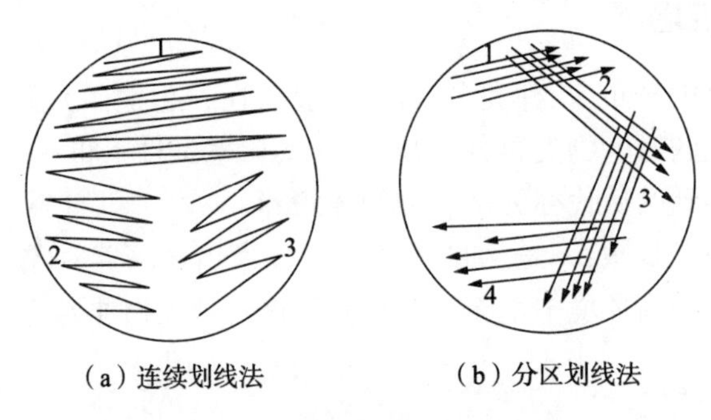

(a) 连续划线法　　(b) 分区划线法

图 7-1　连续划线法与分区划线法

3. 单细胞(单孢子)分离法

稀释法虽然最为常用，但它只能分离出混杂微生物群体中占数量优势的种类，而对于在混杂群体中占少数的种类，可以采用显微分离法从混杂群体中直接分离单个细胞或单个个体进行培养以获得纯培养，称为单细胞(或单孢子)分离法。这种方法的难易程度与细胞或个体的大小有关，因此，根据微生物细胞个体大小的不同，需选用不同的分离方法。

毛细管法：适合于较大微生物。可在低倍显微镜(如解剖显微镜)下，用毛细管提取微生物个体，并在灭菌培养基中转移清洗几次，除去较小微生物。

显微操作仪法：用显微针、钩、环等挑取单个细胞或孢子以获得纯培养。适合于个体相对较小的微生物。

小液滴法：将经过适当稀释后的样品制成小液滴，在显微镜下选取只含一个细胞的液滴来进行纯培养物的分离。

单细胞分离法对操作技术有比较高的要求，多限于高度专业化的科学研究中采用。

4. 选择性培养分离法

为了从混杂的微生物群体中分离出某种微生物，可以根据该微生物的特点，包括营养、生理、生长条件等，采用选择培养的方法进行分离。

(1)利用选择培养基进行直接分离

根据微生物的特点，在培养基中加入一些抑制剂，使不需要的菌不生长，需要的菌生长后有一定特征，然后挑取单菌落。例如，分离抗生素抗性菌株，可在加有抗生素的平板上分离。分离蛋白酶产生菌，可在培养基中加入牛奶或酪素，蛋白酶产生菌在平板上生长会形成透明的蛋白质水解圈。

(2)富集培养

主要是指利用不同微生物间生命活动特点的不同，制定特定的环境条件，使仅适应于该条件的微生物旺盛生长，从而使其在群落中的数量大大增加，更容易从混杂的群体中分离到特定的微生物。

富集条件可从多方面选择，如温度、pH、氧气、紫外线、营养、高压、光照等。例如：分离产芽孢细菌，可以对样品进行高温处理，然后再进行培养。

(二)纯培养的接种方法

1. 固体接种

(1)斜面接种

斜面接种是从已生长好的菌种斜面上挑取少量菌种移植至另一支新鲜斜面培养基上的一种接种方法。斜面接种的目的是为了保存和获得大量的菌种。如图 7-3 所示。

(2)平板接种

以中指、无名指和小指托住培养皿下盖底部，用虎口及食指扶住上盖，再将斜面菌种管放于培养皿之上，以拇指压住；然后用接种环移取菌种按"Z"形划线。如图 7-2 所示(其他细节参考斜面接种技术)。

(3)穿刺接种

穿刺接种技术是一种用接种针从菌种斜面上挑取少量菌体并把它穿刺到固体或半固体的深层培养基中的接种方法。经穿刺接种后的菌种常作为保藏菌种的一种形式，同时也是检查细菌运动能力的一种方法。若具有运动能力的细菌，它能沿着接种线向外运动而弥散，故形成的穿刺线较粗而散，反之则细而密。它只适宜于细菌和酵母的接种培养。如图 7-3 所示。

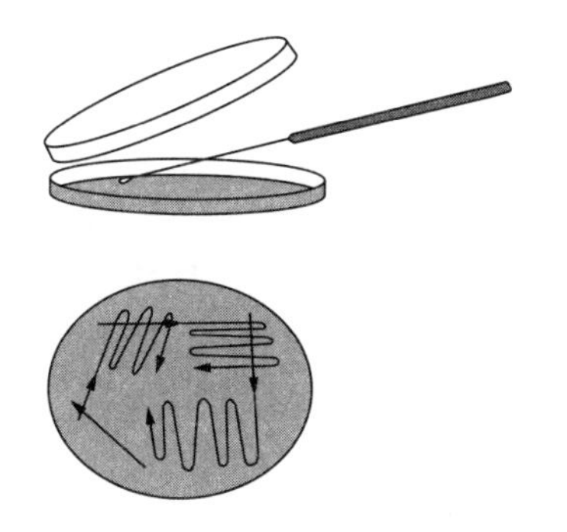

图 7-2　平板接种

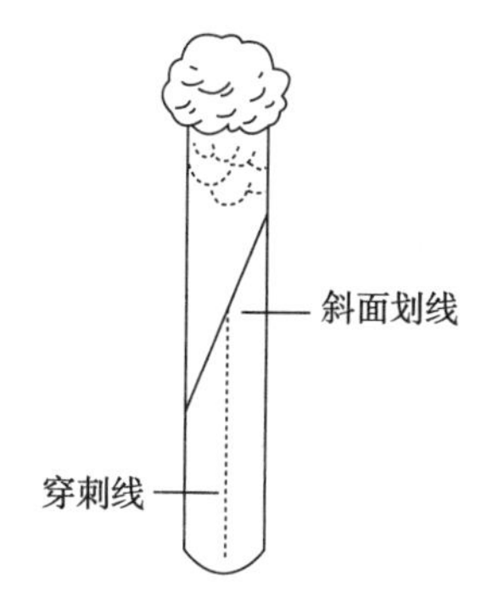

图 7-3　斜面接种与穿刺接种

2. 液体接种

(1)由斜面培养基接入液体培养基

此法用于观察细菌的生长特性和生化反应的测定，接入时应使液体培养基试管口向上斜，以免培养液流出。接入菌体后，使接种环和管内壁磨擦几下以利洗下环上菌体。接种后塞好棉塞将试管在手掌中轻轻敲打，使菌体充分分散。

(2)由液体培养基接种液体培养基

菌种是液体时，除用接种环外，还可以用无菌吸管或滴管。接种时只需在火焰旁拔出棉塞，将管口通过火焰，用无菌吸管吸取菌液注入培养液内，摇匀即可。

三、微生物生长量的测定

微生物学研究中常常要进行微生物生长量的测定，通常测定的是群体生长的量，而不是只测单个细胞的生长。目前测定微生物群体生长的方法有很多，主要有以下几种。

(一)微生物细胞数的测定

1. 计数器测数法

(1)血球计数板法

原理：血球计数板是一种在特定平面上划有格子的特制载片。其上有计数室，计数室面积为 $1mm^2$，划分为 25 个中格，每个中格又分为 16 个小格，计数室的深度为 0.1mm。计数室的体积为 $0.1mm \times 1mm^2 = 0.1mm^3$。如图 7-4 所示。

方法：在计数室滴加适当浓度的菌悬液，盖上特制盖玻片，利用毛细作用让菌液充满计数区。计数时使用油镜，数 5 个中格的菌体总数，计算每个小格的平均菌数。再换算成每毫升样品所含的菌数。

$$菌液的含菌数/mL = 每小格平均菌数 \times 400 \times 10000 \times 稀释倍数$$

5 个中格的取格方法有两种：①取计数板对角线上的 5 个中格；②取计数板 4 个角上的 4 个中格和计数板正中央的 1 个中格。对横跨位于方格边线上的细胞，在计数时，只计一个方格 4 条边中的 2 条边线上的细胞，而另两条边线上的细胞则不计；取边的原则是每个方格均取上边线与右边线或下边线与左边线。

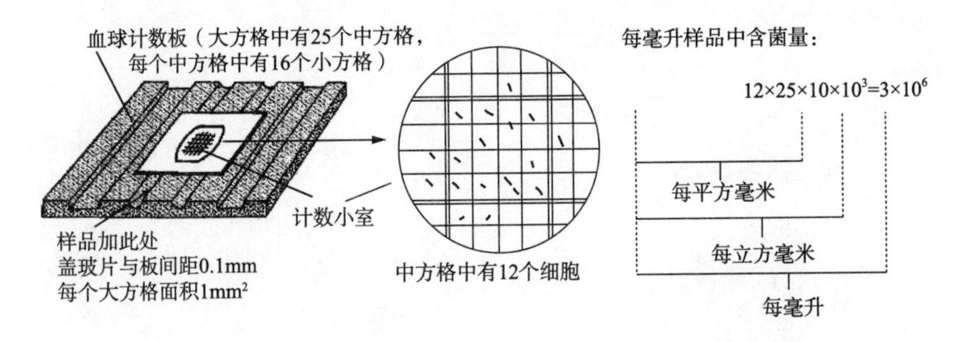

图 7-4　血球计数板法

适用范围：个体较大的微生物种类，如酵母菌、霉菌的孢子等。不适用于细菌等个体较小的细胞，因为细菌细胞太小，不易沉降，且在油镜下看不清网格线，超出油镜工作距离。

特点：简便、直接、快速、准确，但测定结果是微生物的总数，包括死亡的个体和存活的个体，若想测定活菌个数，需在菌悬液中加入少量美蓝以区分死活细胞。

（2）细菌计数板法

细菌计数板与血球计数板结构类似，区别是刻有格子的计数板平面与盖玻片之间的空隙高度仅 0.02mm。因此，计算方法略有差异（见以下计算公式），操作方法与血球计数板法相同。

$$菌液的含菌数/mL=每小格平均菌数\times 400\times 50000\times 稀释倍数$$

2. 稀释培养测数法

稀释培养计数又称最大或然数（most probable number，MPN）计数。

适用范围：适合于检测污水、牛奶及其他食品中特殊微生物类群（如大肠菌群）的数量。

特点：只适于进行特殊生理类群的测定，结果也较粗放，只有在因某种原因不能使用平板计数时才采用。

原理：MPN 计数是将待测样品作一系列稀释，一直稀释到将少量（如 1mL）的稀释液接种到新鲜培养基中没有或极少出现生长繁殖。根据没有生长的最低稀释度与出现生长的最高稀释度，采用"最大或然数"理论，可以计算出样品单位体积中细菌数的近似值。

方法：菌液经多次 10 倍稀释后，一定量菌液中细菌可以极少或无菌，然后每个稀释度取 3～5 次重复接种于适宜的液体培养基中。培养后，将有菌液生长的最后 3 个稀释度（即临界级数）中出现细菌生长的管数作为数量指标，由最大或然数表查出近似值，再乘以数量指标第一位数的稀释倍数，即为原菌液中的含菌数。

例如：某一细菌在稀释计数法中的生长情况如下：

稀释度	10^{-3}	10^{-4}	10^{-5}	10^{-6}	10^{-7}	10^{-8}
重复数	5	5	5	5	5	5
出现生长的管数	5	5	5	4	1	0

根据上述结果，其数量指标为"541"，查统计表（表 7－1）得近似值为 17。然后乘以第一位数的稀释倍数（10^{-5}）。那么原液中的活菌数＝$17\times 100000=1.7\times 10^{6}$。根据重复次数不同，可将统计表分为 3 次、4 次和 5 次重复测数统计表（又称 5 管最大或然数表）。

表 7-1 五次重复测数统计表

数量指标			近似值	数量指标			近似值
10^0	10^{-1}	10^{-2}		10^0	10^{-1}	10^{-2}	
0	1	0	0.18	5	0	0	2.3
1	0	0	0.20	5	0	1	3.1
1	1	0	0.40	5	1	0	3.3
0	0	0	0.45	5	1	1	4.6
0	0	1	0.68	5	2	0	4.9
0	1	0	0.68	5	2	1	7.0
0	2	0	0.93	5	2	2	9.5
3	0	0	0.78	5	3	0	7.9
3	0	1	1.1	5	3	1	11.0
3	1	0	1.1	5	3	2	14.0
3	2	0	1.4	5	4	0	13.0
4	0	0	1.3	5	4	1	17.0
4	0	1	1.7	5	4	2	22.0
4	1	0	1.7	5	4	3	28.0
4	1	1	2.1	5	5	0	24.0
4	2	0	2.2	5	5	1	35.0
4	2	1	2.6	5	5	2	54.0
4	3	0	2.7	5	5	3	92.0
4				5	5	4	160.0

在实践中,通常以 5 管重复为一个组,故这里仅列出 5 次重复测数统计表。只要知道了数量指标,就可查知近似值。

3. 比浊法

原理:在一定范围内,菌悬液中的细胞浓度与浑浊度成正比,即与光密度成正比,菌数越多,光密度越大。因此,借助于分光光度计,在一定波长下测定菌悬液的光密度,就可反应出菌液的浓度。将未知细胞数的悬液与已知细胞数的菌悬液相比,求出未知菌悬液所含的细胞数。如图 7-5 所示。

特点:快速、简便,但易受干扰,使用有局限性。菌悬液颜色不宜太深,不能混杂其他物质,否则不能获得正确结果。

适用范围:只能测定比较浓的菌液,通过吸光度值大概估算菌悬液中的菌量,并不是非常准确。

4. 电子计数器计数法

方法:在计数器中放有电解质及两个电极,将电极一端放入带微孔的小管,通电抽真空,使含有菌体的电解质从小孔进入管内。当细胞通过小孔时,电阻增大,电阻增大会引

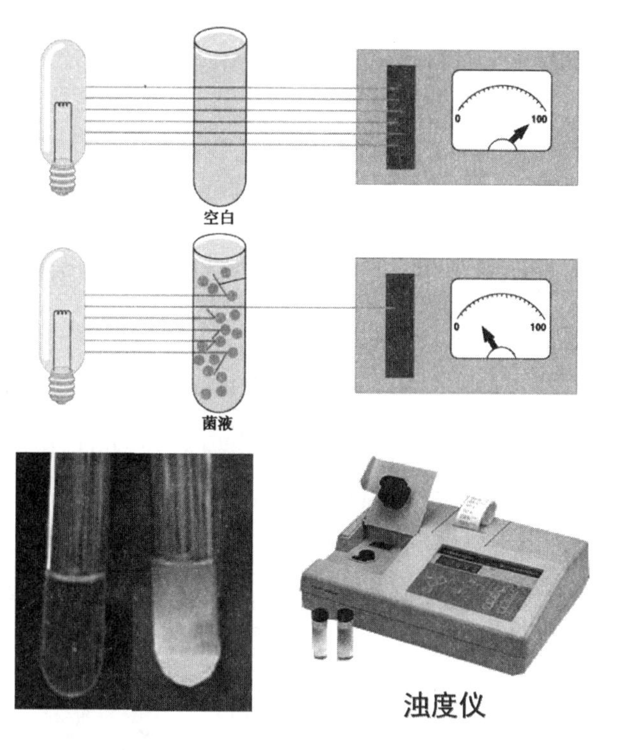

图 7－5　比浊法

起脉冲变化，则每个细胞通过时均被记录下来。因样品的体积已知，故可以计算菌体的浓度，同时菌体的大小与电阻的大小成正比。如图 7－6 所示。

特点：该法测定结果较准确，但它只识别颗粒大小，而不能区分是否为细菌。要求菌悬液中不含任何碎片，对链状和丝状菌无效。

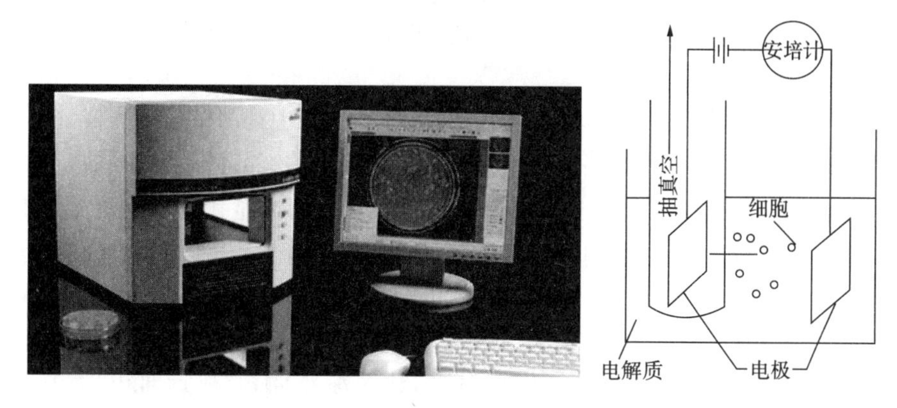

图 7－6　电子计数器

5. 活细胞计数法

常用的有平板菌落计数法，是根据每个活的细菌能长出一个菌落的原理设计的。

方法：取一定体积的稀释菌液与合适的固体培养基在其凝固前均匀混合，或涂布于已凝固的固体培养基平板上。在最适条件下培养后，从平板上(内)出现的菌落数乘上菌液的稀释度，即可计算出原菌液的含菌数。如图 7－7 所示。

注意事项：

(1)一般选取菌落数在 30～300 之间的平板进行计数，过多或过少均不准确；

(2)为了防止菌落蔓延，影响计数，可在培养基中加入 0.001%一氯化三苯基四氮唑；

(3)本法限用于形成菌落的微生物。

适用范围：广泛应用于水、牛奶、食物、药品等各种材料的细菌检验，是最常用的活菌计数法。

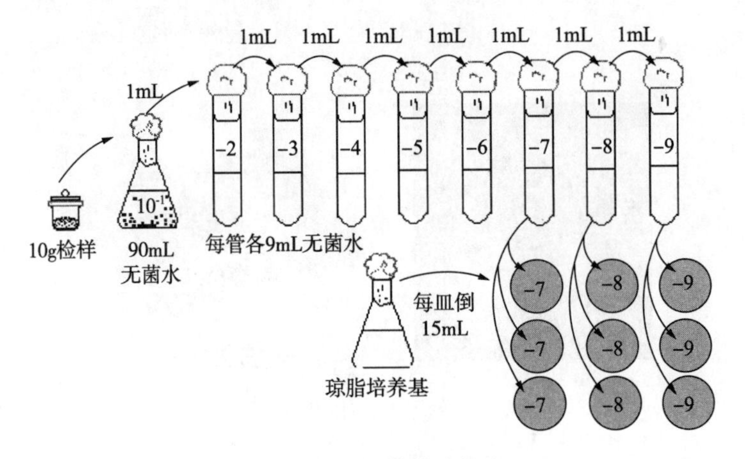

图 7－7　平板菌落计数法

6. 薄膜过滤计数法

适用范围：测定含菌量较少的空气和水中的微生物数目。

原理：将定量的样品通过薄膜(硝化纤维素薄膜、醋酸纤维薄膜)过滤，菌体被阻留在滤膜上，取下滤膜进行培养，然后计算菌落数，可求出样品中所含菌数。如图 7－8 所示。

7. 涂片染色法

应用：可同时计数不同微生物的菌数，适于土壤、牛奶中细菌计数。

方法：用计数板附带的 0.01mL 吸管，吸取定量稀释的细菌悬液，放置刻有 $1cm^2$ 面积的玻片上，使菌液均匀地涂布在 $1cm^2$ 面积上，固定后染色，在显微镜下任意选择几个乃至十几个视野来计算细胞数量。用镜台测微尺计算出视野面积，根据计算出的视野面积核算出每 $1cm^2$ 中的菌数，然后按 $1cm^2$ 面积上的菌液量和稀释度，计算每毫升原液中的含菌数。

原菌液的含菌数/mL＝(视野中的平均菌数×涂布面积/视野面积)×100×稀释倍数

(二)微生物细胞量的测定

1. 干重法

干重可用离心法或过滤法测定，一般干重为湿重的 10%～20%。

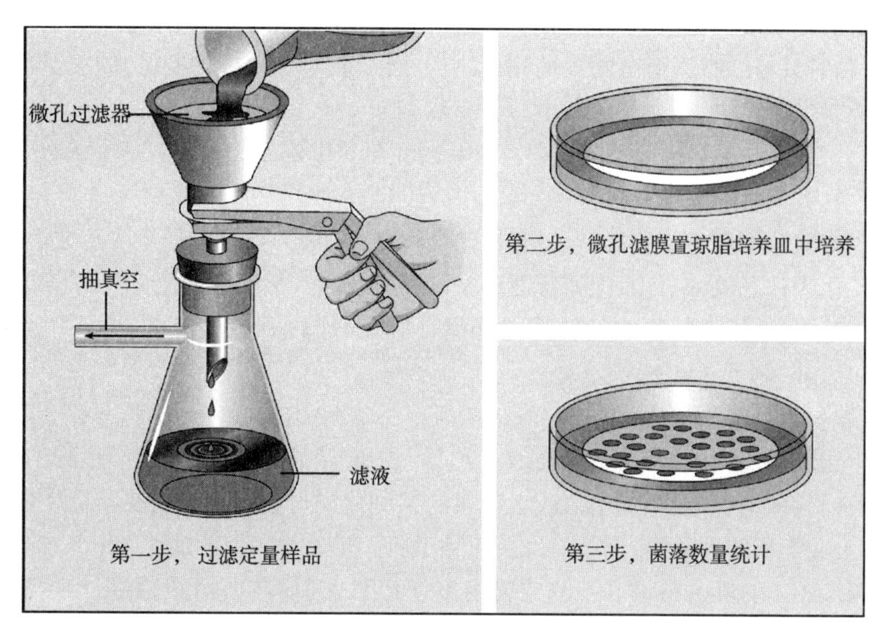

图 7-8　微孔过滤计数法

离心法：将待测培养液放入离心管中，用清水离心洗涤 1～5 次后，进行干燥。干燥温度可采用 105℃、100℃或红外线烘干，也可在较低的温度（80℃或 40℃）下进行真空干燥。然后称干重。

过滤法：丝状真菌用滤纸过滤，细菌用醋酸纤维膜等进行过滤。过滤后，细胞可用少量水洗涤。然后在 40℃下真空干燥，称干重。如大肠杆菌一个细胞一般重约 10^{-12}～10^{-13}g，液体培养物中细胞浓度达到 2×10^{9}个/mL 时，100mL 培养物可得 10～90mg 干重的细胞。

适用范围：多适合于丝状微生物的生长量的测定，对于细菌来说，一般在实验室或生产实践中较少使用。

特点：此法直接、可靠，但要求测定时菌体浓度较高，样品中不含非菌体的干物质。

2. 细胞堆积体积测定法

方法：将一定体积的细胞悬浮液装入毛细沉淀管内或有刻度的离心管中，设置离心机离心参数（时间和转速）离心，离心后，倒出上清液，测出上清液的体积，根据上清液体积求出沉淀体积，通过所得的沉淀体积推算出细胞的含量。

细胞的含量＝沉淀体积/细胞悬浮液体积

＝（细胞悬浮液体积-上清液体积）/细胞悬浮液体积

特点：该法快速、简便，培养液中如有其他固体颗粒，则误差较大。

3. 生理指标法

与生长量相平行的生理指标很多，它们均可用作生长测定的相对值。

（1）微生物量氮测定法

蛋白质是细胞的主要物质，含量稳定，而氮是蛋白质的主要成分，通过测含氮量就可推知微生物的浓度。大多数细菌的含氮量为干重的12.5%，酵母菌为7.5%，霉菌为6.0%。总氮量与细胞粗蛋白的含量(因其中包括了杂环氮和氧化型氮)的关系可用下式计算：

$$粗蛋白总量=含氮量\times 6.25$$

微生物含氮量的测定方法有很多，常用凯氏定氮法。

凯氏定氮法原理：样品中的含氮有机化合物在加速剂的参与下，经浓硫酸消煮分解，有机氮转化为铵态氮，碱化后把氨蒸馏出来，用硼酸吸收，标准酸滴定，求出全氮含量。

适用范围：适用于细胞浓度较高的样品，同时操作过程也较麻烦，主要用于科学研究中。

(2)微生物量碳测定法

微生物新陈代谢的结果，必然要消耗或产生一定量的物质，以表示微生物的生长量。一般生长旺盛时消耗的物质就多，或者积累的某种代谢产物也多。将少量微生物材料混入1mL水或无机缓冲液中，用2mL 2%重铬酸钾溶液在100℃下加热30min，冷却后，加水稀释至5mL，在580nm波长下测定光密度值(用试剂作空白对照，并用标准样品作标准曲线)，即可推算出生长量。

(3)代谢活动法

从细胞代谢产物来估算，在有氧发酵中，CO_2是细胞代谢的产物，它与微生物生长密切相关。在全自动发酵罐中大多采用红外线气体分析仪来测定发酵产生的CO_2量，进而估算出微生物的生长量。

(4)DNA测定法

由于DNA与DABA-2HCl〔即新配制的20%(质量分数)，3，5-二氨基苯甲酸-盐酸溶液〕结合能显示特殊的荧光反应，故可以运用此原理定量测定培养物的菌悬液的荧光反应强度，从而求得DNA的含量。可以直接反映所含微生物细胞的含量。

(5)其他

通过测定微生物磷、RNA、N-乙酰胞壁酸等的含量以及对氧的吸收、发酵糖产酸量或CO_2的释放量，均可用来作为生长指标。进行测定时，作为生长指标的生理活动不应受外界其他因素的影响或干扰，以减少测定误差，获得准确的结果。

4. 菌丝长度测定法

该法适用于对丝状真菌生长长度的测定，方便不易污染。

方法：将真菌接种在固体培养基的平皿中央，定时测定菌落的直径或面积，直到菌落覆盖整个平皿。

缺点：不能反映菌丝的纵向生长，不能计算菌落的厚度和培养集中的菌丝。接种量也能影响结果，不能反映菌丝的总量。

微生物生长测定法见表7-2。

表 7-2　微生物生长测定法

方法		应用
细胞数的测定	计数器测数法	用于不同类型微生物的计数
	稀释培养测数法	用于检测污水、牛奶及其他食品中特殊微生物类群（如大肠菌群）的数量
	比浊法	用于微生物学分析，肉汤培养物或水悬浮液中的细菌数估计
	电子计数器计数法	用于识别微生物的颗粒大小，对链状和丝状菌无效
	活细胞计数法	用于水、牛奶、食物、药品等各种材料的活菌检验
	薄膜过滤计数法	用于量大而且含菌数很低的材料，如空气、水等
	涂片染色法	用于计数不同类型的微生物数量，常用于牛奶、土壤中的细菌计数
细胞量的测定	干重法	用于调查研究，适用于细胞浓度高的材料
	细胞堆积体积测定法	用于大规模工业发酵生产中测定的一个重要监测指标
	生理指标测定法	用于微生物学分析研究

从表 7-2 中可以看出，每种方法都有其不同的特点和应用。应在考虑实际需要的前提下着手去选择不同的测定方法，以更有效的解决问题。当用两种不同的方法测量微生物的生长量时，其结果不一致是完全有可能的。例如，活细胞计数法是微生物学中应用最多的常规活菌计数，而计数器测数法所测的是细胞悬液中的细胞总数，不区别死、活细胞。所以测定方法的选择非常关键。

第二节　微生物的生长规律

一、微生物的个体生长和同步生长

（一）微生物的个体生长

微生物的个体生长是指微生物个体细胞物质、结构组分和体积有规律地、不可逆地增加。不同的微生物，其生长情况不同，主要分为细菌、酵母菌和丝状微生物三种类型。

1. 细菌的生长

细菌的繁殖方式主要是裂殖，以二分裂为主。一个新生的细菌细胞长大到最后分裂为两个子细胞的过程称为细胞的周期。

细菌的个体生长的过程：首先是细菌染色体 DNA 复制与分离，同时细胞壁扩增，当各种结构复制完成后，细胞质膜开始内陷，随着细胞壁的裂解与闭合，子代细胞随之形成，完成一个生长周期。

2. 酵母菌的生长

酵母菌主要的繁殖方式是出芽，酵母菌细胞的生长是芽细胞的生长。

酵母菌的个体生长的过程:首先细胞体积增加,当增加到一定程度后,细胞开始向外突起,形成一个芽,同时,细胞核开始复制,复制完毕后进入芽体,随着隔膜的形成与断裂,形成了子代细胞,完成一个生长周期。

3. 丝状微生物的生长

丝状微生物的个体生长的过程:首先是孢子吸收营养后肿胀,随着代谢的进行,形成萌发管,并发育成菌丝,菌丝继续吸收营养,形成新的细胞壁和细胞膜,把原来最顶端的细胞壁和细胞膜推回后部,实现顶端生长。当菌丝生长到一定程度后又通过横膈膜的生成与断裂产生新的孢子,完成一个生长周期。

(二)微生物的同步生长

由于微生物细胞极其微小,研究其个体生长存在着技术上的困难。目前,除了利用电子显微镜观察细胞的超薄切片外,还有一种常用的方法是同步培养。使用同步培养技术,即设法使群体中的所有细胞尽量都处于同样的细胞生长和分裂周期中,然后分析此群体的各种生物化学特征,从而了解单个细胞所发生的变化。通过同步培养而使细胞群体处于分裂步调一致的状态即同步生长。进行同步分裂的细胞称为同步细胞。同步细胞是细胞学、生理学和生物化学等研究的良好材料。

获得同步生长的方法主要有以下两类。

1. 环境条件诱导法

控制环境条件使细胞继续生长,但抑制细胞分裂,然后将环境条件恢复到最适,大多数细胞就同时出现分裂。例如,变换温度,先将微生物培养温度控制在低温下,抑制微生物的生长与分裂,使其均处于仅活着的状态,然后升高温度至最适生长温度下,微生物实现同步生长,可获得同步细胞;抑制DNA生长法,先加入代谢抑制剂,阻遏DNA复制,然后再解阻遏,微生物实现同步生长。另外,还可通过光照与黑暗交替培养获得光合细菌的同步细菌;加热杀死芽孢杆菌获得芽孢杆菌的同步细胞。

2. 机械筛选法

利用处于同一生长阶段细胞的体积、大小的相同性,用过滤法、区带密度梯度离心法或膜洗脱法收集同步生长的细胞。离心法是将不同步细胞培养物悬浮在不同梯度的糖溶液中,通过密度梯度离心将不同细胞分成不同的细胞带,每一细胞带的细胞大致是同一生长期的细胞,然后分别将其取出培养,即可获得同步细胞。过滤法是利用不同步细胞的孔径不同,将不同步细胞通过孔径不同的微孔滤器,进而将其分开进行分别培养,获得同步细胞。

硝酸纤维素滤膜法是膜洗脱法的典型代表。利用一些细菌细胞会紧紧黏附于硝酸纤维微孔滤膜上的原理。将菌悬液通过微孔滤膜,细胞吸附其上;反置滤膜,以新鲜培养液通过滤膜,洗掉浮游细胞;除去起始洗脱液后就可以得到刚刚分裂下来的新生细胞,即为同步培养。

二、微生物的生长曲线及对生产实践的指导意义

由于微生物个体微小,其个体生长规律不易观察与总结。因此,人们常以微生物群

体作为研究对象来观察微生物的生长情况，总结其生长规律，绘制其生长曲线。

由于细菌和酵母菌都是单细胞微生物，其群体生长规律非常相似，因此，微生物的群体生长可分为单细胞微生物的群体生长和丝状微生物的群体生长两种类型。

（一）单细胞微生物的群体生长及对生产实践的指导意义

单细胞微生物的群体生长是以一定时间内群体中细胞数量的增加来表示的。将少量单细胞的纯培养，接种到一恒定容积的新鲜液体培养基中，在适宜条件下培养，每隔一定时间取样，测菌细胞数目。以培养时间为横坐标，以细菌增长数目的对数为纵坐标，绘制所得的曲线，称为单细胞微生物的生长曲线。生长曲线代表了微生物在新的环境中从开始生长、分裂直至死亡的整个动态变化过程。

根据生长曲线的变化规律，可分为延迟期、对数生长期、稳定期、衰亡期四个阶段。如图 7－9 所示。

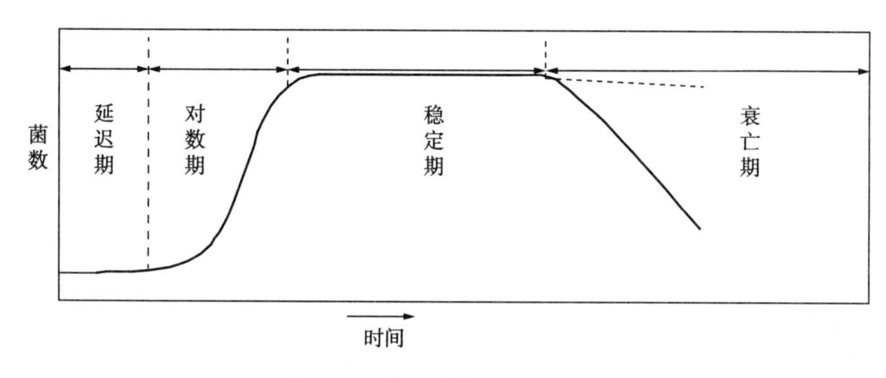

图 7－9　单细胞微生物生长曲线

1. 延迟期

延迟期指单细胞微生物群体接种到新鲜培养基后，由于环境条件的改变而暂时无法进行分裂，使细胞的生长速度近于零，细胞数几乎保持不变，甚至稍有减少的一段时期。这段时期被称为延迟期，又称为迟缓期、调整期或滞留适应期。延迟期是细胞分裂的调整期，在这段时间内，尽管细胞分裂比较迟缓，但其代谢活动却相当活跃。它们在快速的调整自己，吸收营养，合成细胞分裂所需的组分，为微生物的细胞分裂和快速生长打下基础。

延迟期的微生物生长速率常数为零；细胞数量不增加或增加很少；细胞形态增大，杆菌的长度增加；微生物合成代谢十分活跃，核糖体、酶类和 ATP 的合成加速，易产生各种诱导酶。微生物对外界不良条件如 NaCl 溶液、温度和抗生素等反应敏感。

影响延迟期长短的因素有很多，例如，菌种的选择，繁殖速度较快的菌种的延迟期一般较短；接种物菌龄，用对数生长期的菌种接种时，其延迟期较短，甚至检查不到延迟期；接种量，一般来说，接种量增大可缩短甚至消除延迟期（发酵工业上一般采用 1/10 的接种量）；培养基成分，在营养成分丰富的天然培养基上生长的延滞期比在合成培养基上生长时短；接种后培养基成分有较大变化时，会使延滞期加长，所以发酵工业上尽量使发酵培养基的成分与种子培养基接近。

在实际生产中,较长的延迟期对生产是不利的,会无谓地延长生产周期,提高生产成本。所以,在发酵工业上需设法尽量缩短延迟期。增加接种量,采用对数生长期的健壮菌种,调整培养基的成分与原培养环境一致,在种子培养基中加入发酵培养基的某些成分、选用繁殖快的菌种等方法来克服环境条件的影响,缩短延迟期。在食品工业上,尽量在此期进行消毒或灭菌,提高灭菌效果。

2. 对数期

对数期是指单细胞微生物适应了环境以后,以最大速率开始生长、分裂,使微生物数量呈对数增加的一段时期。如图 7－10 所示。

此时期,微生物以稳定的几何级数快速增长,若以乘方的形式表示,即为 2^n;n 是细胞繁殖的次数。培养基中细胞的最初个数与对数生长一段时间后的细胞个数之间存在以下关系:

$$\lg x_2 = \lg x_1 + n\lg 2$$

式中,x_1 为细胞最初数目;x_2 为细胞最终数目;n 为细胞繁殖的次数。

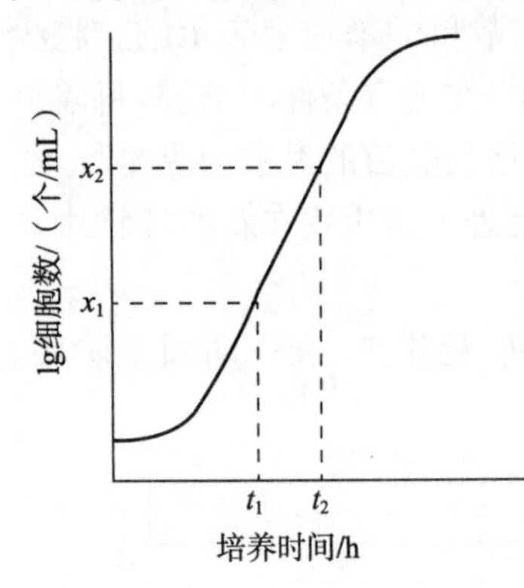

图 7－10　生长曲线的对数期

将上式两边取对数:

$$n = \frac{\lg x_2 - \lg x_1}{\lg 2} = 3.322(\lg x_2 - \lg x_1)$$

细胞每繁殖一代所需要的时间为代时,以符号 G 表示,$G=t/n$。t 是对数期的时间,即细胞最终数目时的时间 t_2 与最初数目时的时间 t_1 之差,故 $t=t_2-t_1$,因此,

$$G = t/n = (t_2 - t_1)/n = \frac{t_2 - t_1}{3.322(\lg x_2 - \lg x_1)}$$

单位时间内细胞繁殖的代数为生长速率常数,以符号 R 表示。

$$R = n/t = n/(t_2 - t_1) = \frac{3.322(\lg x_2 - \lg x_1)}{t_2 - t_1}$$

例如:一培养液中微生物数目由开始的 12000(x_1),经 4h(t)后增加到 49000(x_2),这样:

$$n = (\lg 4.9\times10^7 - \lg 1.2\times10^4)\div 0.301 = 12$$

即细胞在 4h 内繁殖了 12 代。则每繁殖一代所需要的时间即代时

$$G = 44\times60/12 = 20\text{min}$$

因此,该种微生物的代时为 20min。在 4h 内共繁殖了 12 代。

微生物的代时能够反应其生长速率,代时短,生长速率快,代时长,生长速率慢。在很多微生物学研究中常常要了解微生物的代时。不同种微生物代时不同,多数微生物的代时为 1～3h,然而有些快速生长的微生物的代时还不到 10min,而另一些微生物的代时却可长达几小时或几天;另外,同一种微生物,在不同的生长条件下其代时的长短也不同。

影响微生物代时的因素有以下几种。

(1)菌种

不同菌种其代时差别极大。如结核分枝杆菌在 37℃条件下的代时是 14h,而大肠杆

菌代时为 17min。

(2)营养成分

同一种微生物，在营养丰富的培养基上生长时，其代时较短，反之则长。如在培养温度为 37℃时，*E. coli* 在牛奶培养基中代时为 12.5min，而在肉汤培养基中为 17.0min。

(3)营养物浓度

既影响微生物的生长速率，又影响它的生长总量。浓度 0.1～2.0mg/mL 影响生长速率，浓度 2.0～8.0mg/mL 时影响最终产量。营养物质的浓度对生长速度的影响如图 7-11 所示。

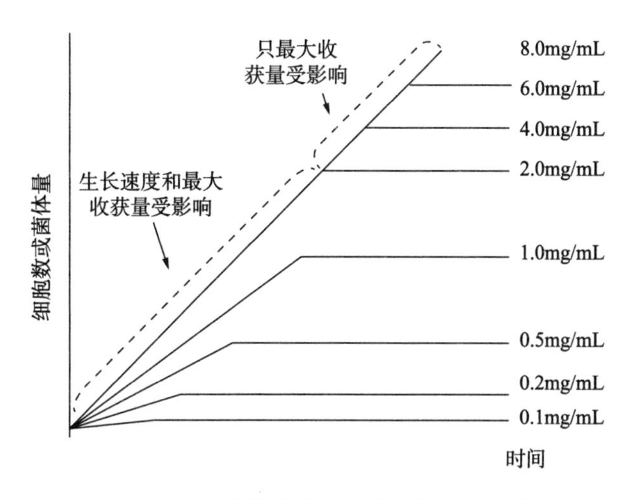

图 7-11　营养物质的浓度对生长速度的影响

(4)培养温度

温度对微生物的生长速率具有明显的影响。*E. Coli* 在不同温度下的代时见表 7-3。

表 7-3　*E. Coli* 在不同温度下的代时

温度/℃	代时/min	温度/℃	代时/min
10	860	35	22
15	120	37	17
20	90	40	17.5
25	40	45	20
30	29	47.5	77

这段时期内，微生物细胞分裂最快，代谢活动最旺盛，微生物繁殖下一代所需要的时间(代时)也最短。对数生长期的微生物个体形态、化学组成和生理特性等均较一致，代谢旺盛、生长迅速、代时稳定，所以是研究微生物基本代谢及遗传特性的良好材料。它也常在生产上用作种子，使微生物发酵的迟缓期缩短，提高经济效益。

由于此时期的菌种比较健壮，增殖噬菌体的最适菌龄；生产上用作接种的最佳菌龄；发酵工业上尽量延长该期，以达到较高的菌体密度；食品工业上尽量使有害微生物不能进入此期;此时期的微生物细胞是生理代谢及遗传研究或进行染色、形态观察等的良好材料。

3. 稳定期

在对数期,由于微生物快速生长消耗了大量的营养物质导致其在对数期末期出现细胞活力不强,生长速率逐渐下降,死亡率大大增加,使新增殖的细胞数与死亡的细胞数趋于平衡,活菌数保持相对稳定的一段时期。这段时期并不是绝对静止的,而是新生菌体数量与死亡菌体数量几乎一致的动态平衡。

在这个时期内,菌体产量达到了最高点,细胞内也开始积聚糖原、异染颗粒和脂肪等内含物;芽孢杆菌一般在这时开始形成芽孢。此时期的微生物开始合成次生代谢产物,如抗生素、维生素等。

对于发酵生产来说,一般在稳定期的后期产物积累达到高峰,是最佳的收获时期。所以,针对于以生产菌体或与菌体生长相平行的代谢产物(SCP、乳酸等)为目的的某些发酵生产来说,稳定期是产物的最佳收获期;对维生素、碱基、氨基酸等物质进行生物测定来说,稳定期是最佳测定时期;另外通过对稳定期到来原因的研究,还促进了连续培养原理的提出和工艺、技术的创建。因此在实际生产中,应通过补充营养物质(补料)、调 pH、调整温度等措施尽量延长此期,提高产量。

4. 衰亡期

随着营养物质的耗尽以及有毒代谢产物的大量积累,培养环境已经越来越不适应微生物的生长,此时,个体死亡的速度超过新生的速度,因此,整个群体就呈现出负生长。这段微生物活菌数明显减少的时期称为衰亡期。衰亡期比其他各时期时间长,它的长短也与菌种和环境条件有关。

在这个时期内,细胞形态出现不正常、多样性、畸形;菌细胞很容易发生变异;生理生化出现异常现象,例如会产生很多膨大、不规则的退化形态;有的微生物因蛋白水解酶活力的增强就发生自溶,芽孢释放往往也发生在这一时期。所以此时期的菌种绝不可以作为接种材料。

单细胞微生物生长的四个时期的生长特点、出现的原因、菌体特征及应用见表 7-4。

表 7-4 单细胞微生物生长的四个时期

时期	生长特点	原因	菌体特征	应用及其他
延迟期	不立即繁殖,生长速率为零	适应新环境	代谢活跃,体积增长较快	实际生产中,尽量缩短延迟期
对数期	繁殖速度最快,微生物数目呈对数增加	条件适宜	个体形态和生理特性稳定	生产用菌种科研材料
稳定期	生长率等于死亡率,活菌数与代谢产物达到最高量	生存条件开始恶化	有些种类出现芽孢	改善和控制条件,延长稳定期,是收获菌种与代谢产物的最佳时期
衰亡期	死亡率超过生长率,活菌数明显减少	生存条件极度恶化	出现畸变	细胞裂解释放产物,不可以作为接种材料

尽管单细胞微生物生长曲线的四个时期只能反映单细胞微生物的群体生长规律,而

不能作为它们的个体生长规律，但其在指导生产实践中仍具有重要意义。

(二)丝状微生物的群体生长

丝状微生物的纯培养采用孢子接种，在液体培养基中震荡培养或深层通气加搅拌培养，菌丝体通过断裂繁殖不形成产孢结构。可以用菌丝干重作为衡量生长的指标，即以时间为横坐标，以菌丝干重为纵坐标，绘制生长曲线。大致可分为三个阶段：生长停滞期、迅速生长期、衰退期。

1. 生长停滞期

造成生长停滞的原因除了孢子萌发前真正的停滞状态外，还有一个原因是丝状微生物生长已经开始，但还无法测定。

2. 迅速生长期

菌丝体干重迅速增加，其立方根与时间呈直线关系，菌丝干重不以几何级数增加，没有对数生长期。生长主要表现在菌丝尖端的伸长和出现分支、断裂等，此时期的菌体呼吸强度达到高峰，有的已经开始积累代谢产物。

3. 衰退期

菌丝体干重下降，到一定时期不再变化。大多数次级代谢产物在此期合成，大多数细胞都出现大的空泡。有些菌丝体还会发生自溶菌丝体，这与菌种和培养条件有关。

丝状微生物的生长曲线如图 7－12 所示。

微生物的生长曲线，反映了一种微生物在一定的生活环境(如试管、摇瓶、发酵罐)中的生长繁殖与死亡规律。既可为环境因素对微生物生长繁殖影响提供理论研究基础，又可根据微生物不同时期的生长规律指导微生物的生产实践，例如，根据单细胞微生物对数期的生长规律可以得到培养菌种时缩短工期的方法，通过对稳定期到来原因的研究促进了连续培养原理的提出和工艺技术的创建等。

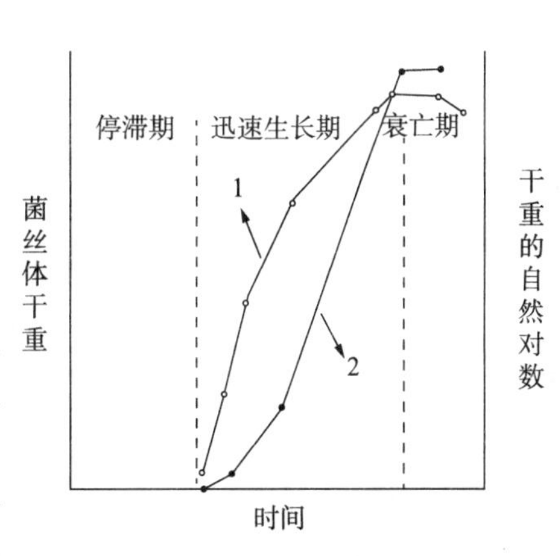

图 7－12　丝状微生物生长曲线

1—对应线性纵坐标；2—对应对数纵坐标

第三节　微生物生长繁殖的控制

一、微生物生长繁殖控制的基本概念

对于微生物的控制并不意味着就是彻底杀灭，根据需要的不同，杀灭的程度也不尽相同。

(一)抑制

抑制是在亚致死剂量因子作用下导致微生物生长停止，但在移去这种因子后生长仍可以恢复的生物学现象。

（二）死亡

死亡是在致死剂量因子或在亚致死剂量因子长时间作用下，导致微生物生长能力不可逆丧失，即使这种因子移去后生长仍不能恢复的生物学现象。

（三）防腐

防腐是利用某种理化因素完全抑制霉腐微生物的生长繁殖，从而达到防止食品等发生霉腐的措施。具有防腐作用的化学物质称为防腐剂。

（四）消毒

消毒是一种采用较温和的理化因素，杀死物体表面或内部对人体有害的病原微生物的一种措施。具有消毒作用的化学物质称为消毒剂，一般消毒剂在常用浓度下只能杀死微生物的营养体，对芽孢则无杀灭作用。

（五）灭菌

灭菌是指利用某种方法杀死包括芽孢在内的所有微生物的一种措施。灭菌后的物体不再有可存活的微生物。灭菌实质上可分杀菌和溶菌两种，杀菌是指菌体虽死，但形体尚存；溶菌是指菌体杀死后，其细胞发生溶化、消失的现象。

（六）商业灭菌

商业灭菌是指利用某种方法杀死大部分微生物和所有病原微生物的一种措施。

（七）化疗

化疗即化学治疗，它是利用具有高度选择毒力，即对病原菌具有高度毒力而对宿主无显著毒性的化学物质来抑制宿主体内病原微生物的生长繁殖，借以达到治疗该病的一种措施。用于化疗目的的化学物质被称为化学治疗剂，重要的化学治疗剂如磺胺类药物、各种抗生素和中草药中的有效成分等。

二、控制微生物生长的物理方法

（一）温度

温度是影响微生物生长的最重要因素之一。温度不仅会影响微生物细胞内酶促反应速率，影响细胞合成，还影响细胞膜的流动性，影响营养物质的吸收与代谢产物的分泌。当温度过低时，微生物体内酶活性很低，原生质膜处于凝固状态，微生物生命活动几乎停止。随着温度的升高，酶活性增加，代谢活动速度加快，微生物生长速率提高。当温度升高至某一温度时，微生物细胞中的热敏感组分（如蛋白质、核酸）会发生变性，从而导致微生物死亡。

从微生物整体来看，生长的温度范围一般在－10～100℃，极端下限为－30℃，极端上限为 105～300℃，但对于特定的某一种微生物来说，只能在一定温度范围内生长，在这个范围内，每种微生物都有自己的生长温度三基点，即最低、最适、最高生长温度。

1. 微生物生长温度三基点

最低生长温度是指微生物能进行繁殖的最低温度界限。处于这种温度条件下的微生物生长速率很低，如果低于此温度则生长完全停止。

最适生长温度是指使微生物迅速生长繁殖或生长速率最高时的温度。

最高生长温度是指微生物生长繁殖的最高温度界限。在此温度下，微生物细胞易于衰老和死亡。

温度对微生物生长速度的影响如图 7－13 所示。

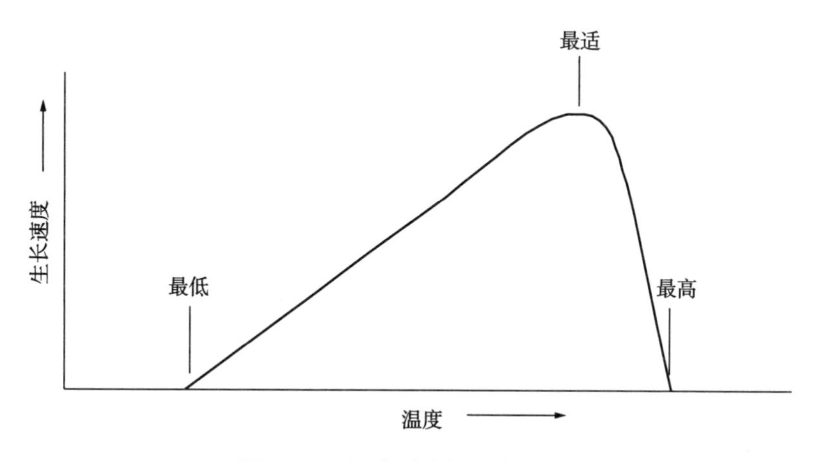

图 7－13　温度对生长速度的影响

当温度低于微生物的最低生长温度时，微生物不能生长，甚至死亡；当达到最低生长温度时，微生物开始缓慢生长；随着温度升高，微生物生长速度加快，当达到最适生长温度时，微生物生长速度最快；当温度进一步升高时，微生物的生长速度又开始降低，直到达到最高生长温度时，微生物的生长速度又降到最低；当超过最高生长温度时，微生物停止生长，甚至死亡。

几种微生物的最低生长温度、最适生长温度、最高生长温度见表 7－5。

表 7－5　几种微生物的生长温度三基点

微生物种类	最低温度/℃	最适温度/℃	最高温度/℃
嗜热液化芽孢杆菌	37	60	70
嗜热纤维芽孢杆菌	50	60	68
丙酮丁醇梭菌	20	37	47
植物乳杆菌	10	30	40
干酪乳杆菌	10	30	40
大肠杆菌	10	37	47

续表

微生物种类	最低温度/℃	最适温度/℃	最高温度/℃
乳脂链球菌	10	30	37
嗜热链球菌	20	40～50	53
枯草杆菌	15	30～37	55
黑曲霉	7	30～39	47
啤酒酵母	10	28	40

2. 微生物生长温度类型

微生物按其生长温度的差别，可以把微生物分为低温型微生物、中温型微生物和高温型微生物三类。

(1)低温型微生物

低温型微生物又称嗜冷微生物，可在较低的温度下生长良好，其原因是它们体内的酶在低温下活性较高，能有效催化各类生化反应，而这类酶对高温非常敏感，在高温条件下很快失活。另外，此类微生物细胞膜中的不饱和脂肪酸含量高，低温下也能保持半流动状态，可以进行物质的传递。

低温型微生物最适生长温度在5～20℃，主要分布在地球的两极、冷泉、深海、冷冻场所及冷藏食品中。例如，冷藏的肉类、鱼类、牛奶和其他乳制品、罐头、水果、蔬菜等，由于嗜冷微生物的生长，常导致食物变质以至腐败。温度愈低，腐败愈慢，只有当食物被坚实地冻结时，微生物的生长才是不可能的。由于低温对微生物具有抑制或杀死作用，低温保藏食品已是最常用的方法。低温的作用主要是抑菌，如果食品中已经污染了病原微生物，则仍有传播疾病的可能，所以在冷藏食物的全过程中，要注意卫生，防止染菌。处于低温条件下的大多数微生物，虽然代谢活力降低，生长繁殖停滞，但仍维持存活状态，一旦遇到适合的生活环境就可生长繁殖，因此，又广泛用于保藏菌种。

(2)中温型微生物

中温型微生物最适生长温度在20～40℃之间，大多数微生物属于此类。它们又可分为室温型和体温型两类。室温型微生物主要为腐生或植物寄生，常见于植物或土壤中；体温型微生物主要为寄生型，常存在于人和动物体内。需要特别注意的是，中温型微生物最低生长温度不能低于10℃，低于10℃时，蛋白质合成过程不能启动，许多酶功能受到抑制，使其生长受到抑制。

(3)高温型微生物

高温型微生物最适生长温度为50～60℃，主要分布在温泉、堆肥和土壤中。高温型微生物在高温下能生长的原因是，一方面它们的酶和蛋白质有较强的抗热性，在高温下有较高的活性；另一方面，它们的原生质膜中饱和脂肪酸含量高，较高温度下能维持正常的液晶状态，在高温下调节膜的流动性维持膜的功能。

3. 控制温度在生产实践中的应用

通过温度来控制微生物生长的方法有高温灭菌和低温灭菌两大类。

(1)高温灭菌

高温灭菌是最常用的物理方法。高温可引起蛋白质、核酸等活性大分子氧化或变性失活而导致微生物死亡。高温灭菌分为干热灭菌与湿热灭菌两大类。

常见的干热灭菌方法有以下几种。

①灼烧法:直接将被灭菌物品在火焰中燃烧。简单、彻底。常用于接种环、镊子、试管或三角瓶口的灭菌。也可用于有害污染物的灭菌。

②干热空气灭菌法:主要在干燥箱中利用热空气进行灭菌。通常150～175℃维持1.5～2h便可达到灭菌的目的。适用于玻璃、陶瓷和金属物品的灭菌,不适合液体样品及棉花、纸张、纤维和橡胶类物质的灭菌。

干热灭菌可使微生物细胞膜破坏、蛋白质变性、原生质干燥,并可使各种细胞成分发生氧化变质,但由于空气传热穿透力差,菌体在脱水状态下不易杀死,所以灭菌温度高、时间长。

常见的湿热灭菌方法有以下几种。

①煮沸消毒法:将水加热至100℃,煮沸15～30min,可杀死所有营养细胞和部分芽孢,达到消毒物品的目的。常用于医疗器械和餐具的消毒。

②巴斯德消毒法:用较低的温度来杀灭物料中的无芽孢病原菌,又不影响其原有风味。适于牛奶、啤酒、果酒、酱油等。该法一般是将待消毒的液体食品置于62℃处理30min,然后迅速冷却,即可达到消毒目的。

③间歇灭菌法:将待灭菌物品置于阿诺氏灭菌器或蒸锅(蒸笼)及其他灭菌器中,常压下100℃处理15～30min,以杀死其中的营养细胞。冷却后,置于一定温度(28～37℃)保温过夜,使其中可能残存的芽孢萌发营养细胞,再以同样方法加热处理。如此反复三次,可杀灭所有芽孢和营养细胞,以达到灭菌的目的。此法灭菌比较费时,一般只用于不耐热的药品、营养物、特殊培养基等的灭菌。

④高压蒸汽灭菌法:高压蒸汽灭菌法是实验室及生产中常用的灭菌方法,在高压蒸汽锅中进行。在常压下水的沸点为100℃,如果加压则可提供高于100℃的蒸汽。加之蒸汽热穿透力强,可迅速引起蛋白质凝固变性。所以高压蒸汽灭菌在湿热灭菌法中效果最佳、应用较广。适用于各种耐热物品的灭菌,如一般培养基、生理盐水等各种缓冲溶液、玻璃器皿、工作服等。高压蒸汽锅的工作原理如图7-14所示。

干热灭菌与湿热灭菌各有特点,但总体来说,湿热灭菌的效果比干热灭菌好。主要原因有4个方面:一是菌体内含水量越多,凝固温度越低;二是热蒸汽穿透能力强,传导也快;三是蒸汽具有潜热,当蒸汽与被灭菌的物品接触时,可凝结成水而放出潜热,使温度迅速升高,加强灭菌效果;四是湿热易破坏细胞内蛋白质大分子的稳定性,主要破坏氢键结构。

(2)低温灭菌

低温灭菌是通过降低酶反应速度使微生物生长受到抑制。

①冷藏法:常采用0～7℃来抑制微生物的生长。此温度下,微生物生长缓慢。可用于保藏菌种,如将微生物斜面菌种放置冷藏箱中可保存数周至数月而不衰竭死亡;还可用于食品的保鲜。

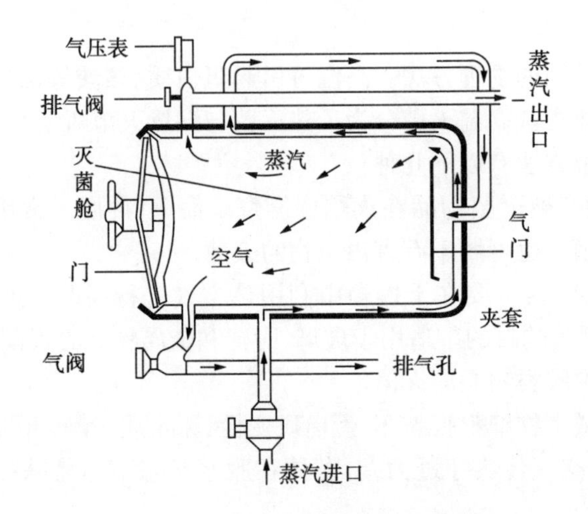

图 7-14　高压蒸汽锅的工作原理图

②冷冻法：常采用－20～－15℃来抑制微生物的生长。此温度下，微生物生长已基本停止生长。食品工业中采用－10℃左右的冷冻温度较长时间地保藏食品；也可用作菌种保藏，但所需温度更低，如－20℃低温冰箱、－80℃超低温冰箱或－195℃液氮中冷冻保存。

【拓展知识】

巴氏消毒法与巴斯德

1856 年，法国多尔城酒坊生产的一批口味纯正的啤酒 1～2d 之内全部变得酸溜溜的。老板心急如焚地向化学家巴斯德求救。

这次，因发现酒石酸同分异构体而赫赫有名的巴斯德，不像往常那样用试管和烧杯做化学实验，而是用显微镜仔细观察。他发现变酸啤酒里尽是些列文虎克早年报道过的杆状细菌（乳酸杆菌），而口味正常的啤酒内却是些从未见过的形状奇特圆头圆脑的小怪物（酵母菌）；继续观察还发现，酒内乳酸杆菌数量越多，酸度就越大。巴斯德运用显微镜观察找到了啤酒变酸的原因：酿好的啤酒受到乳酸杆菌污染所致。用什么方法，既能杀死酒内的乳酸杆菌，制止酸化，又能保持啤酒的芳香口味呢？巴斯德通过实验室的反复试验观察，终于寻找到一种两全其美的杀菌消毒方法——把啤酒加热至 61.7℃保持 3min 时间。这就是人们为了纪念这位卓越的科学家而命名的巴氏消毒法。

自此之后，化学家巴斯德又在微生物学上取得一个又一个重大发现，成为奠定工业微生物学和医学微生物基础的近代最伟大的微生物学家。100 多年后的今天，古老的巴氏消毒法仍然是一种广泛应用于生产的重要消毒方法。目前牛奶和啤酒生产行业，还是沿用这种古老的巴氏消毒法，只是加热至 85℃并保持 15～16s。

（二）水的活度

水是微生物细胞的重要组分，也是微生物的六大类营养来源之一，这就要求微生物的生长环境中要有一定的水分含量，通常以水分活度 A_w 表示，不同的微生物所要求的 A_w 不同，当环境中的 A_w 高于微生物所需要的 A_w 时，微生物细胞处于低渗环境，会吸水膨胀，严重时会导致细胞破裂死亡；当环境中的 A_w 低于微生物所需要的 A_w 时，微生物细胞处于高渗环境，会造成细胞失水，细胞质变稠，质膜收缩，严重时会发生质壁分离，导致微生物死亡；只有当环境中的 A_w 等于微生物所需要的 A_w 时，微生物细胞既不吸水膨胀，又不失水收缩，可保持微生物的正常生长。

通过调整水的活度来控制微生物生长的方法有调节渗透压和干燥两种。

1. 调节渗透压

通过增加环境中溶质来降低水活度，提高渗透压，引起微生物细胞失水而死亡。例如，日常生活中常用的高浓度盐或糖保存食物，如腌渍蔬菜、肉类及蜜饯等。糖的浓度通常为 50%～70%，盐的浓度为 10%～15%。由于盐的相对分子质量小，并能离解，在二者浓度相等的情况下，盐的保存效果好于糖。

2. 干燥

干燥能降低微生物细胞中水的活度，从而使微生物细胞中的盐浓度升高，导致蛋白质变性，引起微生物死亡。不同微生物对干燥的敏感程度不同，例如，革兰氏阴性细菌如淋病球菌对干燥特别敏感，几小时便死去；结核分枝杆菌又特别耐干燥，在此环境中，100℃干燥 20min 仍能生存；链球菌用干燥法保存几年而不丧失致病性；休眠孢子抗干燥能力也很强，在干燥条件下可长期不死，常用于菌种的保藏，如常用砂土管来保藏有孢子的菌中。生产或科研中常用真空干燥法来保藏细菌、病毒及立克次氏体达数年之久。此外，用于干菌苗、干疫苗的制造效果也颇有价值。在日常生活中常用烘干、晒干和熏干等方法来保存食物。

（三）氧气

氧对微生物的生命活动有着极其重要的影响，微生物对氧的需要和耐受力在不同的类群中变化很大，根据微生物与氧的关系，可把它们分为几种类群。

1. 专性好氧微生物

专性好氧微生物是指那些必须在有分子氧的条件下才能生长的微生物类群。绝大多数真菌、多数细菌和放线菌都属于专性好氧微生物。常生长于液体培养基试管的表层。在实验室，通常采用振荡的方式来补充氧气；在发酵工业上，通常用搅拌的方式来补充氧气培养专性好氧微生物。

2. 微好氧微生物

微好氧微生物是指那些只能在较低氧分压下才能正常生长的一类微生物。通常生长在液体培养基试管表层。霍乱弧菌、发酵单胞菌属、弯曲菌属等属于微好氧微生物。

3. 专性厌氧微生物

专性厌氧微生物是指那些必须在无氧条件下才能生长的微生物类群。通常生长在液体培养基试管的深层。在实际生产中，既可以采用密封等物理方法隔绝氧，又可以采用化学或生物方法消耗氧。

4. 兼性厌氧微生物

兼性厌氧微生物是指那些在有氧存在时进行有氧代谢，在无氧条件下进行无氧代谢，但更适合于无氧代谢的一类微生物的总称。通常布满液体培养基试管，但深层较多。

在实验室和工业生产中，可采用深层静止培养来培养兼性厌氧微生物。

5. 耐氧微生物

耐氧微生物是指那些可在分子氧存在下进行厌氧生活的微生物类群。它们的生活不需要氧，但分子氧也对它们无毒害。乳酸菌多为耐氧菌。

五类对氧关系不同的微生物在半固体琼脂柱中的生长状态如图7－15所示。

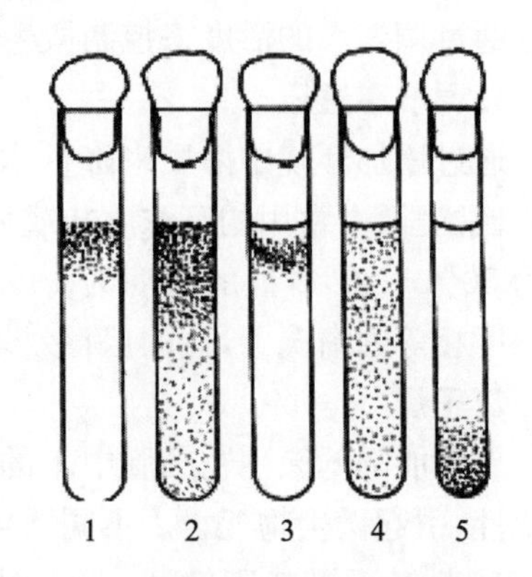

图7－15 五类对氧关系不同的微生物在半固体琼脂柱中的生长状态

1—好氧菌；2—兼性厌氧菌；3—微好氧菌；4—耐氧菌；5—厌氧菌

（四）辐射

辐射是指通过空气或外层空间以波动方式从一个地方传播或传递到另一地方的能源。其中最主要的是紫外线、X射线、γ射线和微波。

1. 紫外辐射

紫外线是指波长为100～400nm的电磁波。它能被微生物细胞中的蛋白质（280nm）和核酸（260nm）吸收，而造成这些分子的变性，从而抑制DNA的复制与转录，导致微生物细胞死亡。以波长265～266nm的紫外线杀菌力最强。

紫外辐射常在医疗卫生和无菌操作中广泛应用。由于紫外线穿透能力差，不易透过不透明的物质，即使一薄层玻璃也会被滤掉大部分，故紫外杀菌灯只适用于空气及物体表面消毒。

2. 电离辐射

X射线与γ射线均为电离辐射。X射线是指波长为0.06～13.6nm的电磁波，γ射线是指波长为0.01～0.14nm的电磁波。它们能通过撞击分子而产生自由基，通过自由基破坏生物大分子中的氢键、双键等使微生物细胞内生物大分子的结构得到不同程度的破坏，从而来影响微生物的生长，甚至导致微生物的死亡。考虑到γ射线的强穿力和强的杀菌效应，目前，已研制出了用于不耐热的大体积物品消毒的γ射线装置。常用于塑料制品、医疗设备和药品的灭菌。

3. 微波杀菌

微波指频率在300MHz～300GHz的电磁波。主要是利用微波热效应与非热效应的共同作用，使微生物体内蛋白质和生理活动物质发生变异，而导致微生物体生长发育延缓和死亡，达到食品灭菌、保鲜的目的。通常用于食品的杀菌。

（五）超声波

超声波是指频率在20000Hz以上的声波。超声波能够使微生物细胞破裂，内含物外溢，从而导致微生物死亡。所以几乎所有的微生物都能受其破坏，其灭菌效果与频率、处理时间、微生物种类、细胞大小、形状及数量等均有关系。淋病奈氏球菌对其极为敏感，而发光细胞却要处理1.5h才死亡。病毒的抗性较强。一般来说，高频率比低频率杀菌效果好。科研中常用此法破碎细胞，以研究其化学组成及结构，发现细胞结构、抗原结构和酶的活性等。

(六)过滤除菌法

过滤除菌法是采用滤孔比细菌还小的筛子或滤膜作成各种过滤器，当空气或液体流经筛子或滤膜时，微生物不能通过滤孔而被阻留在一侧，从而达到灭菌的目的。但不能除去病毒。

实验室中常用的滤器有滤膜过滤器、蔡氏过滤器、玻璃过滤器、磁土过滤器等。过滤介质有醋酸纤维素膜、硝酸纤维素膜、聚丙烯膜以及石棉板、烧结陶瓷、烧结玻璃等。滤器孔径常用0.22μm、0.45μm两种。

过滤除菌法常用来对于含酶、血清、维生素和氨基酸等热敏物质的除菌。

三、控制微生物生长的化学方法

(一)酸碱度

微生物的生长pH范围极广，在2<pH<8范围内都有微生物生长。但是绝大多数种类生活在pH 5.0～9.0之间。一些微生物生长的pH范围见表7-6。

表7-6　一些微生物生长的pH范围

微生物种类	最低pH	最适pH	最高pH
大肠杆菌	4.3	6.0～8.0	9.5
枯草芽孢杆菌	4.5	6.0～7.5	8.5
金黄色葡萄球菌	4.2	7.0～7.5	9.3
黑曲霉	1.5	5.0～6.0	9.0
一般放线菌	5.0	7.0～8.0	10
一般酵母菌	3.0	5.0～6.0	8.0

根据微生物生长所要求pH的不同，可将微生物分为嗜酸微生物、嗜中性微生物、嗜碱微生物三类。

1. 微生物生长的pH三基点

(1)嗜酸微生物

嗜酸微生物是指能够在pH 5.4以下生长的一类微生物的总称。这类微生物细胞能有效的阻止环境中氢离子进入，并不断从细胞内排出氢离子来适应环境。真菌类居多，如酵母菌、霉菌都属于嗜酸微生物。

(2)嗜中性微生物

嗜中性微生物是指能够在pH 5.4～8.5之间生长的一类微生物的总称。大多数微生物属于此类，如结核杆菌、伤寒沙门菌、痢疾志贺菌等。

(3)嗜碱微生物

嗜碱微生物是指能够在pH 7.0～11.5之间生长的一类微生物的总称。硝化细菌、尿素分解菌、多数放线菌属于此类。

为了维持微生物生长过程中 pH 的稳定,不仅配制培养基时要注意调节 pH,而且往往还要加入缓冲物或酸碱物质。强酸与强碱均具有杀菌力。但无机酸如硫酸、盐酸等杀菌力虽然强,但腐蚀性太大,实际上不宜作消毒剂。强碱可用作杀菌剂,但由于它们的毒性大,其用途局限于对排泄物及仓库、棚舍等环境的消毒。所以,在食品工业中,最常用的是弱酸或弱碱以及其盐类。

2. 防腐剂

防腐剂是指天然或合成的化学成分,用于加入食品、药品、颜料、生物标本等,以延迟微生物生长或化学变化引起的腐败。常用于食品、饮料、药品的防腐作用。

(1)苯甲酸及其盐类

苯甲酸钠亲油性大,易穿透细胞膜进入细胞体内,干扰细胞膜的通透性,抑制细胞膜对氨基酸的吸收,并抑制细胞的呼吸酶系的活性,从而达到防腐的目的。其防腐最佳 pH 为 2.5~4.0,在 pH 5.0 以上的产品中,杀菌效果不是很理想。因为其安全性只相当于山梨酸钾的 1/40,日本已全面取缔其在食品中的应用。

(2)山梨酸及其盐类

山梨酸钾为酸性防腐剂,具有较高的抗菌性能,抑制霉菌的生长繁殖,其主要是通过抑制微生物体内的脱氢酶系统,从而达到抑制微生物和起到防腐的作用。对细菌、霉菌、酵母菌均有抑制作用。防腐效果明显高于苯甲酸类,是苯甲酸盐的 5~10 倍。产品毒性低,相当于食盐的一半。其防腐效果随 pH 的升高而减弱,pH=3 时防腐效果最佳。pH 达到 6 时仍有抑菌能力,但最低浓度不能低于 0.2%。毒性比尼泊金酯还要小。在我国可用于酱油、醋、面酱类,饮料、果酱类等中。

(3)脱氢乙酸及钠盐类

脱氢乙酸及其钠盐是一种广谱型防腐剂,对食品中的细菌、霉菌、酵母菌有着较强抑制作用。广泛用于肉类、鱼类、蔬菜、水果、饮料类、糕点类等的防腐保鲜。

(4)双乙酸钠

双乙酸钠是一种常用于酱菜类的防腐剂,安全、无毒,有很好的防腐效果,在人体内最终分解产物为水和二氧化碳。对黑根菌、黄曲霉、李斯特菌等抑制效果明显。在酱菜类中用 0.2%的双乙酸钠和 0.1%的山梨酸钾复配使用在酱菜产品中,有很好的保鲜效果。

(5)丙酸钙

丙酸是人体内氨基酸和脂肪酸氧化的产物,所以丙酸钙是一种安全性很好的防腐剂。ADI(每日人体每千克体重允许摄入量)不作限制规定。对霉菌有抑制作用,对细菌抑制作用小,对酵母无作用,常用于面制品发酵及奶酪制品防霉等。

(6)乳酸钠

乳酸钠是一种新型的防腐保鲜剂,主要应用到肉、禽类制品中,对肉食品细菌有很强的抑制作用。如大肠杆菌、肉毒梭菌、李斯特菌等。通过对食品致病菌的抑制,从而增强食品的安全。增强和改善肉的风味,延长货架期。乳酸钠在原料肉中具有良好的分散性,且对水分有良好的吸附性,从而有效地防止原料肉脱水,达到保鲜、保润作用。主要适用于烤肉、火腿、香肠、鸡鸭禽类制品和酱卤制品等。

（二）盐类

盐类分为普通金属盐和重金属盐两大类。普通金属盐对微生物生长影响有两个方面，一方面，适量的盐类是微生物生长所必需的；另一方面，过量的盐类对微生物产生毒性，抑制微生物生长。而重金属盐，大部分对微生物细胞是有毒害的。汞盐、银盐和铜盐是有效的杀菌剂或防腐剂。它们的杀菌作用，有的易与细胞蛋白质结合而使之变性；有的在进入细胞后与酶上的－SH基结合而使酶失去活性。重金属盐类还是蛋白质的沉淀剂，能产生抗代谢作用，或者与细胞内的主要代谢产物发生螯合作用，或者取代细胞结构上的主要元素，使正常的代谢物变为无效的化合物，从而抑制微生物的生长或导致死亡。一般情况下，分子量越大的盐类，毒性越大；二价阳离子毒性大于一价阳离子。

1. 硝酸银

长期以来作为一种温和防腐剂而被使用。0.1%～1%硝酸银（$AgNO_3$）用于皮肤消毒。新生婴儿常用1%硝酸银滴入眼内以预防传染性眼炎。蛋白质与银或氧化银制成的胶体银化物，刺激性较小，也可作为消毒剂或防腐剂。

2. 硫酸铜

硫酸铜是主要的铜化物杀菌剂，对真菌及藻类效果较好。在农业上为了杀伤真菌、螨以至防治某些植物病害，常用硫酸铜与石灰以适当比例配制成波尔多液使用。

3. 二氯化汞

二氯化汞又名升汞，是杀菌力极强的消毒剂之一，1∶500～1∶2000的升汞溶液对大多数细菌有致死作用，实验室中曾用0.1%的$HgCl_2$消毒非金属器皿。由于汞盐对金属有腐蚀作用，而且对人及动物有剧毒，其应用受到较大的限制。

4. 砷、铋、锑化合物

曾用作化学治疗剂来医治梅毒病和某些原生动物所引起的疾病。特别是三价砷的有机化合物，如砷凡纳明、新砷凡纳明，对人及动物毒性轻微，曾经是治疗梅素病的特效药。这些化学治疗剂，由于对人及动物毒性大，故不宜作为消毒剂。

（三）氧化剂

氧化剂指本身能放出游离氧或能使其他化合物放出氧的物质。氧化剂容易同微生物的细胞壁中的脂蛋白或细胞膜中的磷脂质、蛋白质发生化学反应，从而使微生物的细胞壁和细胞受到破坏（即所谓的溶菌作用），细胞膜的通透性增加，细胞内物质外流，使其失去活性。常用来灭菌的氧化剂有以下几种。

1. 高锰酸钾

高锰酸钾是一种强氧化剂，通过氧化菌体的活性基团，呈现杀菌作用。高锰酸钾能有效杀灭各种细菌繁殖体、真菌、结核杆菌；亦能灭活乙型肝炎病毒和芽孢，但对芽孢作用需要较长时间。低浓度具有抗菌、收敛、止血、除臭等功效。高浓度则有刺激性与腐蚀性。临床上主要用作急性皮炎或急性湿疹（特别是伴继发感染时），清洁溃疡或脓疡，口服吗啡、阿片、马钱子碱或有机毒物等中毒时洗胃及蛇咬伤急救治疗。也用于水果、食具等的消毒。口腔用于白色念珠菌感染、坏死性龈口炎、牙周病的含漱或冲洗等。酸性下杀菌有效，碱性下产生 MnO_2沉淀（杀菌减弱）。需现配现用。

2. 过氧化氢

过氧化氢又称为双氧水，是医药、卫生行业上广泛使用的消毒剂。日常消毒的是医用双氧水，医用双氧水可杀灭肠道致病菌、化脓性球菌、致病酵母菌，一般用于物体表面消毒。双氧水具有氧化作用，但医用双氧水浓度等于或低于 3%，擦拭到创伤面，会有灼烧感、表面被氧化成白色并冒气泡，用清水清洗一下就可以了，过 3～5min 就恢复原来的肤色。

3. 过氧乙酸

过氧乙酸属于过氧化物类消毒剂，是一种高效灭菌剂，广谱、速效，具有强氧化能力，可有效杀灭各种微生物。对病毒、细菌、真菌及芽孢均能迅速杀灭，可广泛应用于各种器具及环境消毒。0.2%溶液接触 10min 基本可达到灭菌目的。用于空气、环境消毒、预防消毒。也可用作纸张、石蜡、木材、淀粉的漂白剂。医药工业用作饮水、食品和防止传染病的消毒剂。有机工业用作制造环氧丙烷、甘油、己内酰胺的氧化剂和环氧化剂。

4. 臭氧

臭氧能破坏分解细菌的细胞壁，很快地扩散透进细胞内，氧化分解细菌内部氧化葡萄糖所必需的葡萄糖氧化酶等，也可以直接与细菌、病毒发生作用，破坏细胞、核糖核酸（RNA），分解脱氧核糖核酸（DNA）、RNA、蛋白质、脂质类和多糖等大分子聚合物，使细菌的代谢和繁殖过程遭到破坏。臭氧可用于净化空气，漂白饮用水，杀菌，处理工业废物和作为漂白剂。

5. Cl_2、漂白粉、氯胺等含氯氧化剂

含氯氧化剂可用于饮用水、厂房、工具等消毒。Cl_2消毒剂量 $0.2\times10^{-6}\sim1\times10^{-6}$；漂白粉（次亚氯酸钙）$Ca(OCl)_2$常用浓度为 0.5%～1.2%。实践中常以 10%石灰水 5 份和 5%漂白粉 1 份混合应用于环境、厂房等场地卫生的喷洒消毒。

6. 碘

碘是强杀菌剂。3%～7%碘溶于 70%～83%的乙醇中配制成碘酊，是皮肤及伤口有效的消毒剂。5%碘与 10%碘化钾水溶液也是有效的皮肤消毒剂，但不如碘酊那样易于浸透皮肤。现已发展到用有机碘化物杀菌。

（四）有机物

对微生物具有害效应的有机化合物种类很多，其中酚、醇、醛等能使蛋白质变性，是常用的杀菌剂。不同的有机物对微生物的作用机制不同，大多数有机物都是通过影响微生物细胞中的酶和蛋白质，引起酶的失活与蛋白质变性。

1. 酚

酚亦称石炭酸，是医药上常用的防腐杀菌剂。能使微生物细胞的原生质蛋白发生凝固或变性而杀菌。浓度约 0.2%即有抑菌作用，大于 1%能杀死一般细菌，1.3%溶液可杀死真菌。例如：0.5%～1%的水溶液可用于皮肤消毒，但具刺激性；2%～5%的溶液可用于消毒痰、粪便与用具；3%～5%的溶液有很好的杀菌效果；5%的则用作喷雾以消毒空气。

2. 醇

醇是脱水剂、蛋白质变性剂，它可使蛋白质脱水、变性，损害微生物细胞而具杀菌能力。用于灭菌的醇类主要是乙醇。50%～70%的乙醇可杀死营养细胞，70%的乙醇杀菌效果最好，超过 70%至无水酒精效果较差。无水乙醇可能与菌体接触后迅速脱水，表面蛋白质凝固，形成了保护膜，阻止了乙醇分子进一步渗入。使用时应根据消毒物品干燥与否来确定使用浓度。乙醇是普遍使用的消毒剂，常用于实验室内的玻棒、玻片及其他用具的消毒。

3. 醛

醛类中用于灭菌的主要是甲醛。甲醛是一种常用的杀细菌与杀真菌剂，它的防腐杀菌性能主要是因为其能与构成生物体(包括细菌、真菌)本身的蛋白质上的氨基发生反应，从而破坏了微生物细胞结构，导致微生物死亡。35%～40%甲醛水溶液为福尔马林。福尔马林杀死细菌与真菌效能强，是制作动物、植物标本的防腐剂。5%甲醛可以喷洒、熏蒸，用于空气、接种室等环境的消毒杀菌。

(五)表面活性剂

指具有降低表面张力效应的物质。如肥皂、新洁尔灭、杜灭芬等都是皮肤良好的消毒剂。

1. 新洁尔灭

新洁尔灭为阳离子表面活性剂类广谱杀菌剂，能改变细菌胞浆膜通透性，使菌体胞浆物质外渗，阻碍其代谢而起杀灭作用。对革兰氏阳性细菌作用较强，但对绿脓杆菌、抗酸杆菌和细菌芽孢无效。广泛用于杀菌、消毒、防腐、乳化、去垢、增溶等方面。0.01%溶液用作创面消毒，0.1%溶液用作皮肤及黏膜消毒。

2. 杜灭芬

杜灭芬与新洁尔灭类似，为一广谱消毒剂，对革兰氏阳性菌的杀灭作用较对革兰氏阴性菌为强。对化脓性病原菌、肠道菌与部分病毒有较好杀灭能力，对真菌有一定作用，对细菌芽孢无效。常用于皮肤黏膜消毒，亦用于治疗口腔和咽喉感染，如咽喉炎、扁桃体炎等。0.02%溶液用于伤口及黏膜感染，0.5%溶液用于皮肤消毒；0.05%～0.1%溶液用作手术器械消毒。

(六)抗微生物剂

抗微生物剂是一类能够杀死微生物或抑制微生物生长的化学物质，这类物质可以是人工合成的，也可以是生物合成的天然产物。

1. 人工合成抗微生物剂

人工合成的抗微生物剂主要是一些生长素类似物，它们能阻碍微生物细胞对生长素的利用来抑制微生物的生长。最常见的人工合成抗微生物剂是磺胺类药物。磺胺类药物是最常用的化学疗剂，抗菌谱较广，能治疗多种传染性疾病，能抑制大多数革兰氏阳性细菌(如肺炎球菌、β-溶血性链球菌等)和某些革兰氏阴性细菌(如痢疾杆菌、脑膜炎球菌、流感杆菌等)的生长繁殖,对放线菌也有一定作用。磺胺类药物广泛用于临床。

2. 天然抗微生物剂

天然的抗微生物剂主要是一些抗生素,它们通过抑制微生物细胞壁的合成、破坏细胞质膜、抑制蛋白质的合成等方式来抑制微生物生长。氯霉素、金霉素、土霉素、四环素等均是广谱抗生素,可抑制多种微生物。而青霉素主要作用于革兰氏阳性细菌,多黏菌素只能杀死革兰氏阴性细菌,所以称为窄谱抗生素。

(七)染料

染料,特别是碱性染料,在低浓度下可抑制微生物生长。最常用的是碱性三苯甲烷染料,它包括孔雀绿、亮绿、结晶紫等。

1. 孔雀绿

1933年起孔雀绿作为驱虫剂、杀虫剂、防腐剂在水产中使用,可用作治理鱼类或鱼卵的寄生虫、真菌或细菌感染,后曾被广泛用于预防与治疗各类水产动物的水霉病、鳃霉病和小瓜虫病。孔雀石绿也常用作处理受寄生虫影响的淡水水产。孔雀绿浓度为1∶100000时可抑制金黄色葡萄球菌,而1∶30000就可抑制大肠杆菌。

2. 结晶紫

结晶紫又名龙胆紫,其1%～2%溶液俗称紫药水,是人们所熟悉的外用药。结晶紫为一种碱性阳离子染料,因其阳离子能与细菌蛋白质的羧基结合,影响其代谢而产生抑菌作用。它能抑制革兰氏阳性菌,特别是葡萄球菌、白喉杆菌,对白色念珠菌也有较好的抗菌作用。它杀菌力强,对组织没有刺激性,也没有毒性和副作用。1∶10000的浓度可致死念珠霉与圆酵母等真菌,1∶1000000则表现为抑制作用。

常用的消毒防腐剂的类型、名称、使用方法、作用原理及应用范围见表7－7。

表7－7　常用的消毒防腐剂及其应用

类型	名称及使用方法	作用原理	应用范围
醇类	70%～75%乙醇	脱水、蛋白质变性	皮肤、器皿
醛类	0.5%～10%甲醛 2%戊二醛(pH＝8)	蛋白质变性	房间、物品消毒 (不适合食品厂)
酚类	3%～5%石炭酸 2%来苏儿 3%～5%来苏儿	破坏细胞膜、蛋白质变性	地面、器具 皮肤 地面、器具
氧化剂	0.1%高锰酸钾 3%过氧化氢 0.2%～0.5%过氧乙酸	氧化蛋白质活性基团,酶失活	皮肤、水果、蔬菜 皮肤、物品表面 水果、蔬菜、塑料等
重金属盐类	0.05%～0.1%升汞 2%红汞 0.1%～1%硝酸银 0.1%～0.5%硫酸铜	蛋白质变性、酶失活 变性、沉淀蛋白 蛋白质变性、酶失活	非金属器皿 皮肤、黏膜、伤口 皮肤、新生儿眼睛 防治植物病害

续表

类型	名称及使用方法	作用原理	应用范围
表面活性剂	0.05%～0.1%新洁尔灭 0.05%～0.1%杜灭芬	蛋白质变性、破坏细胞膜	皮肤、黏膜、器械 皮肤、金属、棉织品、塑料
卤素及其化合物	0.2～0.5mg/L 氯气 10%～20%漂白粉 0.5%～1%漂白粉 2.5%碘酒	破坏细胞膜、蛋白质	饮水、游泳池水 地面 水、空气等 皮肤
染料	2%～4%龙胆紫	与蛋白质的羧基结合	皮肤、伤口
酸类	0.1%苯甲酸 0.1%山梨酸	蛋白质变性	食品防腐

第四节　工业生产上常用的微生物培养技术

一、分批培养

分批培养是指在一个密闭系统内投入有限数量的营养物质后，接入少量微生物菌种进行培养，使微生物生长繁殖，在特定条件下完成一个生长周期的微生物培养方法。由于培养系统是密闭的，故分批培养又叫密闭培养。分批培养的过程中菌体、各种代谢产物的数目与营养物的数目呈负相关性。当微生物生长及基质变化达到一定时，菌体生长则会停止。前文讨论的关于微生物生长曲线的研究所用的培养方法就是分批培养。

二、连续培养

连续培养又叫开放培养，是相对分批培养或密闭培养而言的。连续培养是采用有效的措施让微生物在某特定的环境中保持旺盛生长状态的培养方法。具体地说，当微生物以单批培养的方式培养到指数期的后期时，一方面以一定速度连续流入新鲜培养基和通入无菌空气，并立即搅拌均匀；另一方面，利用溢流的方式，以同样的流速不断流出培养物。于是容器内的培养物就可达到动态平衡，其中的微生物可长期处于指数期的平衡生长状态和衡定的生长速率上，于是形成了连续生长。连续培养已应用于实际工业发酵中，例如，连续发酵法生产酒精，半连续发酵法生产丙酮、丁醇等。

分批培养与连续培养示意图如图 7－16 所示。

微生物在一定条件下，如果不断补充营养物质和排除有害的代谢产物，理论上，微生物都可保持恒定的对数生长。通常采用两种方式。

（一）恒浊连续培养

通过调节培养基流速，使培养液浊度保持恒定的连续培养方法。通过调节新鲜培养基流入的速度和培养物流出的速度来维持菌液浓度不变，即浊度不变。主要采用恒浊

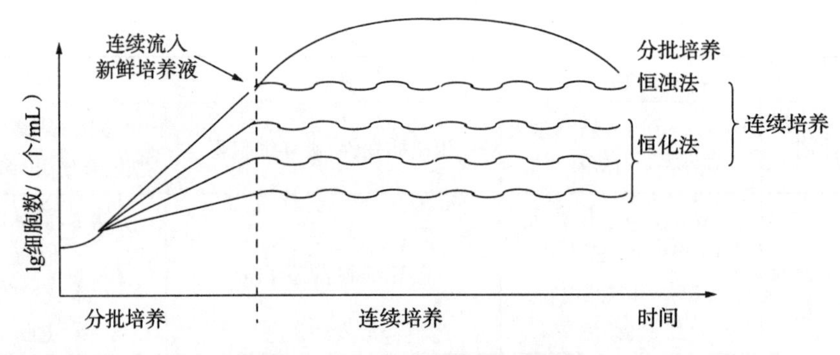

图 7－16　分批培养与连续培养

器，当浊度高时，使新鲜培养基的流速加快，浊度降低，则减慢培养基的流速。这种培养方法能够保持培养基质过量，微生物始终以最高速率进行生长，并可在允许范围内控制不同的菌体密度；但工艺复杂，烦琐。常用于生产大量菌体、生产与菌体生长相平行的某些代谢产物，如乳酸、乙醇等。

（二）恒化连续培养

以恒定流速使营养物质浓度恒定而保持细菌生长速率恒定的方法。通过控制某一种营养物浓度（如碳、氮源、生长因子等），使其始终成为生长限制因子，而达到控制培养液流速保持不变，并使微生物始终在低于其最高生长速率条件下进行生长繁殖。这种培养方法通过维持营养成分的亚适量，控制微生物生长速率。菌体生长速率恒定，菌体均一、密度稳定，产量低于最高菌体产量。常用于实验室科学研究。

恒浊器与恒化器培养结果的比较见表 7－8。

表 7－8　恒浊器与恒化器培养结果的比较

装置	控制对象	培养基	培养基流速	生长速率	产物	应用范围
恒浊器	菌体密度（内控制）	无限制生长因子	不恒定	最高	大量菌体或与菌体形成相平行的产物	生产为主
恒化器	培养基流速（外控制）	有限制生长因子	恒定	低于最高	不同生长速率的菌体	实验室为主

在实际工业生产中，相对于分批培养而言，连续培养方法精简、高效，便于利用各种仪表进行自动控制，产品质量稳定，并且节约了大量动力、人力、水和蒸汽，且使水、汽、电的负荷均衡合理；不足之处是菌种易于退化，容易于受到杂菌污染，营养物利用率低。

三、高密度培养

高密度培养主要是在用基因工程菌（尤其是 *E. coli*）生产多肽类药物的实践中逐步发展起来的。具体是指微生物在液体培养基中细胞群体密度超过常规培养 10 倍以上时的生长状态或培养技术。

高密度培养的具体方法：(1) 选取最佳培养基成分和各成分含量。根据微生物对营养的要求，培养基包括水分、碳源、氮源、无机元素和生长素等五大类物质，此外还应有一定的酸碱度和渗透压。各成分的量应以满足或略多于菌体生长和产物合成所需为度，不宜过多加入，以免产生抑制效应和浪费原料，另外各成分的配比也很重要，以利于菌体均衡利用各成分。(2)补料。补料是高密度培养的重要手段之一。例如，可以通过补加葡萄糖、甘油、甲醇等满足微生物所需的碳源，通过自动补加氨水、调节 pH 来满足微生物生长需要的氮源，补加 KH_2PO_4/K_2HPO_4 等磷源。(3)提高溶解氧的浓度。提高好氧菌和兼性厌氧菌培养时的溶氧量，这也是高密度培养的重要手段之一。可以采用在培养液中通入空气，提高搅拌次数和速度(气液接触面越大，供氧越快)，提高罐压、增加氧气的分压，通入纯氧等措施提高溶解氧的浓度。(4)防止有害代谢产物的生成。部分微生物代谢产物对细胞有一定的毒性。例如，酵解产物乙酸。

高密度培养不仅能够节约劳动强度，还可以强化纯化工艺，单位体积细胞数量越大，产物的浓度越高，纯化越方便，收率越高。高密度培养方法用于基因工程菌生产多肽类贵重药物(胰岛素、白细胞介素、干扰素、生长激素等)。不同菌种和同种不同菌株间，达到高密度的水平差别很大。*E. coli* 可达 174～175g(湿重)/L，理论值可达 200g/L，甚至 400g/L。目前被用于高密度培养的只有大肠杆菌和酿酒酵母。

四、固定化细胞培养

通过包埋法、微胶囊法、吸附法等将细胞固定在载体的内部或表面，使细胞与固体的水不溶性支持物相结合，使其既不溶于水，又能保持微生物的活性，加入营养液及合适的培养条件，得到代谢产物的培养方法就是固定化细胞培养。

固定化细胞培养技术的优点是固定化细胞能反复使用；发酵完毕后，菌体与发酵液易于分离，后处理工艺简单，成本降低；固定后的微生物细胞可以实现高密度填充，因而可进行高密度连续的微生物发酵，极大提高了生产效率。

第五节　微生物的菌种保藏及复壮

微生物受外界环境的影响会经常地发生小机率的变异，这种变异可能造成菌种生产性状的劣化或自身死亡。优良菌种被分离选育出来后，必须尽可能保持其原来优良的生产性状和生活力不变异、不死亡、不被污染，即做好保藏和复壮工作。以便随时供应优良菌种给生产、科研使用。

一、微生物的菌种保藏

菌种是一类重要生物资源，菌种保藏是一项重要的微生物学基础工作。在微生物发酵工业中，获得具有良好性状的生产菌种十分不容易。如何利用优良的微生物菌种保藏技术，使菌种经长期保藏后不但存活，而且保证高产菌株不改变其表型和基因型，特别是不改变初级代谢产物和次级代谢产物的高产能力，即很少发生突变，这对菌种极为重要。

(一)菌种保藏原理

微生物菌种保藏技术很多，保藏的原理基本一致。首先挑选优良纯种，最好是采用它们的休眠体(如分生孢子、芽孢等)；其次要创造一个有利于休眠的环境条件，如采用干燥、低温、缺氧、缺乏营养以及添加保护剂或酸度中和剂等方法，使微生物生长在代谢处于不活跃，生长繁殖受到抑制的环境中。

(二)菌种保藏的方法

一种良好的保藏方法，首先应能保持原种的优良性状不变，同时还须考虑方法的通用性和简便性。菌种保藏常用方法有：

1. 低温保藏法

利用低温对微生物生命活动有抑制作用的原理进行保藏。根据所用温度的高低可分为两类：一类是普通低温保藏法，即将斜面菌种、固体穿刺培养物或菌悬液等直接放入4～5℃冰箱中保藏，保藏时间一般不超过3个月，到时必须进行移接传代，再放回冰箱。另一类是利用超低温保藏法，用－20℃以下的超低温冰箱或干冰、液氮(－195℃)等进行冻结保藏效果很好。

2. 干燥保藏法

主要是指把菌种接种到适当载体上，在干燥条件下进行保藏。能够作载体的材料很多，如土壤、细沙、硅胶、滤纸片、麸皮等，这种保藏方法主要适合于细菌的芽孢和霉菌的孢子。细菌芽孢用沙土管保藏，霉菌的孢子多用麸皮管保藏。

3. 隔绝空气保藏法

这种方法是利用好气性微生物无氧不生长的原理。向培养好的菌种斜面上，加入灭菌石蜡油，高出斜面1cm，再用固体石蜡密封试管口以隔绝空气，最后放入低温冰箱中保藏效果很好。如果不用石蜡，可以在斜面菌种长到最好时采用灭菌的橡皮塞代替原有的棉塞，塞紧试管口，放入冰箱或室温下暗处同样可以达到保藏菌种的目的。

4. 真空冷冻干燥保藏法

在这类方法中，几乎利用了一切有利于菌种保藏的因素如低温、缺氧、干燥等，因此是目前最好的一类综合性的保藏方法，保藏期长，但操作过程复杂，要求一定的设备条件。共基本过程是：培养菌种→加菌种保护剂(一般食品工业用菌种多用牛乳作保护剂)→分装、预冷冻→真空冻干→真空封口。真空冻干的菌种可在常温下长期保藏，也可在低温下保藏。

5. 寄主保藏法

适用于一些难于用常规方法保藏的动植物病原菌和病毒。

以上介绍了菌种保藏方法的大体类别，现将常用的几种方法列表比较见表7－9。

表7－9 几种菌种保藏方法的比较

方法	原理	适用菌种	保藏期
冰箱保藏法(斜面)	低温	各类微生物	3～6个月
冰箱保藏法(半固体)	低温	细菌、酵母菌	6～12年
石蜡封管保藏法	低温、缺氧	各类微生物	1～2年
沙土管保藏法	干燥、营养缺乏	芽孢、孢子	1～10年
真空冷冻干燥保藏法	低温、干燥、无氧	各类微生物	5～15年

二、微生物的退化与复壮

(一)菌种的退化

生产菌株生产性状的劣化或遗传研究菌株遗传标记的丢失均称为菌种退化。菌种退化是指细胞群体的变化,而不是指单个细胞的变化。当发生自发变异的单个细胞与其他细胞一起移接入新鲜培养基时,由于细胞生理、代谢调节及产生产物的不同,在某些培养条件下,发生自发变异退化细胞的数量可能逐渐增多,经过多次传代能使此变异类型完全占优势而导致细胞群体的退化。因此,菌种退化是一个逐渐发展的过程。环境条件可以影响菌种退化的速率。不利环境往往加速突变型生产菌向野生型方向退化。但这种退化还需从群体细胞的生产性状来分析,单纯环境条件如碳源、氮源、pH、温度等造成生产性状的下降是因批而异的,下一次发酵可以完全恢复正常,菌种本身并没有变化,这不是退化。同样,由于杂菌污染导致生产性状下降也不是退化,通过采取对设备的清洗、维修、重新杀菌等一系列措施,加强无菌操作,可以避免杂菌的继续污染。只有菌株本身性状的劣化,才是退化。

常见的菌种退化现象:首先觉察到的是菌落形态和细胞形态的改变,如菌落颜色的改变,畸形细胞的出现等。其次是生长变得缓慢,产孢子越来越少,例如放线菌、霉菌在斜面上多次传代后产生“光秃”现象等,从而造成生产上用孢子接种的困难。再次是菌种的代谢活动,代谢产物的生产能力或其对寄主的寄生能力明显下降,例如黑曲霉糖化能力的下降,抗菌素产生菌产抗生素的减少,枯草杆菌产淀粉酶能力的衰退等。所有这些都对发酵生产不利。

(二)菌种退化的原因

菌种退化的主要原因是基因的负突变。与控制生产性状有关的基因的负突变可造成生产性状的严重劣化。以工业生产核苷酸或氨基酸的营养缺陷型菌种为例,缺陷型基因发生回复突变可使产量性状下降很大。这种个别细胞的回复突变频率很低,但由于具有生长优势,在传代过程中在数量比例上上升很快,尽管此时就斜面菌种而言退化细胞还只是少数,但发酵过程中这少数菌的存在会使退化性状表现强烈,最终成为一株退化了的菌株。由此可见,菌种的退化是一个从量变到质变的逐步演变过程。开始时,在群体中只有个别细胞发生负突变,这时如不及时发现并采用有效措施而一味移植传代,就会造成群体中负突变个体的比例逐渐增高,从而使整个群体表现出严重的退化现象。

(三)防止菌种退化的措施

根据菌种退化原因的分析,可以制定出一些防治退化的措施,主要从四方面考虑:

1. 控制传代次数

即尽量避免不必要的移种和传代,把必要的传代降低到最低水平,以降低自发突变的机率。众所周知,微生物存在着自发突变,而突变都是在繁殖过程中发生而表现出来的。据研究证明,DNA 在复制过程中碱基发生差错的机率低于 5×10^{-4},一般自发突变

频率在 10^{-9}～10^{-8}之间。从这里可看出，菌种传代次数越多，产生突变的机率就越高，因而菌种发生退化的机会就越多。所以不论在实验室还是在生产实践中，尽量避免不必要的移种和传代，把必要的传代控制在最低水平，以降低自发突变的概率。

2. 创造良好的菌种培养条件

在生产实践中，创造和发现一个适合原种生长的条件可以防止菌种退化。各种变异的生产菌株对培养条件的要求和敏感性不同。要满足变异菌株的生长要求，并控制培养条件防止菌种退化：①给予营养缺陷型菌适当的营养必需成分可以降低回复突变频率；②给予抗性菌以一定浓度的药物，可以使回复的敏感型菌株的生长受到抑制，而生产菌能正常生长；③控制培养基中氮源或碳源的性质，使之有利于生产菌株而不利于退化菌株的生长，从而限制退化菌株的数量上升；④改变培养 pH、温度等条件防止退化。如栖土曲霉 3.942 的培养中，使培养温度由 28～30℃提高到 30～34℃防止了产孢子能力的衰退。由于微生物生长可使培养基成分发生变化，积累有毒害性物质，因此生产中应避免使用陈旧的培养物作为种子。

3. 利用不同类型的细胞进行移种传代

在放线菌和霉菌中，由于其菌丝细胞常含有几个核或甚至是异核体，因此用菌丝接种就会出现不纯和衰退，而孢子一般是单核的，用它接种时，就没有这种现象发生。有人在实践中采用灭过菌的棉团轻巧地沾取"5406"孢子进行斜面移种，由于避免了菌丝的接入，因而达到了防止退化的效果。还有人发现，构巢曲霉如用分生孢子传代就容易退化，而改为子囊孢子移种传代则不易退化。

4. 采用有效的菌种保藏方法

保藏温度影响自发突变，且影响细胞活力。因此，有必要研究和采用更有效的保藏方法以防止菌种退化。例如斜面保藏于 4℃时，突变的可能性大，且斜面保藏一般每 3 个月到半年需传代 1 次，这对菌种不利。因此作为生产菌株需同时采用斜面保藏和其他的保藏方式如冷冻干燥孢子、砂土管及液氮保存等，后几种方式可大大减少传代的次数。斜面保藏菌也应使每次传代的斜面足够生产上使用相当长时间，以减少传代次数。保藏所用的斜面培养基组成应根据不同菌种的特性加以选择。

（四）退化菌种的复壮

狭义的复壮是指从退化菌种的群体中找出少数尚未退化的个体，以恢复菌种的原有典型性状；广义的复壮则指在菌种的生产性能尚未退化前就经常而有意识地进行纯种分离和生产性能的测定工作，以期菌种的生产性能逐步有所提高。所以这实际上是一种利用自发突变（正突变）不断从生产中进行选种的工作。

退化菌种复壮的方法主要有以下几种。

1. 纯种分离

通过纯种分离，可把退化菌种细胞群体中一部分仍保持原有典型性状的单细胞分离出来，经扩大培养，就可恢复原菌株的典型性状。常用的分离纯化的方法有平板稀释法、单细胞或单孢子分离法等。

2. 通过寄主体进行复壮

对于寄生性的退化菌株，可回接到相应寄主体上，以恢复或提高其寄生性能。例如根瘤菌属经人工移接结瘤固氮能力减退，将其回接到相应豆科寄主植物上，令其侵染结瘤，再从根瘤中分离出根瘤菌，其结瘤固氮性能就可恢复甚至提高。

3. 淘汰已衰退的个体

例如对"5406"放线菌的分生孢子采用－30～－10℃处理5～7d，其死亡率达80%，在抗低温的存活个体中，留下了未退化的健壮个体。

以上介绍了一些在实践中收到一定效果的防止衰退和达到复壮的方法和经验。但必须强调的是，在采取这类措施之前，要仔细分析和判断一下菌种是发生了衰退，还是仅属一般性的表型变化，或只是杂菌的污染而已。只有针对不同的情况，才能使复壮工作奏效。

【本章小结】

微生物的生长是一个复杂的生命活动过程。它包括个体生长和群体生长两个层面。由于微生物个体微小，其个体生长规律不易观察与总结，因此，人们常以微生物群体作为研究对象来观察微生物的生长情况，总结其生长规律。生长是微生物同环境相互作用的结果，在液体培养中，生长曲线是在正常培养条件下反映微生物接种后的培养过程中菌数变化同培养时间之间的关系。微生物在培养过程中，环境的变化会对微生物的生长产生很大的影响。在科学研究和实际食品工业生产中，常常会出现我们所不期望的微生物，这时，可以通过调节一些环境条件如温度、氧气、水、辐射、酸碱度等，采用物理方法和化学方法控制不期望微生物的生长；同时，也可以通过调节营养物和环境条件来收获所需要的目标菌体和中间代谢产物。从而，更有效地指导微生物研究和生产实践。

【思考与练习题】

一、名词解释

生长；纯培养；连续培养；灭菌；专性好氧微生物

二、判断题

(1)酒精的浓度越高，杀菌能力越强。 (　　)

(2)微生物生长的最适pH与合成某种代谢产物的pH是一致的。 (　　)

(3)丙酸、盐酸都可用作防腐剂。 (　　)

(4)连续培养的目的是使微生物始终保持在最高稳定生长阶段。 (　　)

(5)一般显微镜直接计数法比稀释平板涂布法测定的菌数多。 (　　)

(6)由于高渗透压会使微生物细胞脱水死亡，所以可用50%～70%的糖溶液防腐。 (　　)

(7)细胞每分裂一次所需要的时间称为代时。 (　　)

(8)巴斯德消毒法能杀死细菌的芽孢。 (　　)

(9)分批培养时，细菌首先经历一个适应期，所以细胞数目并不增加，或增加很少。 (　　)

(10)紫外线穿透力极强，装于容器中的药物可以用紫外线灭菌。 (　　)

三、选择题

(1)如果将处于对数期的细菌移至相同组分的新鲜培养基中，该批培养物将处于哪

个生长期?( )

A. 死亡期　　B. 稳定期　　C. 延迟期　　D. 对数期

(2)细菌细胞进入稳定期是由于:①细胞已为快速生长做好了准备;②代谢产生的毒性物质发生了积累;③能源已耗尽;④细胞已衰老且衰老细胞停止分裂;⑤在重新开始生长前需要合成新的蛋白质( )。

A. 1,4　　B. 2,3　　C. 2,4　　D. 1,5

(3)对活的微生物进行计数的最准确的方法是( )。

A. 比浊法　　B. 显微镜直接计数

C. 干细胞重量测定　　D. 平板菌落计数

(4)下列哪种保存方法能降低食物的水活度?( )

A. 腌肉　　B. 巴斯德消毒法

C. 冷藏　　D. 酸泡菜

(5)连续培养时培养物的生物量是由( )来决定的。

A. 培养基中限制性底物的浓度　　B. 培养罐中限制性底物的体积

C. 温度　　D. 稀释率

(6)常用的高压灭菌的温度是( )。

A. 121℃　　B. 200℃　　C. 63℃　　D. 100℃

(7)巴斯德消毒法可用于( )的消毒。

A. 啤酒　　B. 葡萄酒　　C. 牛奶　　D. 以上所有

(8)某细菌悬液经100倍稀释后,在血球计数板上,计得平均每小格含菌数为7.5个,则每毫升原菌悬液的含菌数为( )。

A. 3.75×10^7个　　B. 3.0×10^9个　　C. 2.35×10^7个　　D. 3.2×10^9个

(9)对金属制品和玻璃器皿通常采用的灭菌方法是:( )。

A. 干热灭菌　　B. 灼烧　　C. 消毒剂浸泡　　D. 紫外线照射

(10)消毒效果最好的乙醇浓度为:( )。

A. 50%　　B. 70%　　C. 90%　　D. 10%

四、填空题

(1)一条典型的生长曲线至少可分为________、________、________和________4个生长时期。

(2)获得细菌同步生长的方法主要有________和________。

(3)连续培养的方法主要有________和________两种。

(4)造成厌氧环境培养厌氧菌的方法有________和________。

五、简述题

(1)试比较灭菌、消毒、防腐和化疗之间的区别。

(2)试述温度对微生物的影响。

(3)为了防止微生物在培养过程中会因本身的代谢作用改变环境的pH,在配制培养基时应采取什么样的措施?

(4)为什么加压蒸汽灭菌比干热灭菌的温度低?时间短?

(5)与分批发酵相比，连续培养有何优点？

六、技能题

大肠杆菌在37℃的牛奶中每12.5min繁殖一代，假设牛奶消毒后，大肠杆菌的含量为1个/100mL，请问按国家标准(30000个/mL)，该消毒牛奶在37℃下最多可存放多少时间？

第八章 微生物与食品生产

【知识目标】

1. 了解微生物在发酵食品中的应用。
2. 掌握微生物在发酵乳制品、酿醋、酿酒、面包、酱油、益生菌制剂及酶制剂等领域的作用机理。
3. 了解微生物发酵中杂菌污染原因及其防治措施。

【技能目标】

1. 能运用微生物进行食品生产。
2. 能运用所学知识解决实验中出现的问题。

【重点与难点】

重点：发酵原理及主要工艺流程。
难点：发酵过程中微生物及产品质量的控制。

自然界中，微生物的种类很多，其中细菌、酵母菌和霉菌是发酵工业常用的微生物。在发酵工业中，通常把微生物分为有益微生物和有害微生物，有益微生物是发酵工业的基础和核心，有害微生物是指影响正常发酵过程、降低产品质量的微生物，习惯上称之为“杂菌”。因此，如何利用有益微生物及控制有害微生物、防止食品发生腐败变质是微生物学的研究重点。

第一节 细菌在食品制造中的应用

在食品工业中，细菌与食品生产的关系极为密切，发酵工业中常用的细菌有乳酸菌、醋酸菌及芽孢杆菌。利用细菌制造的食品有酸乳、食醋、纳豆、香肠、益生菌制剂及种类繁多的调味品等。此外，细菌还可用于工业级食品原料（如有机酸、氨基酸、黄原胶等）的生产。

一、乳酸菌与发酵乳制品

发酵乳制品是指原料乳在有益微生物（特定菌）的作用下发酵而成的乳制品，包括酸乳、干酪、酸奶油、乳酒等。乳品经过发酵后，不仅具有良好而独特的风味，而且提高了其营养价值。有些乳制品还可抑制肠胃内的异常发酵和其他肠道病原菌的生长，改善便秘，降低胆固醇等作用。

（一）发酵乳制品中常用的微生物

生产发酵乳制品的细菌主要是乳酸菌。乳酸菌是一类能使可发酵性糖类转化成乳酸的革兰氏阳性细菌的通称，并非微生物分类学上的名词。常用的乳酸菌有乳杆菌属（干酪乳杆菌、保加利亚亚种、嗜酸乳杆菌、植物乳杆菌、瑞士乳杆菌等）、链球菌属（嗜热链球菌、乳酸链球菌、乳脂链球菌等）、双歧杆菌属（两歧双歧杆菌、长双歧杆菌、短双歧杆菌、青春双歧杆菌、婴儿双歧杆菌等）和明串珠菌属等。

有些发酵乳制品如干酪、酸奶油等，除乳酸菌外，酵母菌、霉菌也参与发酵，这些微生物不仅会引起产品外观和理化性质的改善，而且可以丰富发酵产品的风味。

作为发酵乳制品生产的发酵剂，有时使用单一菌株，而更多的时候则是用两种或两种以上的菌种复配进行发酵，以便获得更好的风味和保健效果。

（二）发酵过程中的生物化学变化

1. 乳酸发酵

乳酸发酵是所有发酵乳制品所共有和最重要的化学变化，其代谢产物乳酸是发酵乳制品中最基本的风味化合物。在发酵乳制品生产中，乳酸发酵所累积的乳酸最大可达1.5%。乳酸菌在分解乳糖产生乳酸同时，还可代谢产生多种风味物质，赋予产品独特的风味。

2. 柠檬酸代谢

柠檬酸代谢是乳酸菌发酵的另一重要代谢。乳中柠檬酸的含量较低，平均含量为0.18%，且仅能被嗜温型的风味细菌利用生成双乙酰。双乙酰是一种极其重要的风味化合物，可使发酵乳制品具有“奶油”特征，有一种类似坚果仁的香味和风味。

3. 乙醇的产生

一些风味细菌如明串珠菌在异型乳酸发酵中可形成少量乙醇，赋予某些发酵乳制品特殊风味。而在酸奶酒中，乙醇主要是由开菲尔酵母和开菲尔球拟酵母产生的，最终产品中酒精含量可达1%；在马奶酒中是由球拟酵母产生，酒精含量一般为0.1%～1.0%。

4. 产生胞外多糖

一些乳酸菌能利用培养基中的糖类物质产生胞外多糖，如链球菌变种、肠膜明串珠菌能产生胞外葡聚糖；嗜热链球菌产生的胞外多糖以葡萄糖、半乳糖为主要成分，还含有少量木糖、阿拉伯糖、鼠李糖和甘露糖等。生产上可以利用产胞外多糖的专用菌株来提高发酵乳的黏度和胶体稳定性，改善发酵乳的品质和稳定性。

在各种代谢产物中，一些较次要的代谢产物即使数量很少甚至是微量的，但在保持发酵乳制品的风味平衡方面却起着非常重要的作用。

（三）各类发酵乳制品

1. 酸乳

酸乳是新鲜牛乳经乳酸菌发酵制成的乳制品，其中含有大量活菌。根据其发酵方式的不同分为凝固型、搅拌型和饮料型三种。酸乳除具有较高的营养价值外，在胃肠内还具有抑制腐败细菌导致的异常发酵，防止和治疗胃肠炎等效果。

酸乳是由嗜热链球菌和德氏乳杆菌保加利亚亚种共同发酵生产的。在生产中为了增加酸奶的黏稠度、风味或提高产品的功能性效果，还可添加辅助菌种，以单独培养或混合培养后加入乳中。添加的发酵剂主要有产黏发酵剂、产香发酵剂、益生菌发酵剂等。

根据生产上使用的菌种不同，酸乳的生产工艺略有差异。但都有共同之处。以下介绍两种不同的工艺：一种是双歧杆菌与嗜热链球菌、保加利亚乳杆菌等共同发酵的生产工艺，称为共同发酵法；另一种是将双歧杆菌与兼性厌氧的酵母菌同时在脱脂牛乳中混合培养，利用酵母在生长过程中的呼吸作用，创造一个适合于双歧杆菌生长繁殖、产酸代谢的厌氧环境，称为共生发酵法。

(1)共同发酵法生产工艺

共同发酵法双歧杆菌酸乳的生产工艺流程如下：

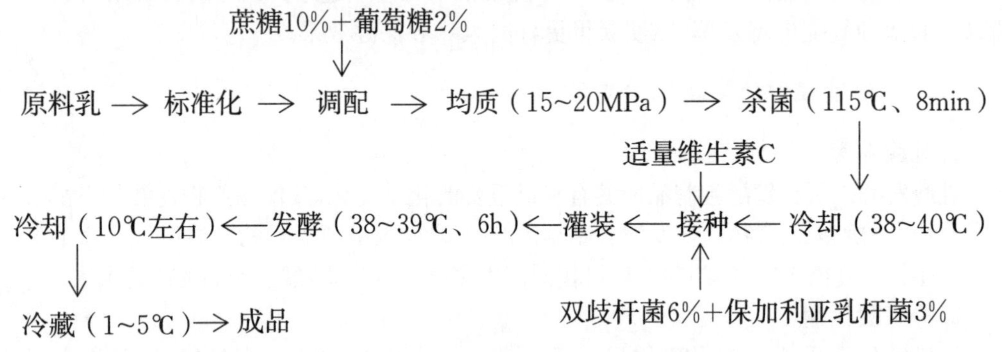

双歧杆菌产酸能力低，凝乳时间长，最终产品的口味和风味欠佳，因而，生产上常选择一些对双歧杆菌生长无太大影响，但产酸快的乳酸菌，如嗜热链球菌、保加利亚乳杆菌、嗜酸乳杆菌、乳脂明串珠菌等与双歧杆菌共同发酵。制品中含有足够量的双歧杆菌，这样既可以缩短生长周期，大大缩短凝乳时间，又可以提高产酸能力，并改善制品的口感和风味。

(2)共生发酵法生产工艺

双歧杆菌、酵母共生发酵乳的生产工艺流程如下：

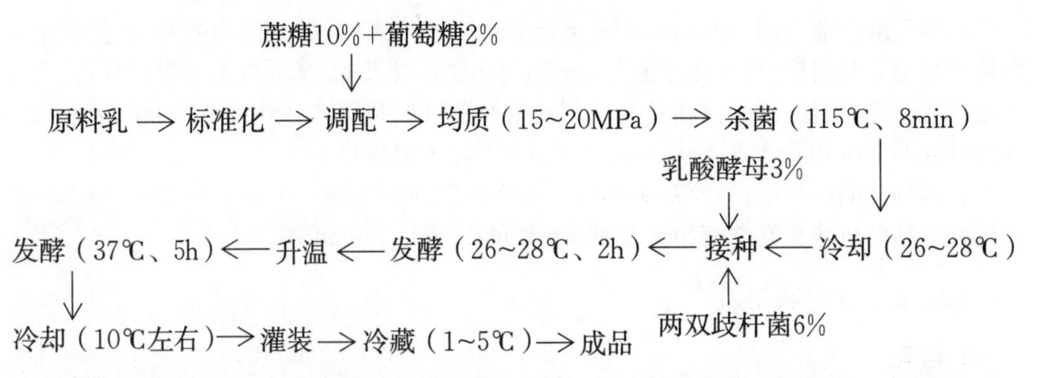

共生发酵法常用的菌种搭配为双歧杆菌和用于马奶酒制造的乳酸酵母，接种量分别

为6%和3%。在调配发酵培养用原料乳时，用适量脱脂乳粉加入到新鲜脱脂乳中，以强化乳中固形物含量，并加入10%蔗糖和2%的葡萄糖，接种时还可加入适量维生素C，以利于双歧杆菌生长。酵母菌的最适生长温度为26～28℃。为了有利于酵母先发酵，为双歧杆菌生长营造一个适宜的厌氧环境，因而接种后，首先在温度26～28℃下培养，以促进酵母的大量繁殖和基质乳中氧的消耗，然后提高温度到30℃左右，以促进双歧杆菌的生长。由于采用了共生混合的发酵方式，双歧杆菌生长迟缓的状况大为改观，总体产酸能力提高，凝乳速度加快，所得产品酸甜适中，富有纯正的乳酸口味和淡淡的酵母香气。

此工艺生产的酸乳最好在生产7d内销售出去，而且在生产与销售之间必须形成冷链，因为即使在5～10℃以下存放7d后，双歧杆菌活菌的死亡率高达96%；20℃下存放7d后，死亡率达99%以上。

2. 干酪

干酪是指在原料乳（也可用脱脂乳或稀奶油）中加入适量的乳酸发酵剂和凝乳酶，使乳蛋白（主要是酪蛋白）凝固后分离乳清，将凝块压成所需形状而制得的乳制品。干酪营养丰富、风味独特、较易消化，主要成分是酪蛋白和乳脂。

干酪发酵剂可分为细菌发酵剂与霉菌发酵剂两大类。细菌发酵剂以乳酸菌为主，主要包括乳酸球菌属、链球菌属、乳杆菌属、片球菌属、明串珠菌、肠球菌属的种或亚种及变种。有时还加入短杆菌属和丙酸菌属的菌株，以使干酪形成特有的组织状态；霉菌发酵剂主要是用脂肪分解强的沙门柏干酪青霉、娄地青霉等。某些酵母菌（如解脂假丝酵母等）也在一些品种的干酪中得到应用。

二、乳酸菌与发酵果蔬制品

果蔬制品的发酵以乳酸发酵为主，同时还辅以轻度的酒精发酵和极轻微的醋酸发酵。蔬菜和水果经乳酸菌发酵后可以得到营养丰富、风味独特，且具有一定保健功能的产品。用于蔬菜、水果乳酸发酵的微生物主要有植物乳杆菌、短乳杆菌、肠膜明串珠菌、小片球菌等。

乳酸菌发酵果蔬制品根据加工工艺条件的不同，一般可以分为果蔬汁类、酱腌菜类、渍酸菜类、泡菜类以及含乳混合发酵的饮料。

1. 泡菜

泡菜的制作利用了食盐的渗透压作用、微生物的发酵作用、蛋白质的分解作用及其他生物化学作用。泡菜腌渍时食盐用量较低，产品富含乳酸，具有增食欲、助消化作用。

发酵过程中微生物变化如下：

（1）发酵初期。以异型乳酸发酵为主。蔬菜入缸后，其表面附着的微生物会迅速生长，开始发酵。由于原料水分渗出，盐水浓度降低，且溶液的初始pH较高（一般在pH 5.5以上），原料中还有一定量的空气，故一些不耐酸的肠膜明串珠菌、小片球菌、大肠杆菌及酵母菌甚为活跃，并迅速进行乳酸发酵及微弱的酒精发酵，产生乳酸、乙醇、醋酸及CO_2，溶液的pH下降至4.0～4.5。CO_2大量排出，坛内逐渐形成嫌气状态，为厌氧或微需氧乳酸菌的生长创造了一个厌气和低pH的生态环境。泡菜初熟阶段一般为2～5d，含酸量可达到0.3%～0.4%。

(2)发酵中期。主要是同型乳酸发酵。此时以植物乳杆菌为主,乳酸含量可达到0.6%~0.8%,pH下降至3.5~3.8,大肠杆菌、不抗酸的细菌大量死亡,酵母菌的活动受到抑制,霉菌因缺氧不能生长。此期是泡菜的完熟阶段,时间为5~9d。

(3)发酵后期。同型乳酸发酵继续进行,乳酸浓度继续增高,当达1.2%以上时,植物乳杆菌也受到抑制,菌数下降,发酵速度减慢直至停止。

2. 发酵果蔬汁

乳酸菌发酵果蔬汁不仅具有果蔬汁的芳香,由于乳酸菌的加入还增加了饮料的营养价值、独特的口感和风味。产品一般具有清淡爽口、开胃理气的特点,含糖量、含盐量均低于一些传统的糖渍或盐渍果蔬加工品。

乳酸发酵果蔬汁制造工艺有天然发酵和乳酸菌发酵两种方法,生产中一般以人工添加乳酸菌的发酵法较为常用。可以对果蔬进行先发酵后取汁,也可以先榨汁后再接种乳酸菌发酵。

三、纳豆

纳豆是一种历史悠久的传统大豆发酵食品,在日本已有1000多年的历史。纳豆类似于中国的豆豉,在日本主要有咸纳豆、拉丝纳豆和干纳豆等种类。

纳豆系高蛋白滋养食品,此外,纳豆中还含有醇素、纳豆激酶、纳豆异黄酮、皂青素等多种功能因子,具有排除胆固醇、分解体内酸化型脂质、促进消化、软化血管、预防癌症及提高记忆力等保健功能。纳豆菌可杀死霍乱菌、伤寒病菌、大肠杆菌等,还可以灭活葡萄球菌肠毒素,因此常食用纳豆有壮体防病的作用。

纳豆芽孢杆菌是纳豆发酵作用的必需微生物。纳豆芽孢杆菌在分类学上属于枯草芽孢杆菌纳豆菌亚种,为革兰氏阳性菌,好氧,有芽孢,极易成链。

四、醋酸细菌与食醋酿造

食醋是以粮食、果实、酒精等含淀粉、糖类、酒精的原料,经过醋酸发酵酿制而成的酸性调味品。其主要成分除醋酸(3%~5%)外,还含有各种氨基酸、有机酸、糖类、维生素、醇和酯等成分,具有独特的色、香、味。

(一)酿醋用微生物

传统工艺酿醋是利用自然界中的野生菌制曲、发酵,涉及的微生物种类繁多。新法制醋均采用人工选育的纯培养菌株进行制曲、酒精发酵和醋酸发酵,主要微生物如下。

1. 醋酸菌

食醋酿造用醋酸菌菌株大多属醋酸杆菌属,仅在传统酿醋醋醅中发现有葡萄糖氧化杆菌属的菌株。醋酸细菌不同其最适生长条件也略有不同。一般的醋酸杆菌菌株在醋酸含量达1.5%~2.5%的环境中,生长繁殖就会停止,但有些菌株能耐受7%~9%的醋酸。醋酸杆菌对酒精的耐受力颇高,通常可达5%~12%。对盐的耐受力很差,食盐量超过1.0%~1.5%时就停止活动。醋酸菌在充分供氧条件下,可以大量生长繁殖使原料中的乙醇转化为乙酸、少量的其他有机酸和有香味的酯类(乙酸乙酯)等物质。

醋厂选用醋酸菌的标准为：氧化酒精速度快，耐酸性强，不再分解醋酸制品，风味良好的菌种。食醋生产中常用和常见的醋酸菌有：许氏醋杆菌、恶臭醋杆菌、巴氏醋菌巴氏亚种（沪酿 1.01 号）、恶臭醋杆菌混浊变种（AS1.41）、奥尔兰醋杆菌及胶膜醋杆菌等。

2. 其他微生物

（1）淀粉液化、糖化微生物　使淀粉液化、糖化的微生物很多，而适合于酿醋的主要是曲霉菌。常用的曲霉菌种有：米曲霉、黄曲霉 AS3.800、甘薯曲霉 AS3.324、黑曲霉 AS3.43 等。

（2）酒精发酵微生物　微生物生产上一般采用子囊菌亚门酵母属中的酵母，但不同的酵母菌株其发酵能力不同，产生的滋味和香气也不同。如北方地区常用 1300 酵母，上海香醋选用工农 501 黄酒酵母。

（二）酿醋的基本原理

食醋的酿造包括淀粉糖化、酒精发酵和醋酸发酵三个阶段，即其酿造是粮→酒→醋的变化过程。

1. 淀粉糖化

原料经蒸煮后，淀粉发生糊化和溶化，处于溶胶状态，但这种糊化的淀粉酵母菌并不能直接利用，必须经糖化剂（曲或酶）把淀粉转化为可发酵性糖类，然后酵母菌把糖转化为酒精。淀粉转化为可发酵性糖即葡萄糖和麦芽糖的过程称为淀粉的糖化，其实质是大分子淀粉在酶的作用下水解为小分子的过程。

2. 酒精发酵

酒精发酵是葡萄糖等可发酵性糖在水解酶或酒化酶的作用下，分解为酒精和 CO_2 的过程。使糖液或糖化醪进行酒精发酵的原动力是酵母菌，原意为“发酵之母”。

3. 醋酸发酵

醋酸发酵主要是利用醋酸菌氧化酒精为醋酸，把葡萄糖氧化成葡萄糖酸，还氧化其他醇类、糖类产生各种有机酸，形成食醋的风味。

（三）酿醋工艺

酿醋的方法多种多样，大致可分为固态法、液态法等。

1. 固态法食醋生产

固态发酵酿醋一般是以粮食为主要原料，以麸皮、谷糠等为填充料，以大曲和麸曲为发酵剂，经过糖化、酒精发酵、醋酸发酵而制成的食醋。工艺流程如下：

薯干（碎米、高粱等）→ 粉碎 → 加麸皮、谷糠混合 → 润水 → 蒸料 → 冷却 → 接麸曲、酵母 → 入缸糖化发酵 → 拌糠接醋酸菌种 → 醋酸发酵 → 翻醅 → 加盐后熟 → 淋醋 → 贮存陈醋 → 配兑 → 灭菌 → 包装 → 成品

2. 液体深层发酵制醋

液体深层发酵通常是将淀粉质原料经液化、糖化后先制成酒醪或酒液，然后在发酵罐里完成醋酸发酵。此法具有机械化程度高、操作卫生条件好、原料利用率高(可达65%～70%)、生产周期短、产品的质量稳定等优点。缺点是醋的风味较差。工艺流程如下：

碎米 → 浸泡 → 磨浆 → 调浆 → 接麸曲 → 液化 → 糖化 → 接酒母
↓
压滤 ← 醋醪 ← 醋酸发酵 ← 接醋酸菌 ← 酒醪 ← 酒精发酵
↓
配兑 → 灭菌 → 陈醋 → 成品

五、发酵肉制品

发酵肉制品是指在自然或人工控制条件下，应用微生物发酵技术，加工出来的具有特殊风味、色泽、质地和营养，且具有较长保存期的肉制品。发酵肉制品主要有发酵香肠类和发酵火腿。

发酵肉制品通过微生物的发酵，在代谢过程中可产生少量的蛋白酶，将肉中的蛋白质分解成氨基酸和多肽，并产生大量的风味物质，从而赋予发酵肉制品独特的风味，并大大提高了其消化性能，提高了肉制品的营养价值。

(一)发酵肉制品的微生物

根据发酵温度和产品最终 pH 的不同，采用的发酵剂也不同。对高温低 pH 产品来说，乳酸片球菌比较适合，而对低温高 pH 产品来说，植物乳杆菌比较适宜。戊糖片球菌则对两种产品都适合。有的发酵剂同时含有片球菌和乳杆菌。另外，添加微球菌或肉葡萄球菌作为次级菌群，可以改善产品的色泽。

(二)发酵的原理

1. 发酵过程中的微生物变化

由于原料肉中可能含有病原菌和腐败细菌，因此发酵剂必须能快速生长，大量产酸，将初始 pH 从 5.7 快速降低到 5.3 左右，从而抑制杂菌生长。通过添加大量活的发酵菌株、添加葡萄糖以及将发酵温度设定最适合发酵剂生长的温度等手段，可以达到以上目的。

乳酸片球菌、戊糖片球菌和植物乳杆菌的最适生长温度分别为40℃、35℃和30℃。微球菌和肉葡萄球菌在32.2℃左右生长良好。加热使内部温度升至60℃会杀死植物乳杆菌，戊糖片球菌也有可能不存活，但乳酸片球菌、微球菌和肉葡萄球菌可能会存活，但是，最终产品的低 pH 和低水分活度环境会抑制这些菌的生长。

2. 发酵过程中的生物化学变化

乳酸片球菌和戊糖片球菌是同型乳酸发酵菌，主要将葡萄糖代谢成乳酸，以及少量的乙酸和双乙酰。植物乳杆菌是兼性异型发酵，将葡萄糖代谢成乳酸，产生大量的乙酸、乙醇和双乙酰。微球菌、肉葡萄球菌以及植物乳杆菌的某些菌株也能将硝酸盐还原成亚硝酸盐，从而有助于使产品带有悦目的红色。

六、利用细菌发酵生产氨基酸

在食品工业中，有些氨基酸可以作为调味料使用，如谷氨酸钠（味精）、肌苷酸钠、鸟苷酸钠等作为鲜味剂，色氨酸和甘氨酸等作为甜味剂使用；赖氨酸作为人体必需的 8 种氨基酸之一，广泛应用于营养食品、食品强化剂、医药及饲料等方面，提高蛋白质的利用率等。

近年来，氨基酸工业有了巨大的发展，已有 20 多种氨基酸进入工业化生产，其中用微生物发酵生产的有 15 种，如谷氨酸、缬氨酸、赖氨酸、苏氨酸、亮氨酸等，主要使用了北京棒杆菌、黄色短杆菌、乳糖发酵短杆菌等不同菌株的营养缺陷型来进行生产。下面以谷氨酸为例进行说明。

（一）发酵用菌种

用于谷氨酸生产的微生物有谷氨酸棒杆菌、黄色短杆菌等。目前国内使用的谷氨酸产生菌主要有：北京棒杆菌 AS. 1. 299 及其诱变株等、钝齿棒杆菌 AS. 1. 542 及其诱变株等、黄色短杆菌 617 和短杆菌 T－613 等。

（二）谷氨酸的生物合成途径

谷氨酸的生物合成途径主要有糖的酵解（EMP 途径）、己糖磷酸支路（HMP 途径）、三羧酸（TCA）循环、乙醛酸循环、羧化支路，最后生成的 α－酮戊二酸在谷氨酸脱氢酶的作用下，在有 NH_4^+ 存在时生成 L－谷氨酸。

七、利用细菌发酵生产多糖

微生物多糖是由细菌、真菌、蓝藻等微生物在代谢过程中产生的，具有动物多糖和植物多糖不具备的优良性质，安全无毒，理化性质独特，已广泛应用于食品、石油、化工和医疗卫生等多个领域。在食品生产方面主要作为增稠剂、稳定剂、胶凝剂、水化剂等使用。

微生物多糖的种类繁多，依生物来源分为细菌多糖、真菌多糖和藻类多糖；按分泌类型分为胞内多糖与胞外多糖。细菌和真菌胞外多糖更容易实现大规模产业化生产。目前已经工业化生产的微生物多糖主要有黄原胶、右旋糖酐、小核菌葡聚糖、短梗霉多糖、热凝多糖以及食用菌多糖（香菇多糖、灵芝多糖、虫草多糖、猴头菇多糖等）等。下面以微生物发酵生产黄原胶为例进行说明。

（一）黄原胶发酵用菌种

黄原胶别名黄单胞多糖，是由甘蓝黑腐病黄单胞菌（也称野油菜黄单胞菌）等以糖类物质为主要原料，经通风发酵、分离提纯后得到的一种高分子酸性胞外杂多糖。

除了利用甘蓝黑腐病黄单胞菌发酵产生黄原胶外，黄单胞菌属的许多种如菜豆黄单胞菌、半透明黄单胞菌、胡萝卜黄单胞菌等均能利用葡萄糖、玉米淀粉等多种糖类物质生成黄原胶。我国目前已开发出的菌株有南开－01、山大－152、山大－008、L4 和 L15 等。

这些菌株一般呈杆状，革兰染色阴性，产荚膜，在琼脂培养基平板上可形成黄色黏稠菌落，液体培养可形成黏稠的胶状物。

(二)黄原胶在食品工业中的应用

黄原胶具有较强的稳定性，一般高温杀菌对其不会有影响，而且耐盐、耐酸碱，所以黄原胶可广泛应用于各种食品的加工，如可作为各种果汁饮料、调味料的增稠稳定剂；作为乳饮料的乳化剂，可防止油水分层和提高蛋白质的稳定性；将其用于各类点心、糖果等可使产品具有理想的保型性、口感和更长的保质期；可明显提高肉制品嫩度、色泽、风味和持水性；作为保鲜剂处理新鲜果蔬，可防止果蔬失水、褐变等。

第二节　酵母菌在食品制造中的应用

酵母菌广泛存在于自然界中，是生产中较为常用的微生物，主要用于酿酒和面包发酵。在酱油、腐乳等产品的生产过程中，有些酵母与乳酸菌协同作用，使产品产生特殊的香味。此外，还可以利用酵母生产单细胞蛋白。

一、酵母菌与酒类酿造

酵母菌作为酒类发酵的微生物主体，主要代谢产物有酒精和二氧化碳，另外还有一系列的发酵副产物，如高级醇类、醛类、双乙酰、有机酸和酯类等，与酒精和二氧化碳共同组成酒类的酒体并形成特有的风味。

酿酒酵母是工业上应用最广泛的酵母菌，用来生产啤酒、葡萄酒、果酒、酒精和其他酒类。下面以啤酒为例介绍酵母菌的发酵原理。

啤酒

啤酒是以优质大麦芽为主要原料，以大米、酒花等为辅料，经过制麦、糖化、啤酒酵母发酵等工序酿制而成的一种含有 CO_2、低酒精浓度和多种营养成分的饮料酒。它是世界上产量最大的酒种之一，营养丰富，深受消费者喜爱。

酿造啤酒的微生物

(1)啤酒酵母。细胞呈圆形、卵圆形或腊肠形，根据细胞的长宽比例不同分为三组类型。第一类细胞长宽比小于 2，主要用于酒精和白酒等蒸馏酒的生产；第二类细胞长宽比为 2，细胞出芽长大后不脱落，继续出芽，易形成芽簇，主要用于啤酒和果酒的酿造以及面包发酵。在啤酒酿造中，酵母易浮在泡沫层中，可在液面发酵和收集，所以这类酵母又称“上面发酵酵母”；第三类细胞长宽比大于 2，此类酵母能够耐高渗透压，用于糖蜜酒精和朗姆酒的生产。啤酒酵母是化能异养型，能发酵葡萄糖、麦芽糖及蔗糖，不能发酵乳糖和蜜二糖，只能发酵 30%左右棉子糖。

(2)葡萄汁酵母。也叫卡尔酵母。细胞呈椭圆形或长椭圆形，细胞以出芽方式进行无性繁殖，形成有规则的假菌丝。培养后期菌沉于容器底部，因此而称“下面发酵酵母”。葡萄汁酵母能发酵葡萄糖、果糖、半乳糖、蔗糖、麦芽糖及全部发酵棉子糖。

(3)常见的杂菌。最重要的杂菌有乳杆菌、啤酒片球菌和某些野生酵母。变形黄杆菌在啤酒中留下杂味，产气气杆菌是污染麦芽汁的杂菌。

二、酵母菌与面包生产

面包酵母是一种单细胞微生物，含蛋白质50%左右，富含氨基酸和B族维生素，还有丰富的酶系和多种经济价值很高的生理活性物质。几千年前人类就用面包酵母发酵面包和酒类，在现代食品工业方面，广泛用作主食面包、馒头、包子、饼干糕点等食品的优良发酵剂和营养剂。

（一）面包酵母特点

面包酵母是一种单细胞真核微生物，细胞形态主要为圆形、卵圆形、椭圆形或香肠形。在微生物分类学上属于酵母属、酿酒酵母种。酵母面包生产中所用的酵母品种经过了专门的选育，具有良好的产气和发酵性能。

面包酵母是面包生产过程中最重要的微生物发酵剂和生物输送剂，在面包生产中起着关键作用，能够利用面团中的营养物质进行发酵，产生二氧化碳和醇类、酯类等香味成分，使面团膨松、富有弹性，并赋予面包特有的色、香、味、形，提高面团的营养价值和人体营养吸收利用率等。

（二）发酵过程中的变化

面包酵母加入面团中后，在适宜的温度下便开始生长繁殖。首先利用面团中的单糖和蔗糖，产生二氧化碳和发酵产物。在酵母生长、发酵的同时，面粉中的β-淀粉酶将面粉中的淀粉转化为麦芽糖。麦芽糖的增加为酵母菌进一步生长、发酵提供了可利用的营养物质。酵母菌菌体分泌的麦芽糖酶和蔗糖酶，将麦芽糖和蔗糖分解为单糖后进行利用。酵母菌利用这些糖类及其他营养物质先后进行有氧呼吸和无氧呼吸，产生二氧化碳、乙醇、醛酮和乳酸等。

生成的二氧化碳气体由于被面团中的面筋包围，不易跑出，留在面团内，从而使面团逐渐膨大。烘烤面包时，由于面团中的二氧化碳膨胀、逸散，从而使面包充满气体，形成海绵状。发酵中产生的乙醇、醛酮和乳酸等物质形成面包良好的风味。

（三）面包酵母的种类

食品工业中采用的面包酵母主要有鲜酵母和活性干酵母。鲜酵母又称压榨酵母，水含量为71%～73%，它是酵母种在糖蜜等培养基中经过扩大培养和繁殖、分离、压榨而成。鲜酵母的优点：活性较高、质量稳定、发酵力大、发酵速度快、发酵耐力强。特别是面包风味好，香味浓，使用方便，价格较便宜。鲜酵母的缺点：活性和发酵力比干酵母低，活性不够稳定，贮藏条件严格，贮存时间短，不易长途运输，使用前需活化。

活性干酵母是将鲜酵母压榨成短细条状或细小颗粒状，经低温干燥制成干酵母，水含量为7%～8.5%。干酵母的优点为：活性高，活性稳定。发酵力和发酵耐力大于鲜酵母，可常温贮藏。缺点：使用前必须经温水活化才能恢复其活性，发酵速度慢，使用不方便，成本较高。

三、单细胞蛋白

单细胞蛋白(SCP)又称微生物蛋白或菌体蛋白,一般是指酵母、非病性细菌、微型菌等单细胞生物体内所含蛋白质。按生产原料不同,可以分为石油蛋白、甲醇蛋白、甲烷蛋白等;按产生菌的种类不同,又可以分为细菌蛋白、真菌蛋白等。1967 年在第一次全世界单细胞蛋白会议上,将微生物菌体蛋白统称为单细胞蛋白。单细胞蛋白具有生产效率高、生产原料来源广和可以工业化生产等优点。

(一)生产单细胞蛋白的微生物

用于生产单细胞蛋白的微生物种类很多,包括细菌、放线菌、酵母菌、霉菌以及某些原生生物。这些微生物通常要具备下列条件:所生产的蛋白质等营养物质含量高,味道好并且易消化吸收,对培养条件要求简单,生长繁殖迅速等。对人体无致病作用,即选用的微生物必须是无毒的、不致病的。

酵母菌核酸含量较低,容易收获,在偏酸环境下(pH 4.5～5.5)能够生长,可减少污染。常用的酵母菌有啤酒酵母和产朊假丝酵母。啤酒酵母只能利用已糖,而产朊假丝酵母能利用戊糖和已糖在营养贫瘠的培养基中生长快速生长。解脂假丝酵母可以利用烷烃和汽油。

(二)营养价值及安全性

单细胞蛋白所含的营养物质极为丰富。蛋白质含量高达 40%～80%,比作物中蛋白质含量最高的大豆高 10%～20%,比肉、鱼、奶酪高 20%以上;氨基酸的组成齐全、搭配合理,含有人体必需的 8 种氨基酸,尤其是谷物中含量较少的赖氨酸。

成年人每天食用 10～15g 干酵母就能满足对氨基酸的需要量。单细胞蛋白中还含有多种维生素、碳水化合物、脂类、矿物质以及丰富的酶类和生物活性物质,如辅酶 A、辅酶 Q、谷胱甘肽等。SCP 作为饲料蛋白在世界范围内已被广泛应用,作为人类食品,其安全性与营养性必须进行严格评价。

(三)生产过程及应用

单细胞蛋白的生产过程也比较简单:在培养液配制及灭菌完成以后,将它们和菌种投放到发酵罐中,控制好发酵条件,菌种就会迅速繁殖,发酵完毕后用离心、沉淀等方法收集菌体,最后经过干燥处理,就制成了单细胞蛋白成品。在食品中的应用如下。

(1)增加谷类产品的蛋白质生物价。SCP 可提高植物蛋白的生物价或蛋白质功能。可任意选择使用醇酒酵母、脆壁酵母、产朊假丝酵母这三种食用酵母加到各类面包中,用量为面粉重量的 2%,黑面包中假丝酵母用量可达到 5%。在早餐用谷物产品、罐装婴儿食品和老人食品中,通常酵母用量为 2%。

(2)提高食品中的维生素和矿物质含量。用于补充许多食物(包括通心粉、面条)中所需全部或部分维生素和矿物质,每磅的限量是硫胺素 4～5mg,核黄素 117～212mg,烟酸 27～34mg,维生素 D 为 250～1000USP 单位,铁 13.0～16.5mg,钙 500～625mg。

(3)提高食品的物理性能。SCP细胞还可用于改进食品的物理性能。把活性干酵母加入意大利烘饼中可提高其延薄性能,把食用酵母以1%~3%比例加入肉类加工制品中可以提高肉、水、脂肪的结合性能。破碎的酵母细胞持水容量为每克细胞3.0~3.5mL,在细胞壁碎片除去后,SCP浓缩物的持水容量降至115mL/g。因此细胞壁部分在使食品膨胀方面起重要作用。

(4)作为食品添加剂。单细胞蛋白不仅能制成"人造肉"供人们直接食用,还常作为食品添加剂,用以补充蛋白质或维生素、矿物质等。由于某些单细胞蛋白具有抗氧化能力,使食物不容易变质,因而常用于婴儿粉及汤料、佐料中;干酵母的含热量低,常作为减肥食品的添加剂;酵母的浓缩蛋白具有显著的鲜味,被广泛作为汤料、肉汁等食品的增鲜剂;酵母菌质壁分离物已作为焙烤食品的增香剂;组织化浓缩蛋白是经过组织化处理,产物具有咀嚼性、松脆性,在水中无分散性,可加入牛肉馅饼和牛肉香肠中,以3%~10%的比例用于制特种面包、饼干、牛奶软糖、巧克力饼干中,可提高食品的风味。

第三节　霉菌在食品制造中的应用

霉菌在自然界分布很广,也是人类利用最多的微生物类群,绝大数霉菌能把加工原料中的淀粉、糖类等碳水化合物、蛋白质等含氮化合物及其他种类的化合物进行转化。如在食品工业中可利用霉菌生产豆腐乳、酱油、食醋等发酵食品,生产红曲色素、柠檬酸等食品添加剂,生产淀粉酶、蛋白酶、纤维素酶、果胶酶等酶制剂。

一、霉菌与淀粉的糖化

糖化是指淀粉在糖化剂(曲或酶)的作用下,转化为可发酵性糖即葡萄糖和麦芽糖的过程。霉菌的糖化是通过其产生的淀粉酶进行的。通常情况是先进行霉菌培养制曲。淀粉原料经过蒸煮糊化加入种曲,在一定温度下培养,曲中由霉菌产生的各种酶起作用,将淀粉分解成糖等水解产物。

(一)糖化原理

糖质原料只需使用含酵母等微生物的发酵剂便可进行发酵;由于酵母本身不含糖化酶,不能直接利用淀粉,所以含淀粉质的原料还需将淀粉糊化,使之变为糊精、低聚糖和可发酵性糖。糖化剂中不仅含有能分解淀粉的酶类,而且含有一些能分解原料中脂肪、蛋白质、果胶等的其他酶类。曲和麦芽是酿酒常用的糖化剂,麦芽是大麦浸泡后发芽而成的制品,西方酿酒糖化剂惯用麦芽;曲是由谷类、麸皮等培养霉菌、乳酸菌等组成的制品。一些不是利用人工分离选育的微生物而是自然培养的大曲和小曲等,往往具有糖化剂和发酵剂的双重功能。

(二)糖化菌种

在生产中利用霉菌作为糖化菌种很多。根霉属中常用的有日本根霉、米根霉、华根霉等;曲霉属中常用的有黑曲霉、宇佐美曲霉、米曲霉和泡盛曲霉等;毛霉属中常用的有鲁氏毛霉。红曲属中的一些种也是较好的糖化剂,如紫红曲霉、安氏红曲霉、锈色红曲霉、变红曲霉等。

二、霉菌与发酵豆制品

发酵豆制品包括酱油、豆酱、豆豉及各种腐乳等,都是用大豆或大豆制品接种霉菌发酵后制成的。下面以酱油和腐乳为例来介绍霉菌的发酵作用。

(一)酱油

酱油是一种常用的咸味调味品,以蛋白质原料和淀粉质原料为主,经微生物发酵而成。酱油不仅有食盐的咸味、氮基酸钠盐的鲜味、糖及其醇甜物质的甜味、有机酸的酸味等,还有天然的红褐色色素。

1. 酱油酿造原理

在酱油酿造过程中,利用微生物产生的蛋白酶将原料中的蛋白质水解成多肽、氨基酸,成为酱油的营养成分以及鲜味的来源。部分氨基酸的进一步反应形成酱油香气和颜色。因此蛋白质原料与酱油的色、香、味、体的形成有重要关系,是酱油生产的主要原料。一般选用大豆、脱脂大豆等作为蛋白质的原料。

2. 酿造中的微生物

酱油酿造是半开放式的生产过程,环境和原料中的微生物都可以参与到酱油的酿造中来。但在酱油的特定的工艺条件下,只有人工接种或适合酱油生态环境的微生物才能生长繁殖并发挥其作用。参与酿造的霉菌主要有米曲霉和酱油曲霉。

(1)米曲霉。米曲霉能分泌复杂的酶系,可分泌胞外酶(蛋白酶、α-淀粉酶、糖化酶、谷氨酰酶、果胶酶、纤维素酶等)和胞内酶(氧化还原酶等)。这些酶类与酱油品质和原料利用率关系最密切的是蛋白酶、淀粉酶和谷氨酰胺酶。

酿造酱油对米曲霉的要求:不产黄曲霉毒素、蛋白酶和淀粉酶活力高、有谷氨酰酶活力、生长速度快、培养条件粗放、抗杂菌能力强、酿造酱油香气好。

(2)酱油曲霉。酱油曲霉分生孢子表面有小突起,孢子柄表面平滑,与米曲霉相比,其碱性蛋白酶活力较强。目前日本制曲的菌株比例为米曲霉 79%,酱油曲霉 21%。

(3)酵母菌。从酱醅中分离出来的酵母菌 7 个属 23 个种,其中对酱油风味和香气的形成起重要作用的是鲁氏酵母和球拟酵母。

鲁氏酵母是酱油酿造中的主要酵母菌。最适生长温度为 28～30℃,在 38～40℃生长缓慢,42℃不生长,最适 pH 4～5。生长在酱醅这一特殊环境中的鲁氏酵母是一种耐盐性强的酵母,抗高渗透压,在食盐含量为 5%～8%的培养基中生长良好,在 18%食盐含量下仍能生长,维生素、泛酸、肌醇等能促进它在高食盐浓度下生长。

(4)乳酸菌。酱油乳酸菌也是生长在酱醅这一特定环境中的耐盐乳酸菌,其代表菌有嗜盐片球菌、酱油微球菌等。这些乳酸菌耐乳酸能力弱,因此,不会因产过量的乳酸使酱醅中的 pH 过低而造成酱醅质量变坏。适量的乳酸是构成酱油风味的因素之一。

(5)其他微生物。在酱油酿造中除上述优势微生物外,从酱油曲和酱醅中还分离出其他一些微生物的存在。如毛霉、青霉、产膜酵母、枯草芽孢杆菌、小球菌等。当制曲条件控制不当或种曲质量差时，这些菌会过量生长，不仅消耗曲料的营养成分，原料利用率下降，而且使成曲酶活力降低，产生异臭，造成酱油浑浊，风味不好。

（二）腐乳

腐乳又称霉豆腐或酱豆腐，是以大豆为主要原料，经过制坯、前期发酵、腌制、后期发酵而成，是我国典型的发酵豆制品。豆腐乳风味独特、滋味鲜美、组织细腻柔滑，营养丰富的特点，被称为"东方植物奶酪"。

1. 豆腐乳酿造原理

腐乳是以大豆为原料，将大豆洗净、浸泡、磨浆、煮沸，加入适量凝固剂，除去水分制成豆腐，然后将豆腐切成小方块，接种微生物进行前期发酵，然后经过腌制，配料装坛后发酵即成。

2. 豆腐乳酿造中的微生物

豆腐乳生产大多采用纯菌种接在豆腐坯上，然后置于敞口的自然条件下培养。在培养过程中不可避免地有外界微生物的入侵，而且发酵的配料可能带入其他菌类，因而豆腐乳的发酵过程中的微生物种类十分复杂。

我国酿造豆腐乳的微生物大多为霉菌，如毛霉属（五通桥毛霉、腐乳毛霉、总状毛霉等）、根霉属等，毛霉菌酿造的腐乳占多数。

（1）五通桥毛霉。该菌种为目前我国推广应用的优良菌株之一。菌丝白色，老后稍黄，孢子梗不分支，孢子囊呈圆形，色淡，厚垣孢子很多。最适生长温度10～25℃，低于4℃下勉强能生长，高于37℃不能生长。

（2）腐乳毛霉。该菌种的菌丝初期为白色，后期为灰黄色；孢子囊呈球形，灰黄色；孢子轴为圆形；孢子椭圆形，表面光滑。它的最适生长温度为29℃。

（3）总状毛霉。该菌种菌丝初期为白色，后期为黄褐色；孢子梗不分支；孢子囊为球形，褐色；孢子较短，为卵形。厚垣孢子数量很多，大小均匀，为无色或黄色。该菌种的最适生长温度为23℃，在低于4℃和高于37℃环境下都不能生长。

（4）根霉。根霉生长温度比毛霉高，在夏季高温情况下也能生长，而且生长速度又快，因此利用根霉酿造腐乳，不仅打破季节对生产的限制，而且缩短了发酵周期。

（5）细菌和酵母菌。它们都具有产蛋白酶的能力，某些代谢产物在豆腐乳的特色风味的形成过程中起作用。

（6）米曲霉。米曲霉能分泌产生淀粉酶、蛋白酶、脂肪酶、氧化酶、转化酶及果胶酶等，不仅能使原料中的淀粉转化为糖、蛋白质分解为氨基酸，还可形成具有芳香气味的酯类。最适培养温度37℃。

（7）羊肚菌。该菌是世界著名的食药两用真菌，营养丰富，菌丝体内有17种氨基酸，其中有8种是人体必需氨基酸，另外有特殊风味的氨基酸，因此用该菌酿制的腐乳香味独特。

三、霉菌与茶叶发酵

发酵茶是茶叶制作工艺的一种，它是指茶树芽叶经过萎凋、揉切、发酵和干燥等初制工序制成毛茶后,再经精制制成的茶。

茶叶按发酵度与制法不同可分为 6 类:绿茶、黄茶、白茶、青茶、红茶、黑茶。不同的茶其发酵程度不同,如红茶发酵度达 80%~90%,制作过程不经杀青,而是直接萎凋、揉捻,然后进行完整发酵,使茶叶中所含的茶多酚氧化成为茶红素,茶叶呈特有的暗红色、茶汤红色;黑茶(如普洱茶、湖南黑茶等)则属后发酵茶,制作时在杀青、揉捻、晒干后,再经过堆积存放的过程(称为"渥堆")使其再发酵,故而茶叶与茶汤颜色更深、滋味也更浓郁厚实。以下以黑茶为例介绍茶叶制作及发酵原理。

(一)黑茶制作工序

黑茶制作工艺流程:鲜叶采摘→萎凋→杀青→揉捻→解块→渥堆发酵→灭菌→拼配→蒸压→干燥→成品茶。

渥堆是黑茶品质形成的关键工序。渥堆过程中,微生物在一定温湿度条件下,以茶叶为基质进行生长繁殖,并通过其代谢活动对黑茶特征性风味的形成起重要作用。

(二)发酵过程中的微生物及其变化

参与作用的微生物主要有黑曲霉、青霉、芽枝霉、假丝酵母、无芽孢杆菌和球菌等。黑茶渥堆过程中,随着渥堆时间的推移,微生物菌群及数量发生着变化。

1. 渥堆前期

揉捻叶的含水量较高,叶温与气温相似,部分细菌大量生长繁殖。随着细菌数量增加,呼吸强度加大,渥堆叶温迅速升高。细菌的水解作用为霉菌的生长积累了丰富的营养基质。

2. 渥堆中期

当叶温升高到一定程度后,为喜温喜湿的霉菌(主要是黑曲霉)的生长发育创造了条件,霉菌迅速繁殖。此时渥堆中的各种理化变化进入高潮。酵母菌由于对水分和温度的要求并不苛刻,对其他微生物的依赖性也较小,故假丝酵母属中的一些种群成为渥堆叶微生物菌群中的优势菌。

3. 渥堆末期

由于微生物代谢产物的积累,导致堆内酸度增加,温度升高,逐渐偏离了已有微生物类群的最佳生长条件,微生物数量相继下降。

其变化趋势总体表现为:渥堆开始 30h 前后,细菌数量迅速增加并达到高峰,渥堆后期则有所下降;真菌数量则随着渥堆时间的延长一直处于增加状态,只是到渥堆末期才略有下降。微生物的生长繁殖使渥堆的温度、pH、水分等环境生态因子发生了显著变化,而这些因素的变化又反过来影响了微生物的生长发育及其种群的演替。

(三)茶叶在发酵过程中的变化

茶叶经过渥堆这一道特殊工序,其叶肉的内含物发生了一系列复杂的化学变化,如黑曲霉的许多种能产生纤维素酶、果胶酶及氧化酶系、蛋白酶等,降解其有机质,有些还能产生柠檬酸、草酸等有机酸,使渥堆叶 pH 下降,形成酸辣味;酵母菌利用其中糖类物质产生甜酒香味等。渥堆过程中其温度、pH、水分等条件的变化，还会影响茶叶中叶绿素、多酚类物质等的变化，从而形成黑茶特有的色、香、味、体。

四、霉菌与柠檬酸发酵

柠檬酸又名枸橼酸，是一种重要的有机酸，在食品、医药、化工等领域应用广泛。在食品工业中被广泛用作酸味剂、增溶剂、缓冲剂、抗氧化剂、除腥脱臭剂、整合剂等。

柠檬酸最初是从植物果实(如柠檬、菠萝、柑橘)中提取。发酵法制取柠檬酸始于19世纪末。1893年，C. 韦默尔发现青霉(属)菌能积累柠檬酸。1913年，B. 扎霍斯基报道黑曲霉能生成柠檬酸。1923年，美国菲泽公司建造了世界上第一家以黑曲霉浅盘发酵法生产柠檬酸的工厂。1952年，美国迈尔斯试验室采用深层发酵法大规模生产柠檬酸，现已成为柠檬酸生产的主要方法。

(一)柠檬酸发酵用生产菌种

自然界中大多数微生物在代谢过程中均能合成柠檬酸，但由于微生物自身的代谢调控，在正常的生理状况下很少有柠檬酸积累。一些青霉和曲霉(如黑曲霉、温特曲霉、泡盛曲霉、斋藤曲霉、宇佐美曲霉、淡黄青霉等)能分泌大量柠檬酸，其中黑曲霉产酸量高、转化率高，且能利用多种碳源，为柠檬酸生产的最好菌种。目前采用糖质原料生产柠檬酸的菌株几乎均为黑曲霉。

黑曲霉以无性生殖的形式繁殖，具有多种活力较强的酶系，可在薯干粉、玉米粉、可溶性淀粉、糖蜜、葡萄糖、麦芽糖、糊精、乳糖等培养基上生长、产酸，并且对蛋白质、单宁、纤维素、果胶等具有一定的分解能力。黑曲霉可以边长菌、边糖化、边发酵产酸的方式生产柠檬酸。

(二)柠檬酸生物合成途径

黑曲霉利用糖类发酵生成柠檬酸，其生物合成途径目前普遍认为是葡萄糖经EMP、HMP途径降解生成丙酮酸。丙酮酸一方面氧化脱羧生成乙酰辅酶A，另一方面与CO_2固定化反应生成草酰乙酸与辅酶A缩合生成柠檬酸。这一过程已为许多学者研究证实。

第四节　益生菌制剂生产

益生菌是一类对宿主有益的活性微生物，是定植于人体肠道、生殖系统内，能产生确切健康功效从而改善宿主微生态平衡、发挥有益作用的活性有益微生物的总称。

由益生菌生产的产品叫益生菌制剂，包括活菌体、死菌体、菌体成分及代谢产物。这种制品能改善机体微生物和酶的平衡，并刺激特异性或非特异性免疫机制，达到防治某些疾病、促进发育、增强体质、延缓衰老的目的。

一、益生菌制剂常用菌种

用于益生菌制剂生产的菌种很多，主要包括以下三大类。

1. 乳酸菌类

如嗜酸乳杆菌、干酪乳杆菌、植物乳杆菌、双歧杆菌等为多种动物肠道菌群的主要成员，在微需氧或厌氧条件下生长，可分泌乳酸及短链脂肪酸，合成B族维生素，有较强的耐酸性，可耐受胃内低pH，抑制大肠杆菌、沙门菌在肠道的定植、吸附和繁殖，中和毒性产物，抑制氨和胺的合成，增强免疫力。

2. 芽孢杆菌类

地衣芽孢杆菌、短小芽孢杆菌、枯草芽孢杆菌、蜡样芽孢杆菌等，具有蛋白酶、脂肪酶、淀粉酶活性，富含多种氨基酸，该类制剂多以芽孢状态存在，在肠道环境不增殖，只在肠道上部迅速发育转变成营养细胞。

3. 酵母菌类

酵母菌在胃肠道内大量繁殖可以有效改善胃肠内环境和菌种结构，促进乳酸菌等有益菌群繁殖及活力保持，提高胃肠对食物营养物质的分解和利用。同时还能有效抑制病原微生物繁殖，增强机体免疫力和抗病力，对防止消化系统疾病发挥有益作用。主要应用的有酿酒酵母和石油酵母等。

二、食品级益生菌制剂的类型

食品级益生菌制剂是指含有对人体健康具有生理功能，起到保健或治疗作用的有益微生物或其代谢产物的生物制品。

目前人用益生菌制剂已有近百种之多，从成分上看有的是单纯活菌制剂，而有些除益生菌外还配合有双歧因子及其他成分，组成复合制剂；活菌制剂中有的是单菌，也有的是由多种菌组成；从剂型上看有片剂、胶囊、冲剂及液态制剂，包括乳品饮料、口服液等。

三、益生菌制剂生产工艺及要点

益生菌制剂生产工艺依各自产品类型、益生菌种特性不同而不同，以下以乳酸菌益生菌制剂生产为例做一简单介绍。

目前市面上的一些活菌制剂多为2～3种细菌联合制备而成，但在发酵培养时都是单菌分别培养制成菌粉，在半成品配制阶段才混合成多菌种粉。益生菌制剂生产有固态发酵和大罐液体发酵两种，目前大部分生产采用后者。

1. 液体发酵法生产工艺流程

菌种接种培养→种子罐培养→生产罐发酵培养→排放培养液、收集菌体→加入适量载体→干燥→粉碎→过筛→成品包装。

2. 液体发酵法工艺要点

(1)菌体收集。除乳制品外益生菌制剂主要是用益生菌活细胞来加工而成，因此，细胞培养完成后需要把菌体从培养液中分离出来。要求菌体收集尽可能完全并尽量除去培养基中残余成分。生产上利用离心法分离收集细菌细胞。离心过程对菌体有一定的伤害，在生产中应注意选择合适的操作参数。

(2)菌体干燥。干燥菌体的存活率及活性是衡量干燥工艺优劣的指标。菌体干燥有喷雾干燥、烘干、真空低温干燥、冷冻干燥等多种方法，其中喷雾干燥对不耐热菌体存活率影响较大，所以该法适用于芽孢菌的干燥，在乳酸菌益生菌干燥中较少运用；烘干一般只用于碳酸钙沉淀法得到的菌体干燥，并且该菌应耐热、耐氧；冷冻干燥法是目前认为最好方法，其菌体的存活率与菌体培养条件、菌龄、菌悬液浓度、离心条件、抗冷冻剂和保护剂等有密切关系。

(3)半成品配制。半成品配制是将干燥的菌粉与适量赋形剂按比例混合均匀。若是由几种菌联合的多菌制剂，应先将不同种菌粉按比例均匀混合，然后再与赋形剂混合均匀。

第五节　食品制造中主要微生物酶制剂及其应用

酶是一种生物催化剂，具有催化效率高、反应条件温和及专一性强等优点，广泛存在于动植物组织细胞、微生物细胞及其培养物中，可以通过各种理化方法将其提取、精制后制成较纯的酶制剂。近年来，酶制剂已广泛应用于食品发酵、日用化工、纺织、制革、造纸、医药、农业等各个方面，日益受到人们的重视。

早期酶制剂的生产多数是从动、植物组织中提取的。但动、植物组织生长缓慢，来源有限，并受到季节、气候和地域条件的限制，而微生物生产酶制剂则可避免上述缺陷，具有许多的优越性：首先是微生物种类繁多，酶种丰富，一般认为微生物细胞至少能产生2500种以上不同的酶；其次，微生物生长速度快、酶产量高，且不受气候、季节、地域等条件的限制，便于进行工业化生产。

一、主要酶制剂、用途及产酶微生物

(一)淀粉酶

按照水解淀粉方式不同可将淀粉酶分为：α-淀粉酶、β-淀粉酶、糖化酶和普鲁兰酶(葡萄糖异构酶)。

1. α-淀粉酶

也称液化淀粉酶。它作用于淀粉时，可随机地从淀粉分子内部切开α-1,4-糖苷键，产物为糊精和还原糖，但不能分解α-1,6-糖苷键。

工业上大规模生产α-淀粉酶的主要微生物是细菌和霉菌，特别是枯草杆菌。目前，具有实用价值的α-淀粉酶生产菌有淀粉液化芽孢杆菌、嗜热脂肪芽孢杆菌，马铃薯芽孢杆菌、嗜热糖化芽孢杆菌、多黏芽孢杆菌等。

2. β-淀粉酶

β-淀粉酶最初是从麦芽、大麦、甘薯和大豆等高等中提取的，近些年来发现不少的微生物也能产β-淀粉酶，而且在耐热比等方面优于植物β-淀粉酶，更适合于工业化应用。

β-淀粉酶是外切酶，只能水解α-1,4-糖苷键，不能水解α-1,6-糖苷键。而且只能从非还原端开始，依次切下一个个麦芽糖，生成的麦芽糖在光学上属于β型。

目前，研究最多的是多黏芽孢杆菌、巨大芽孢杆菌、蜡状芽孢杆菌、环状芽孢杆菌和链霉菌等。

3. 糖化酶

糖化酶也称葡萄糖苷酶。其作用方式与β-淀粉酶相似，也由淀粉非还原端开始，逐次分解淀粉为葡萄糖，它也能水解α-1,6-糖苷键，所以水解产物除葡萄糖外，还有异麦芽糖，这点与β-淀粉酶不同。

美国主要用臭曲霉，丹麦和中国用黑曲霉，日本用拟内孢霉和根霉作为糖化菌的生产菌种。20世纪70年代，我国选育黑曲霉突变株UV-11，目前已广泛用于糖化酶生产。

4. 葡萄糖异构酶

葡萄糖异构酶也称普鲁兰酶。该酶可以分解支链淀粉α-1,6-糖苷键，生成直链淀粉。可以产生异构酶的微生物有酵母菌、产气杆菌、假单胞菌、放线菌、乳酸杆菌、小球菌等。我国多采用产气杆菌。

(二)蛋白酶

蛋白酶是水解蛋白质肽键的一类酶的总称。按其水解多肽的方式分为内肽酶和外肽酶。内肽酶可将大相对分子质量的多肽链从中间切断，形成小相对分子质量的朊或胨；外肽酶可分为羧肽酶和氨肽酶，它们分别从多肽的游离羧基末端或游离氨基末端将肽水解，生成氨基酸。

在微生物的生命活动中，内肽酶的作用是降解大的蛋白质分子，便于蛋白质进入细胞内，属于胞外酶。外肽酶常存在于细胞内，属于胞内酶。目前工业常用的蛋白酶是胞外酶。

按产生菌的最适pH为标准，可将蛋白酶分为酸性蛋白酶、中性蛋白酶和碱性蛋白酶。

1. 酸性蛋白酶

多数酸性蛋白酶在pH 2～5范围内是稳定的，一般在pH 7，40℃条件下，处理30min即失活；在pH 2.7，30℃条件下可引起大部分酸性蛋白酶失活。酶的失活是由于酶的自溶引起的，溶液中游离氨基酸的增加就是有力的证据。

生产酸性蛋白酶的微生物有黑曲酶、米曲霉、金黄曲霉、拟青霉、微小毛霉、白假丝酵母、枯草杆菌等。我国生产酸性蛋白酶的菌种为黑曲霉。

2. 中性蛋白酶

中性蛋白酶的热稳定性较差。枯草杆菌中性蛋白酶在pH 7，60℃的条件下处理15min，失活90%；放线菌中性蛋白酶热稳定性更差，只在35℃以下稳定，45℃则迅速失活。而有的枯草杆菌中性蛋白酶在pH 7和温度65℃时，酶活几乎无损失。钙对中性蛋白酶的热稳定性有保护作用。

生产中性蛋白酶的微生物有枯草芽孢杆菌、巨大芽孢杆菌、酱油曲霉、米曲霉等。

3. 碱性蛋白酶

也叫丝氨酸蛋白酶，是商品蛋白酶中产量最大的一类蛋白酶，占蛋白酶总量的70%左右。碱性蛋白酶作用位置是要求在水解肽键的羧基侧具有芳香族或疏水性氨基酸(苯丙氨酸、酪氨酸等)，能水解酯键、酰胺键，作用最适pH 9～11。

碱性蛋白酶较耐热，55℃下保持 30min 仍能有大部分的活力。因此，主要应用于制造加酶洗涤剂。生产碱性蛋白酶的微生物主要是芽孢杆菌属的几个种，如地衣芽孢杆菌、短小芽孢杆菌、嗜碱芽孢杆菌和灰色链球菌等。

（三）果胶酶

果胶酶是指能分解果胶质的多种酶的总称，通常包括原果胶酶、果胶甲酯水解酶、果胶酸酶。通过这几种酶的联合作用使果胶质得以完全分解：天然的果胶质在原果胶酶作用下转化成水可溶性的果胶；果胶被果胶甲酯水解酶催化去掉甲酯基团，生成果胶酸；果胶酸经果胶酸水解酶和果胶酸裂合酶类降解生成半乳糖醛酸。

能够产生果胶酶的微生物很多，但在工业生产中采用真菌，大多数菌种生产的果胶酶都是复合酶，也有的微生物却能产生单一果胶酶。

（四）纤维素酶

纤维素酶是降解纤维素生成葡萄糖的一类酶的总称，可分为酸性纤维素酶和碱性纤维素酶。产生纤维素酶的微生物有很多，如真菌、放线菌和细菌等，但作用机理不同。大多数的细菌纤维素酶在细胞内形成紧密的酶复合物，而真菌纤维素酶均可分泌到细胞外。一般用于生产的纤维素酶来自于真菌，比较典型的有木霉属、曲霉属和青霉属。

二、微生物酶制剂生产

微生物发酵生产酶制剂，分固态发酵法和液态发酵法。虽然生产菌、目的酶、生产设备不同，但生产工艺流程基本相同。下面分别对两种方法的工艺要点进行说明。

（一）固态发酵工艺要点

（1）原料处理。固态发酵大多直接以淀粉质原料为碳源，以麸皮为氮源。原料只需蒸熟就可以达到微生物利用和杀灭微生物的需要。

（2）菌种培养。菌种活化后，可以用液态法、固态法培养。

（3）无菌要求。固态发酵大多数在开放的环境中发酵，无菌要求相对较低。

（4）发酵工艺。影响产酶的主要条件是培养基的 pH、培养温度、通风量。固态发酵在开放的环境中发酵，操作简便，管理容易；发酵过程中一般不需要调节 pH，只要注意控制好温度、湿度、环境卫生，就可以正常发酵。

（5）提取纯化。固态发酵结束后，按照需要，经过不同的提取纯化处理，得到不同的成品酶。最简单的就是将成品曲烘干、粉碎、过筛，得到粗酶粉。精制则需先加水抽提，分离去除固形物后，浓缩，再进行盐析或有机溶剂沉淀，若纯度需要再高一点，则需要经离子交换层析等方法进一步纯化。

（6）酶制剂化和稳定化处理。浓缩的酶液可制成液体或固体酶制剂。酶制剂的出售是以一定体积或重量的酶活计价，所以生产出的酶制剂在出售前往往需要稀释至一定的标准酶活。同时为改进和提高酶制剂的贮藏稳定性，一般都要在酶制剂中加入辅基、辅酶、金属离子、底物等，最常用的有多元醇（甘油、乙二醇、山梨醇、聚乙二醇等）、糖类、食盐、乙醇及有机钙等物质，它们既可作酶活稳定剂，又可作抗菌剂及助滤剂，若制成干粉，则这些物质又可起到填料、稀释剂和抗结剂的作用。如果用一种稳定剂效果不明显，则需要几种物质合用，如明胶对细菌淀粉酶及蛋白酶有稳定作用，但效果不明显，若同时加入乙醇和甘油，稳定效果就较为显著。

(二)液态发酵工艺要点

(1)原料处理。液体发酵法大多数为清液发酵或少量带渣发酵，不能直接以淀粉为碳源，而是以葡萄糖等单糖为碳源进行发酵。所以原料需要先进行糖化水解。

(2)菌种培育。菌种活化后，用液态法进行扩大培养。

(3)无菌要求。液态发酵无菌要求较高，大多是在密闭的容器中发酵。控制因素较多而且复杂，如加压、通无菌空气等。

(4)发酵工艺。发酵过程中往往需要调节 pH、流加物料、通风，为控制杂菌污染增加了难度。发酵过程中需严格控制温度、搅拌速度、通风量，并要对 pH、温度、溶氧量、二氧化碳含量、底物、产物等参数进行现场监控，以便控制。

(5)提取纯化。胞内酶和胞外酶的提取纯化工艺不一样。胞外酶发酵结束后，根据客户的需要，可采用不同的提取纯化工艺，得到不同的成品酶。最简单的是将发酵液去除固形物，添加稳定剂和防腐剂后直接出厂稀酶液。精制则要去除固形物后浓缩，再用盐析或有机溶剂沉淀，若纯度需要再高一点，则要经离子交换层析方法进一步纯化。

第六节　微生物发酵中杂菌污染及其防治

发酵染菌是指在发酵过程中，生产菌以外的其他微生物侵入了发酵系统，从而使发酵过程失去真正意义上的纯种培养的现象。发酵生产过程大多为纯种培养过程，需要在无杂菌污染的条件下进行。

从国内外目前的报道看，在现有的科学技术条件下要做到完全不染菌是不可能的。目前要做的是提高生产技术水平，强化生产过程管理，防止发酵染菌的发生。一旦发生染菌，应尽快找出污染的原因，并采取相应的有效措施，把发酵染菌造成的损失降到最小。

一、发酵异常现象及原因分析

发酵过程中的种子培养和发酵的异常现象是指发酵过程中的某些物理参数、化学参数或生物参数发生与原有规律不同的改变，这些改变必然影响发酵水平，使生产遭受损失。对此，应及时查明原因，加以解决。

(一)种子培养的异常现象

种子培养异常导致培养的种子质量不合格。种子质量差会给发酵带来较大影响。然而种子内在质量常被忽视，由于种子培养的周期短，可供分析的数据较少，因此种子异常的原因一般较难确定，也使得由种子质量引起的发酵异常原因不易查清。种子培养异常往往表现为菌体生长缓慢、菌丝结团、代谢不正常三方面。

1. 菌体生长缓慢

种子培养过程中菌体数量增长缓慢的原因很多。培养基原料质量下降、菌体老化、灭菌操作失误、供氧不足、培养温度偏高或偏低、酸碱度调节不当等都会引起菌体生长缓慢。此外，接种物冷藏时间长或接种量过低而导致菌体量少，或接种物本身质量差等也会使菌体数量增长缓慢。生产中，培养基灭菌后需取样测定其 pH，以判断培养基的灭菌质量。

2. 菌丝结团

在液体培养条件下，繁殖的丝状菌并不分散舒展而聚成团状称为菌丝团。一个菌丝团可由一个孢子生长发育而来，也可由多个菌丝体聚集一起逐渐形成。

菌丝结团时从培养液的外观就能看见白色的小颗粒，菌丝聚集成团会影响内部菌丝的呼吸和对营养物质的吸收。如果种子液中的菌丝团较少，进入发酵罐后，在良好的条件下，可以逐渐消失，不会对发酵产生显著影响。如果菌丝团较多，种子液移入发酵罐后往往形成更多的菌丝团，影响发酵的正常进行。

菌丝结团的原因很多，诸如通气不良或停止搅拌导致溶氧浓度不足；原料质量差或灭菌效果差导致培养基质量下降；接种的孢子或菌丝保藏时间长而菌落数少，培养液泡沫多；罐内装料小、菌丝黏壁等会导致培养液的菌丝浓度比较低；此外，接种物种龄短等也会导致菌体生长缓慢，造成菌丝结团。

3. 代谢不正常

代谢不正常表现出糖、氨基氮浓度等变化不正常，菌体浓度和代谢产物浓度不正常。造成代谢不正常的原因很复杂，除与接种物质量和培养基质量差有关外，还与培养环境条件差、接种量小、杂菌污染等有关。

（二）发酵的异常现象

不同种类的发酵过程所发生的发酵异常现象，主要表现出菌体生长速度缓慢、菌体代谢异常或过早老化、糖耗慢、pH 的异常变化、发酵过程中泡沫的异常增多、发酵液颜色的异常变化、代谢产物含量的异常下跌、发酵周期的异常拖长、发酵液的黏度异常增加等。

1. 菌体生长差

由于种子质量差或种子低温放置时间长导致菌体数量较少、停滞期延长、发酵液内菌体数量增长缓慢、外形不整齐、种子质量不好、菌种的发酵性能差、环境条件差、培养基质量不好、接种量太少等均会引起糖、氮的消耗少或间歇停滞，出现糖、氮代谢缓慢现象。

2. pH 过高或过低

发酵过程中由于培养基原料质量差、灭菌效果差、加糖、加油过多或过于集中，将会引起 pH 的异常变化。而 pH 变化是所有代谢反应的综合反映，在发酵的各个时期都有一定规律，pH 的异常变化就意味着发酵的异常。

3. 溶解氧水平异常

可以根据发酵过程中出现的异常现象如溶解氧（DO）、pH、排气中的 CO_2 含量，以及微生物菌体酶活力等的异常变化，来检查发酵是否染菌。对于特定的发酵过程要求一定的溶解氧水平，而且在不同的发酵阶段其溶解氧的水平也是不同的。如果发酵过程中的溶解氧水平发生了异常的变化，一般就是发酵染菌的表现。

4. 泡沫过多

一般在发酵过程中泡沫的消长是有一定的规律的。但是，由于菌体生长、代谢速度慢、接种物嫩或种子未及时移种而过老、蛋白质类胶体物质多等都会使发酵液在不断通气、搅拌下产生大量的泡沫。除此之外，培养基灭菌时温度过高或时间过长，葡萄糖受到破坏后产生的氨基糖会抑制菌体的生长，也会使泡沫大量产生，从而使发酵过程的泡沫发生异常。

5. 菌体浓度过高或过低

在发酵生产过程中菌体或菌丝浓度的变化是按其固有的规律进行的。但是如罐温长时间偏高，停止搅拌时间较长造成溶氧不足，培养基灭菌不当导致发酵液、菌体浓度偏离原有规律，出现异常现象。

二、杂菌污染的途径和防治

从技术上分析，染菌的途径为：种子（包括进罐前菌种室阶段）出问题；培养基的配制和灭菌不彻底；设备上特别是空气除菌不彻底和过程控制操作上的疏漏。遇到染菌首先要检测杂菌的来源，对种子、培养基和补料液、发酵液及无菌空气取样做无菌试验以及设备试压检漏，只有系统严格监测和分析才能判断其染菌原因，做到有的放矢。

（一）种子带菌及其防治

由于种子带菌而发生的染菌率虽然不高，但它是发酵前期染菌的重要原因之一，是发酵生产成败的关键，因而对种子染菌的检查和染菌的防治极为重要。种子带菌的原因主要有保藏的斜面试管菌种染菌、培养基和器具灭菌不彻底、种子转移和接种过程染菌以及种子培养所涉及的设备和装置染菌等。针对上述染菌原因，生产上常用以下措施予以防治。

（1）严格控制无菌室的污染。根据生产工艺的要求和特点，建立相应的无菌室，交替使用各种灭菌手段对无菌室进行处理。除常用的紫外线灭菌外，如发现无菌室已污染较多的细菌，可采用石炭酸或土霉素等进行灭菌；如发现无菌室有较多的霉菌，则可采用制霉菌素等进行灭菌；如果污染噬菌体，通常就用甲醛、双氧水或高锰酸钾等灭菌剂进行处理。

（2）在制备种子时对沙土管、斜面、锥形瓶及摇瓶均严格进行管理，防止杂菌进入而受到污染。为了防止染菌，种子保存管的棉花塞应有适宜的紧密度和长度，保存温度尽量保持相对稳定，不宜有太大变化。

（3）对菌种培养基或器具进行严格的灭菌处理，保证在使用灭菌锅进行灭菌前，先完全排除锅内的空气，以免造成假压，使灭菌的温度达不到预定值，造成灭菌不彻底而使种子染菌。

（4）对每一级种子的培养物均应进行严格的无菌检查，确保任何一级种子均未受杂菌感染后才能使用。

（二）空气带菌及其防治

无菌空气带菌是发酵染菌的主要原因之一。要杜绝无菌空气带菌，就必须从空气的净化工艺和设备的设计、过滤介质的选用和装填、过滤介质的灭菌和管理等方面完善空气净化系统。

加强生产环境的卫生管理，减少生产环境中空气的含菌量，正确选择采气口，如提高采气口的位置或前置粗过滤器，加强空气压缩前的预处理，如提高空压机进口空气的洁净度。设计合理的空气预处理工艺，尽可能减少生产环境中空气带油、带水量，提高进入过滤器的空气温度，降低空气的相对湿度，保持过滤介质的干燥状态，防止空气冷却器漏水，防止冷却水进入空气系统等。设计和安装合理的空气过滤器，防止过滤器失效。选用除菌效率高的过滤介质，在过滤器灭菌时要防止过滤介质被冲翻而造成短路，避免过滤介质烤焦或着火，防止过滤介质的装填不均而使空气走短路，保证一定的介质充填密度。当突然停止进空气时，要防止发酵液倒流入空气过滤器，在操作过程中要防止空气压力的剧变和流速的急增。

（三）操作失误导致染菌及其防治

防止操作失误引起的杂菌污染，应加强生产技术管理，严格按工艺规程操作，分清岗位责任事故，奖罚分明。有些厂忽视车间的清洁卫生，“跑、冒、滴、漏”随处可见，这样的厂染菌就时常发生。由此可见，即使有好的设备，没有科学严密的管理，染菌情况照样会经常发生。因此，要克服染菌，生产技术和管理应并重。

1. 灭菌操作不当

(1)培养基的灭菌。对种子培养基、发酵培养基以及所补加的物料进行灭菌，由于灭菌温度、时间的控制达不到灭菌要求，使物料“夹生”；有些进气、排气的阀门没有按要求打开通达蒸汽，造成“死角”；灭菌操作不紧凑，培养基冷却过程保压不及时，使外界空气进去培养基。

(2)设备的灭菌。包括过滤器和过滤介质的灭菌、培养基连消设备、贮料罐、种子罐、发酵管等的空消。对这些设备进行灭菌时，如果灭菌温度、时间达不到要求，或者灭菌后没有及时保压，都会导致发酵染菌。

(3)管路的灭菌。所有无菌要求的管道，如葡萄糖流加管道、消泡剂流加管道等，输送料液前必须进行充分灭菌。

2. 菌种移接操作不当

如一级种子接入种子罐时，离开火焰操作或种子罐处于无压状态等失误都会导致外界空气污染培养基及种子。

3. 培养过程操作不当

如在培养、发酵过程中，因突然断电使空气压缩机停止进气，没有及时关闭种子罐、发酵罐的进气、出气阀门，使管压跌为零压或罐内液体倒流入过滤器内；没有及时控制泡沫，引起逃液；补料后，管道处于无压状态并残留物料，使罐体阀门关闭不紧密等。

(四)设备渗漏或“死角”造成的染菌及其防治

设备渗漏主要是指发酵罐、补糖罐、冷却盘管、管道阀门等,由于化学腐蚀(发酵代谢所产生的有机酸等发生腐蚀作用)、电化学腐蚀(如氧溶解于水,使金属不断失去电子,加快腐蚀作用)、磨蚀(如金属与原料中的泥沙之间磨损)、加工制作不良等原因形成微小漏孔发生渗漏染菌。

由于操作、设备结构、安装及其他人为因素造成的屏障等原因,使蒸汽不能有效到达预定的灭菌部位,而不能达到彻底灭菌的目的。生产上常把这些不能彻底灭菌的部位称为“死角”。

1. 盘管的渗漏

盘管是发酵过程中用于通冷却水或蒸汽进行冷却或加热的蛇形金属管。由于存在温差(内冷却水温、外灭菌温度),温度急剧变化,或发酵液的 pH 低、化学腐蚀严重等原因,使金属盘管受损,因而盘管是最易发生渗漏的部件之一,渗漏后带菌的冷却水进入罐内引起染菌。生产上可采取仔细清洗,检查渗漏,及时发现及时处理,杜绝污染。

2. 空气分布管的“死角”

空气分布管一般安装于靠近搅拌桨叶的部位,受搅拌与通气的影响很大,易磨蚀穿孔造成“死角”,产生染菌。尤其是采用环形空气分布管时,由于管中的空气流速不一致,靠近空气进口处流速最大,离进口处距离越远流速越小。因此,远离进口处的管道常被来自空气过滤器中的活性炭或培养基中的某些物质所堵塞,最易产生“死角”而染菌。通常采取频繁更换空气分布管或认真洗涤等措施。

3. 发酵罐体的渗漏和“死角”

易发生局部化学腐蚀或磨蚀,产生穿孔渗漏。罐内的部件如挡板、扶梯、搅拌轴拉杆、联轴器、冷却管等及其支撑件、温度计套管焊接处等的周围容易积集污垢,形成“死角”而染菌。采取罐内壁涂刷防腐涂料、加强清洗并定期铲除污垢等是有效消除染菌的措施。

发酵罐的制作不良,如不锈钢衬里焊接质量不好,使不锈钢与碳钢之间不能紧贴,导致不锈钢与碳钢之间有空气存在,在灭菌加温时,由于不锈钢、碳钢和空气这三者的膨胀系数不同,不锈钢会鼓起,严重者还会破裂,发酵液通过裂缝进入夹层从而造成“死角”染菌。采用不锈钢或复合钢可有效克服此弊端。

同时发酵罐封头上的人孔、排气管接口、照明灯口、视镜口、进料管口、压力表接口等也是造成“死角”的潜在因素,一般通过安装边阀,使灭菌彻底,并注意清洗是可以避免染菌的。除此之外,发酵罐底常有培养基中的固形物堆积,形成硬块,这些硬块包藏有脏物,且有一定的绝热性,使藏在里面的脏物、杂菌不能在灭菌时候被杀死而染菌,通过加强罐体清洗、适当降低搅拌桨位置都可减少罐底积垢,减少染菌。发酵罐的修补焊接位置不当也会留下“死角”而染菌。

4. 管路的安装或管路的配置不合理

发酵过程中与发酵罐连接的管路很多,如空气、蒸汽、水、物料、排气、排污管等。一般来讲,管路的连接方式要有特殊的防止微生物污染的要求,对于接种、取样、补料和加油等管路一般要求配置单独的灭菌系统，能在发酵罐灭菌后或发酵过程中进行单独的灭菌。发酵工厂的管路配置的原则是使罐体和有关管路都可用蒸汽进行灭菌，即保证蒸汽能够达到所有需要灭菌的部位。在实际生产过程中，为了减少管材，经常将一些管路汇集到一条总的管路上，如将若干只发酵罐的排气管汇集在一条总的排气管上，在使用中会产生相互串通、相互干扰，一只罐染菌往往会影响其他罐，造成其他发酵罐的连锁染菌，不利于染菌的防治。采用单独的排气、排水和排污管可有效防止染菌的发生。

生产上发酵过程的管路大多数是以法兰连接，但常会发生诸如垫圈大小不配套、法兰不平整、安装未对中、法兰与管子的焊接不好、受热不均匀使法兰翘曲以及密封面不平等现象，从而形成“死角”而染菌。因此，法兰的加工、焊接和安装要符合灭菌的要求，务必使各衔接处管道畅通、光滑、密封性好，垫片的内径与法兰内径匹配，安装时对准中心，甚至尽可能减少或取消连接法兰等措施，以避免和减少管道出现“死角”而染菌。

5. 管件的渗漏易造成染菌

实际上管件的渗漏主要是指阀门的渗漏，目前生产上使用的阀门不能完全满足发酵工程的工艺要求，是造成发酵染菌的主要原因之一。采用加工精度高、材料好的阀门可减少此类染菌的发生。

【拓展知识】

海洋微生物多糖

现代微生物多糖来源主要局限于陆地。近年来随着海洋微生物活性物质的研究，海洋微生物多糖越来越成为研究的热点。从来源上海洋微生物多糖可分为：海洋细菌多糖、海洋藻类多糖和海洋真菌多糖。

海洋细菌多糖是较广泛的一类微生物多糖，研究主要集中在假单胞菌多糖方面。深海热水出口附近采集来的微生物多糖越来越引起人们的兴趣，因为深海热水出口旁有高压，高温度梯度，高浓度重金属物环境。人们希望生长在那里的细菌能产生非同寻常的生理活性的多糖，实验结果证实这类多糖与普通多糖相比对金属的螯合能力较高，尤其对于重金属；有的细菌多糖经抗肿瘤活性筛选，具有明显的抗 S_{180} 活性。

海藻是生活在海域中的光合植物，海藻按其所含色素分为黄藻、金藻、蓝藻、绿藻、褐藻和红藻等，其中褐藻和红藻菌体大、数量多、生长近海也最具有工业利用价值，其余几种属于海洋微藻。一些学者研究了从海洋微藻中产生的胞外硫酸多糖，并对其进行了分离和提纯，通过超速离心和电泳分析表明其还有甘露糖、半乳糖、葡萄糖和醛酸，具有良好的抗病毒活性。

蓝细菌又称蓝藻，与藻类不同，蓝细菌缺少叶绿体，也没有藻类形式的细胞壁。蓝细菌为了适应多变的海洋环境，产生了一系列的代谢机制，普遍认为蓝细菌细胞的黏液质的合成对其在极端环境中起重要作用，其胞外多糖的功能与此有关。蓝细菌胞外多糖的功能有以下几点：防脱水、吞噬和抗菌剂的危害；维持细胞生活所需的阳离子螯合；固体表面的黏附。蓝藻胞外多糖除了中性糖外还含有己糖醛酸、氨基酸、硫酸脂多糖等。由于蓝藻多糖为多聚阴离子大分子，可与阳离子结合。因此在预浓缩、物质分离、生物吸附、离子检测等方面有较大的应用前景。另外，能改变溶液的流变性这一特点使蓝藻胞外多糖在食品、化妆品、药品和石油工业中作为增稠剂、乳化剂等广泛使用。

海洋真菌多糖是从海洋真菌菌丝体提取、分离纯化得到的一种多糖。初步药理实验表明其具有抗肿瘤活性,有广泛的应用前景。

【本章小结】

微生物在发酵食品中起着重要的作用。在食品工业中,细菌与食品生产的关系极为密切,发酵工业中常用的细菌有乳酸菌、醋酸菌及芽孢杆菌。利用细菌制造的食品有酸乳、食醋、纳豆、香肠及种类繁多的调味品等。此外,细菌还可用于工业级食品原料(如有机酸、氨基酸、黄原胶等)的生产。

酵母菌主要用于酿酒和面包发酵。在酱油、腐乳等产品的生产过程中,有些酵母与乳酸菌协同作用,使产品产生特殊的香味。此外,还可以利用酵母生产单细胞蛋白。

绝大数霉菌能把加工原料中的淀粉、糖类等碳水化合物、蛋白质等含氮化合物及其他种类的化合物进行转化。如在食品工业中可利用霉菌生产豆腐乳、酱油、食醋等发酵食品,生产红曲色素、柠檬酸等食品添加剂,生产淀粉酶、蛋白酶、纤维素酶、果胶酶等酶制剂。

益生菌是一类对宿主有益的活性微生物,主要包括乳酸菌类、芽孢杆菌类和酵母菌类。由益生菌生产的产品叫益生菌制剂,包括活菌体、死菌体、菌体成分及代谢产物。从成分上看有单一制剂和复合制剂;从剂型上看有片剂、胶囊、冲剂及液态制剂等。

微生物酶制剂的种类很多,包括淀粉酶、蛋白酶、果胶酶和纤维素酶等,在食品生产中有着广泛的应用。利用微生物生产酶制剂有许多优越性,已形成了高效的生产工艺流程。

发酵染菌是指在发酵过程中,生产菌以外的其他微生物侵入了发酵系统,从而使发酵过程失去真正意义上的纯种培养这一现象。发酵生产要提高生产技术水平,强化生产过程管理,防止发酵染菌的发生。一旦发生染菌,应尽快找出污染的原因,并采取相应的有效措施,把发酵染菌造成的损失降到最小。

【思考与练习题】

一、名词解释

糖化;单细胞蛋白;微生物多糖;益生菌;发酵染菌

二、判断题

1. 乳酸发酵是所有发酵乳制品所共有和最重要的化学变化。（　）
2. 泡菜的发酵过程只有乳酸菌的参与。（　）
3. 食醋的酿造的原料主要为淀粉类原料,也可用糖类和酒精。（　）
4. 醋酸菌的主要作用是把糖类转化为醋酸。（　）
5. 黄原胶是微生物多糖的一种。（　）
6. 啤酒酵母和葡萄汁酵母是酿造啤酒的主要微生物。（　）
7. 食品工业中采用的面包酵母主要有鲜酵母和活性干酵母。（　）
8. 黑茶属于发酵茶中的前发酵茶。（　）

9. 益生菌制剂都是活菌型。 （　　）

10. 纤维素酶可以将纤维素降解为葡萄糖。 （　　）

三、选择题

(1)下列哪一项不是发酵乳制品发酵过程中的主要生物化学变化（　　）。

A. 乳酸发酵　　B. 柠檬酸代谢　　C. 产生胞外多糖　　D. 产生醋酸

(2)使糖液或糖化醪进行酒精发酵的原动力是（　　）。

A. 乳酸菌　　B. 黑根霉　　C. 酵母菌　　D. 醋酸菌

(3)下列哪种氨基酸不能作为鲜味剂添加到食品中（　　）。

A. 谷氨酸钠　　B. 肌苷酸钠　　C. 鸟苷酸钠　　D. 赖氨酸

(4)属于食用菌多糖的是（　　）。

A. 黄原胶　　B. 灵芝多糖　　C. 右旋糖酐　　D. 小核菌葡聚糖

(5)啤酒酵母是化能异养型，不能发酵下列哪种糖类（　　）。

A. 葡萄糖　　B. 麦芽糖　　C. 乳糖　　D. 蔗糖

(6)黑茶品质形成的关键工序是（　　）。

A. 渥堆　　B. 杀青　　C. 揉捻　　D. 干燥

(7)下列哪种酶可将大相对分子质量的多肽链从中间切断，形成小相对分子质量的朊或胨（　　）。

A. 内肽酶　　B. 外肽酶　　C. α－淀粉酶　　D. β－淀粉酶

(8)下列哪项不是种子培养的异常现象（　　）。

A. 菌体生长缓慢　　B. 菌丝结团　　C. 代谢不正常　　D. 糖耗慢

(9)鲜酵母又称压榨酵母，水含量在（　　）之间。

A. 71%～73%　　B. 7%～8.5%　　C. 50%～60%　　D. 13%～15%

(10)目前，发酵工业生产柠檬酸的最好菌种是（　　）。

A. 毛霉　　B. 白地霉　　C. 淡黄青霉　　D. 黑曲霉

四、填空题

(1)微生物多糖的种类繁多，依生物来源分为________、________和藻类多糖；按分泌类型分为________、________。

(2)用于益生菌制剂生产的菌种很多，主要包括________、________和酵母菌类三大类。

(3)果胶酶是指能分解果胶质的多种酶的总称，通常包括原果胶酶、________和________。

(4)种子培养异常往往表现为菌体生长缓慢、________和________三方面。

(5)酸乳是新鲜牛乳经乳酸菌发酵制成的乳制品，其中含有大量活菌。根据其发酵方式的不同分为________、________和饮料型三种。

(6)食醋的酿造包括淀粉糖化、________和________三个阶段，即其酿造是粮→酒→醋的变化过程。

(7)酱油酿造过程中参与酿造的霉菌主要有________和________。

(8)从剂型上看益生菌制剂有片剂、________、________及液态制剂。

(9)益生菌制剂的菌体干燥方法中，__________是目前认为最好方法。

(10)按照水解淀粉方式不同可将淀粉酶分为：__________、__________、__________和葡萄糖异构酶。

五、简述题

(1)简述发酵乳制品发酵过程中的主要生物化学变化。

(2)试述酿醋的主要过程。

(3)试述面包酵母发酵过程中的变化。

(4)试述单细胞蛋白的类型及主要生产菌种。

(5)试述发酵的异常现象及发酵染菌的途径。

六、技能题

(1)试述益生菌制剂的种类及生产工艺要点。

(2)在发酵工业中如何防治杂菌的污染?

第九章　微生物与食品变质

【知识目标】

1. 了解引起食品腐败的微生物种类。
2. 理解导致不同种类食品发生腐败的菌群及腐败类型。
3. 掌握不同的食品保藏方法是如何延缓和防止微生物污染食品。

【技能目标】

1. 会鉴别食品是否发生腐败变质。
2. 能处理导致食品腐败变质的各类微生物。
3. 能运用所学的微生物知识解决各类食品的腐败变质问题。

【重点与难点】

重点：引起不同食品发生腐败变质的微生物类群。
难点：微生物生长的控制与食品保藏方法。

第一节　食品的腐败变质

一、食品腐败变质的原因

食品腐败变质是指食品受到各种内外因素的影响，造成其原有化学性质或物理性质发生变化，使食品的营养价值或商品价值降低或失去的过程。食品的腐败变质可能由于微生物污染、昆虫和寄生虫污染、动植物食品内酶的作用、化学反应以及物理因素等方面引起。其中微生物污染引起的食品腐败变质是最普遍和最重要的。

微生物引起食品腐败变质的类型包括：①细菌引起的腐败变质。细菌主要作用于食品中的糖类、脂肪、蛋白质；②霉菌引起的食品霉变。霉菌作用于食品中的碳水化合物、蛋白质；③食品发酵现象。食品中的糖类的发酵，如酒精发酵、乙酸发酵、乳酸发酵、丁酸发酵等。

因此，食品腐败变质的过程实质上是食品中碳水化合物、蛋白质、脂肪在污染微生物的作用下分解变化，产生有害物质的过程。

二、食品腐败变质的鉴定

食品受到微生物污染后，很容易发生变质。一般可以通过四个方面对食品是否发生腐败变质进行鉴定——感官鉴定、化学鉴定、物理鉴定和微生物鉴定。

1. 感官鉴定

感官鉴定是指通过视觉、嗅觉、触觉、味觉来查验食品初期腐败变质的一种简单而灵敏的方法。食品在初期腐败时多会产生腐败臭味，发生颜色的变化(褪色、变色、着色和失去光泽等)，容易出现组织变软、变黏等现象。比如鱼、肉等食品腐败时，由于蛋白质分解，所以食品的硬度和弹性下降，组织失去原有的坚韧，其外形及结构均发生改变，并且出现难闻的臭味。经研究证明，人的嗅觉对硫化氢、三甲胺及氨都很灵敏。鱼、肉食品脂肪酸败时脂肪变黄，并有"哈喇"味。上述这些变化都可以通过感官分辨出来。

2. 化学鉴定

食品中微生物的代谢，能够引起食品的化学组成发生变化，并伴有腐败性物质产生，因此，可以直接测定这些腐败产物作为判定食品质量的依据。

一般鉴定蛋白质类含量高的食品腐败变质的化学指标是挥发性盐基总氮和胺类。对于含氮量少而含碳水化合物丰富的食品，通常测定有机酸的含量或 pH 的变化作为指标。

(1)挥发性盐基总氮。指肉或鱼的水浸液在弱碱性条件下能与水蒸气一起蒸馏出来的总氮量，此指标已列入了我国食品卫生标准。

(2)胺类。主要测定二甲胺和三甲胺，它们均是季胺类含氮物经微生物的还原作用产生的，适用于鱼、虾和贝类等水产品，其值大小可表明其新鲜程度。

(3)K 值。是指 ATP 分解的低级产物肌苷(HxR)和次黄嘌呤(Hx)占 ATP 系列分解产物的百分比。适用于判断鱼的早期腐败，K 值不超过 20%表明鱼体新鲜，K 值超过 40%表示鱼体开始出现腐败。

(4)脂肪酸败最早期的指标首先是过氧化值上升，其次是酸度或酸值上升，碳基(醛酮)反应阳性。其他还有碘价(碘值)、皂化价等。

3. 物理鉴定

食品的物理鉴定主要是测定一些物理指标，包括食品的浸出物量、浸出液的导电度、折光指数、黏度等，其中肉浸液的黏度测定与感官鉴定符合率较高。

4. 微生物鉴定

微生物鉴定一般是通过测定菌落总数、大肠菌群、霉菌污染度等。

食品腐败变质可使食品带有使人难以接受的不良感官性质，如刺激性气味、异常颜色、酸臭味道、组织溃烂等；食品变质后，食品各成分物质被严重分解破坏，不仅蛋白质、脂肪和糖类发生降解破坏，而且维生素、无机盐和微量元素也有严重的流失和破坏，并且，腐败过程产生的胺类为亚硝胺类的形成提供前体物；另外，腐败变质食品一般都污染严重并有大量微生物繁殖，由于菌相复杂和菌量增多，所以致病菌和产毒霉菌存在的机会较大，以致引起人体不良反应和食物中毒的可能性比较大。

腐败变质食品的处理，应充分考虑具体情况，以确保人体健康为原则。如轻度腐败的肉、鱼类通过煮沸可以消除异常气味；部分腐烂水果、蔬菜可拣选分类处理；单纯感官性状发生变化的食品可以加工处理等等。

三、微生物引起的各类食品腐败变质

(一)乳及乳制品的腐败变质

各种不同的乳(马乳、牛乳、羊乳等)，所含成分虽有差异，但都含有丰富的营养物质，容易消化吸收，是微生物生长繁殖的良好培养基。一旦被微生物污染，乳很快就会腐败变质失去食用价值，甚至可能会引起食物中毒和一些传染病的传播。

1. 鲜乳的腐败变质

(1)鲜乳中微生物的污染来源

牛乳中微生物的含量随牛自身、外界环境、挤乳过程、贮存运输等因素不同而变化较大。若处理不当，可能引起牛乳的风味、色泽、形态等发生变化。

①来自奶牛乳房的污染。从乳牛的乳房挤出的鲜乳并不是无菌的。一般健康乳牛的乳房内，总是有一些细菌存在，但仅限于极少数几种细菌。这些能适应乳房的环境而生存的一类细菌，称为乳房细菌。乳畜感染后，体内的致病微生物会通过乳房进入乳汁而引起人类的传染。常见的引起人畜共患疾病的致病微生物主要有：布氏杆菌、金黄色葡萄球菌、化脓棒状杆菌、沙门菌、结核分枝杆菌等。

②来自环境的污染。牛舍中的饲料、粪便、地面土壤、空气中尘埃等，都是牛乳污染的主要来源。如：粪便内的细菌数有 10^9～10^{11}CFU/g。

③来自加工过程的污染人员。工作衣帽不够清洁，工作人员患有呼吸道或肠胃传染病的带菌者；设施：挤乳用具、贮乳桶输乳管、过滤布在挤乳前没有进行清洗消毒；贮存和运输：乳液挤出后，没有及时冷却，乳桶、过滤器和空气不清洁。贮乳桶的乳没有装满，运输中乳液不断地振荡等。

(2)鲜乳中微生物的种类

新鲜的乳液中含有多种抑菌物质，它们能维持鲜乳在一段时间内不变质。鲜乳若不消毒或冷藏处理，污染的微生物将很快生长繁殖造成腐败变质。在鲜乳中占优势的微生物主要是细菌、酵母菌和少数霉菌。

①乳酸菌。乳酸菌可利用碳水化合物产生乳酸，即进行乳酸发酵。从牛乳中很容易分离得到乳酸菌，其在分类学上属于乳酸菌科。乳酸菌一般为无孢子球菌或杆菌，属厌氧型或兼性厌氧型细菌。进行乳酸发酵时，其有时产生挥发性酸或气体。

②小球菌。属小球菌属，为好气性产生色素的革兰氏阳性球菌。在牛乳中常出现的有小球菌属与葡萄球菌属。葡萄球菌的菌体如葡萄串般排列，其多为乳房炎乳或食物中毒的原因菌。

③假单胞菌。假单胞菌是利用鞭毛运动的需氧性菌，荧光假单胞菌和腐败假单胞菌为其代表菌。这种菌可将乳蛋白质分解成蛋白胨或将乳脂肪分解产生脂肪分解臭。这种菌能在低温下生长繁殖。

④产碱杆菌属。产碱杆菌属可使牛乳中所含的有机盐(柠檬酸盐)分解而形成碳酸

盐，从而使牛乳转变为碱性。粪产碱杆菌为革兰氏阴性需氧性菌，这种菌在人及动物肠道内存在，它随着粪便而使牛乳污染。这种菌的适宜生长温度在25～37℃。稠乳产碱杆菌常在水中存在，为革兰氏阴性菌，是需氧性的。这种菌的适宜生长温度在10～26℃，它除能产碱外，还能使牛乳黏质化。

⑤产气菌。是一类能分解糖类产酸又产气的细菌，如大肠杆菌和产气杆菌。

⑥真菌。新鲜牛乳中的酵母主要为酵母属、毕赤氏酵母属、球拟酵母属、假丝酵母属等菌属，常见的有脆壁酵母菌、洪氏球拟酵母、高加索乳酒球拟酵母、球拟酵母等。其中，脆壁酵母与假丝酵母可使乳糖发酵而且用以制造发酵乳制品。但使用酵母制成的乳制品往往带有酵母臭，有风味上的缺陷。

牛乳中常见的霉菌有乳粉胞霉、乳酪粉胞霉、黑念珠霉、变异念珠霉、腊叶芽枝霉、乳酪青霉、灰绿青霉、灰绿曲霉和黑曲霉，其中的乳酪青霉可制干酪，其余的大部分霉菌会使干酪、乳酪等污染腐败。

⑦病原菌。牛乳中有时混有病原菌，会在人群中传染疾病，因此必须严格控制牛乳的杀菌、灭菌，使病原菌不存在。混入牛乳中的主要病原菌有：沙门氏菌属的伤寒沙门氏菌、志贺氏菌属的志贺氏痢疾杆菌、弧菌属的霍乱弧菌、葡萄球菌和溶血性链球菌等。

2. 鲜乳的腐败变质

新鲜牛乳在杀菌前都有一定数量的、不同种类的微生物存在，其会因微生物的活动而逐渐变质。室温下微生物的生长过程可分为以下几个阶段。

(1)抑菌期。鲜乳中含有来源于动物体的抗体物质等抗菌因素，在微生物数量较少的情况下，这种抑菌作用可维持12h左右。此期为抑菌期，乳液含菌数不会增加，若温度升高，则抗菌性物质的杀菌或抑菌作用增强，但持续时间会缩短。

(2)乳酸链球菌。乳中抗菌物质减少或消失后，首先看到乳酸链球菌成为优势类群，使乳液酸度不断升高，出现乳凝块。当酸度达到一定时，乳酸链球菌的生长也被抑制，不再继续繁殖，数量开始下降。

(3)乳酸杆菌期。当pH下降到6左右时，乳酸杆菌开始生长，当pH下降到4.5以下时，乳链球菌受到抑制，乳酸杆菌成为优势继续产酸，此时大量的乳凝块、乳清出现，这个时期约2d。

(4)真菌期。当pH继续下降至3～3.5时绝大多数细菌被抑制，甚至死亡，耐酸的酵母菌和霉菌利用乳酸和其他有机酸开始生长，由于酸的被利用，乳液的pH逐渐降低，接近中性。

(5)胨化细菌期。经过以上变化，乳中乳糖含量被大量消耗，蛋白质和脂肪含量相对增高，分解蛋白质和脂肪的细菌大量生长，乳凝块逐渐消失，乳的pH不断上升，向碱性转化，并有腐败臭味产生。

3. 乳制品的腐败变质

(1)奶粉。奶粉是由全脂奶或脱脂奶经过杀菌、浓缩和干燥而制成的。由于其水分含量一般在5%以下，所以微生物很难生长繁殖，故保质期比较长(8～24个月)。尤其是质量好的奶粉，水含量可下降到2%～3%，微生物很难在其生长。尽管原料乳经过了净化、消毒等过程。但只能起到降低原料奶中微生物的数量，而达不到无菌的状态。而且降低的程度又与原料乳污染的程度有关。如果原料奶污染严重，而加工处理又不适当，那么奶粉中就有可能有病原菌的存在，最常见的是金黄色葡萄球菌和沙门氏菌。

(2)炼乳。炼乳中的碳水化合物和抗坏血酸(维生素 C)比奶粉多，其他成分，如蛋白质、脂肪、矿物质、维生素 A 等，皆比奶粉少。

①淡炼乳。淡炼乳是消毒牛乳经浓缩至原体积 2/5 或 1/2 而制成的乳制品，它含有不低于 25.5%的乳固体和不低于 7.8%的乳脂肪。由于淡炼乳中水分含量已减少，在罐装后又经过了 115～117℃的高温下杀菌 15min 以上，故最后制品中不会有病原菌和可以引起变质的杂菌。因此正常状况下的罐装淡炼乳可以长期保存。

但有时会出现由于微生物而引起的变质，这是为何呢？其原因有两个：一是由于罐装密封不严，而被外界微生物污染所造成；二是由于加热灭菌不充分，有抗热力大的细菌残留下来。

②甜炼乳。甜炼乳是在鲜乳中加入 16%左右的蔗糖，经消毒并浓缩至原体积 40%左右，成品中蔗糖浓度达 40%～45%，装罐后不再进行灭菌，而是借助乳中高浓度的糖含量而形成一个高渗透压的环境，从而来抑制微生物的生长。

当然由于乳原料污染情况不同，加工条件不同以及蔗糖量不足等原因，往往也会造成甜炼乳的变质，那么甜炼乳会出现哪些变质呢？一是膨胀乳，二是变稠，三是霉乳。

(二)肉及肉制品的腐败变质

肉及肉制品均含有丰富的蛋白质、脂肪、水、无机盐和维生素。因此其不但是营养丰富的食品，也是微生物生长繁殖的良好天然培养基。

1. 肉及肉制品中污染微生物的来源

(1)屠宰前的微生物来源。屠宰前健康的畜禽具有健全而完整的免疫系统，能有效地防御和阻止微生物的侵入和在肌肉组织内扩散。所以正常机体组织内部(包括肌肉、脂肪、心、肝、肾等)一般是无菌的，而畜禽体表、被毛、消化道、上呼吸道等器官总是有微生物存在，如未经清洗的动物被毛、皮肤微生物数量可达 10^5～10^6 个/cm^2。如果被毛和皮肤污染了粪便，微生物的数量会更多。刚排出的家畜粪便微生物数量可多达 10^7 个/g、瘤胃成分中微生物的数量可达 10^9 个/g。

患病的畜禽其器官及组织内部可能有微生物存在，如病牛体内可能带有结核杆菌、口蹄疫病毒等。这些微生物能够冲破机体的防御系统，扩散至机体的其他部位，此多为致病菌。动物皮肤发生刺伤、咬伤或化脓感染时，淋巴结会有细菌存在。其中一部分细菌会被机体的防御系统吞噬或消除掉，而另一部分细菌可能存留下来导致机体病变。畜禽感染病原菌后有的呈现临床症状，但也有相当一部分为无症状带菌者，这部分畜禽在运输和圈养过程中，由于拥挤、疲劳、饥饿、惊恐等刺激，机体免疫力下降而呈现临床症状，并向外界扩散病原菌，造成畜禽相互感染。

(2)屠宰后的微生物来源。屠宰后的畜禽即丧失了先天的防御机能，微生物侵入组织后迅速繁殖。屠宰过程卫生管理不当将造成微生物广泛污染的机会。最初污染微生物是在使用非灭菌的刀具放血时，将微生物引入血液中的，随着血液短暂的微弱循环而扩散至胴体的各部位。在屠宰、分割、加工、贮存和肉的配销过程中的每一个环节，微生物的污染都可能发生。

屠宰前畜禽的状态也很重要。屠宰前给予充分休息和良好的饲养,使其处于安静舒适的条件,此种状态下进行屠宰其肌肉中的糖元将转变为乳酸。在屠宰后6～7h内,由于乳酸的增加使胴体的pH降低到5.6～5.7,24h内pH降低至5.3～5.7。在此pH条件下,污染的细菌不易繁殖。如果宰前家畜处于应激和兴奋状态,则将动用贮备糖元,宰后动物组织的pH接近于7,在这样的条件下腐败细菌的侵染会更加迅速。

2. 肉及肉制品中微生物的种类及特性

肉中的微生物来源广泛,种类甚多,包括真菌、细菌、病毒等,可分为致病性微生物、致腐性微生物及食物中毒性微生物三大类群。

(1)致腐性微生物。致腐性微生物就是在自然界里广泛存在的一类营死物寄生的,它能产生蛋白分解酶,使动植物组织发生腐败分解的微生物。包括细菌和真菌等,可引起肉品腐败变质。常见的致腐性细菌主要包括:革兰氏阳性、产芽孢需氧菌(如蜡样芽孢杆菌、小芽孢杆菌、枯草杆菌等);革兰氏阴性、无芽孢细菌(如阴沟产气杆菌、大肠杆菌、绿脓假单胞杆菌、荧光假单胞菌、腐败假单胞菌等)。

(2)致病性微生物。主要见于细菌和病毒等。常见的细菌有炭疽杆菌、布氏杆菌、李氏杆菌、鼻疽杆菌、土拉杆菌、结核分枝杆菌、猪丹毒杆菌等。常见的病毒有口蹄疫病毒、狂犬病病毒、水泡性口炎病毒等。

(3)中毒性微生物。有些致病性微生物或条件致病性微生物,可通过污染食品或细菌污染后产生大量毒素,从而引起以急性过程为主要特征的食物中毒。常见的致病性细菌有沙门氏菌、志贺氏菌、致病性大肠杆菌等。

3. 鲜肉的腐败变质

健康的动物血液和肌肉通常是无菌的,肉类的腐败,主要是由于在屠宰、加工和流通等过程中受外界微生物的污染以及酶的作用所致。它们的作用,不仅使肉的感官性质、颜色、弹性、气味等发生严重的恶化,而且破坏了肉的营养成分,同时由于微生物生命活动代谢产物会形成有毒物质而引起食物中毒。

(1)微生物引起的腐败。肉类的腐败通常是由外界环境中的好气性微生物污染肉的表面开始,然后又沿着结缔组织向深层扩散。特别是临近关节、骨骼和血管的地方,最容易腐败。并且由微生物分泌的胶原蛋白酶使结缔组织的胶原蛋白水解形成黏液,同时产生气体;有糖原存在下发酵时,产生醋酸和乳酸,形成难闻的气味。

刚屠宰的新鲜肉通常呈酸性反应,腐败菌不能在肉表面生长。但在酸性介质中酵母和霉菌可以很好的繁殖,并形成蛋白质的分解产物氨类等而使肉的pH提高,为腐败菌的生长提供了良好的条件。

表面发黏是微生物作用产生腐败的主要标志。在流通中当肉表面细菌数达5000万个/cm^2时就出现黏液。最初污染的细菌数越多,达到这种状态所需的日数越短,并且温度越高、湿度越大,越容易产生发黏现象。

(2)酶引起的蛋白质降解和脂肪氧化腐败实际上是蛋白质的降解现象,由各种腐败菌所产生的蛋白水解酶类的分解作用促成。蛋白质的最终分解产物有无机物质如氨类;含氮有机碱如甲胺、尸胺等;有机酸类如酮酸;其他有机分解产物如甲烷、甲基吲哚、粪臭素等。这些物质可使肉出现难闻的臭味。

微生物对脂肪进行两种酶促反应：一是微生物分泌的脂肪酶分解脂肪，产生游离脂肪酸和甘油；二是氧化酶氧化脂肪产生氧化的酸败气味。

肉中的类脂和脂蛋白则可在脂酶的影响下，引起卵磷脂的酶解，形成脂肪酸、甘油、磷酸和胆碱。胆碱进一步转化为三甲胺、二甲胺、甲胺和神经碱等。三甲胺氧化后可变成带有鱼胆气味的三甲胺氧化物。

肉的颜色变化也是评定肉的质量变化的标志之一。当肌肉的颜色变暗淡，呈灰绿色或污灰色，甚至黑色时，表明肌肉已严重腐败。此时的肉有难闻的臭味。腐败的肉类不可以食用。

4. 肉制品的腐败变质

(1)熟肉类制品。鲜肉经过热加工制成各种熟肉制品后理应不含菌体，但由于加热程度不同，带有芽孢的细菌可能存留下来，这是贮存期间造成肉类制品败坏的主要隐患所在。在熟肉制品上存在的其他细菌、霉菌及酵母菌常是热加工后的二次污染菌。熟肉制品腐败可出现酸味、黏液和恶臭味，若被厌氧校状芽孢杆菌污染，熟肉制品深部会发生腐败，甚至产生毒素。

(2)腌腊制品。肉类经过腌制可达到防腐和延长保存期的目的，并有改善肉品风味的作用；肉的腌制分湿腌和干腌。湿腌用的腌制液一般含4%的NaCl对微生物有一定的抑制作用。假单孢菌是冷藏鲜肉的重要变质菌，其数量的多寡是腊肉制品微生物学品质优劣的标志，该菌在腌制液中一般不生长，只能存活而已。弧菌是腌腊肉制品的重要变质菌，该菌在胴体肉上很少发现，但在腌腊肉上很易见到。腌制肉中微生物的分布与腌制肉的部位和环境条件有关，一般肉皮上的细菌数比肌肉中的细菌数要高。当pH 6.3时，则以微球菌占优势。微球菌具有一定的耐盐性和分解蛋白质及脂肪的能力，并能在低温条件下生长，大多数微球菌能还原硝酸盐，某些菌株还能还原亚硝酸盐，因此它是腌制肉中的主要菌类。弧菌具有一定的嗜盐性，并能在低温条件下生长，有还原硝酸盐和亚硝酸盐的能力。在pH 5.9～6.0以上时生长，在肉表面生长形成黏液。

在腌制肉上常发现的酵母菌、有球拟酵母、假丝酵母、德巴利酵母和红酵母，它们可在腌制肉表面形成白色或其他色斑。在腌制肉上也常发现青霉、曲霉、枝孢霉和变链孢霉等生长，并以青霉和曲霉占优势。污染腌制肉的曲霉多数不产生黄曲霉毒素。

(3)香肠和灌肠制品。香肠和灌肠是原料肉经过切碎或绞碎并加入辅料及调味料后，灌入肠衣或其他包装材料内，经过加热或不加热而制成的一类食品。在加工过程中，分布在肉表面的微生物及环境中的微生物会大量扩散到肉中去。为防止微生物生长，绞碎与搅拌过程应在低温条件下进行。

生肠类制品，如中国腊肠虽含有一定盐分但仍不足以抑制其中的微生物生长。酵母菌可在肠衣外面形成黏液层、微杆菌能使肉肠变酸和变色、革兰氏阴性杆菌也可使肉肠发生腐败变质。

熟肉肠类是经过热加工制成的产品，因此可杀死肉馅中微生物的营养体，但一些细菌的芽孢仍可能存活。如加热不充分，不形成芽孢的细菌也可能存活。因此，熟制后的肉肠也应进行冷藏，使肠内中心温度在4～6h内降低至5℃。否则梭状芽孢杆菌的芽孢可能发芽并繁殖;硝酸盐可抑制芽孢发芽,尤其能抑制肉毒梭菌的芽孢,但对其他菌类抑制作用弱多了;熟肉灌肠制品发生变质的现象主要有表面变色和绿蕊或绿环。前者是由于加工后又污染了细菌,而贮存条件又不当,细菌繁殖所致,后者则是由于原料含菌数过高。加工处理不当,没有将细菌全部杀死,成品又没及时冷藏,细菌大量繁殖所致;当肉肠表面潮湿,环境温度高时更易发生变质。

(4)干制品。肉干是瘦肉经过适当加工和干燥处理而制成的产品。肉干水含量一般在15%以下,A_w 值在0.70以下,并置于干燥环境或装入不透气包装材料内贮存。因此绝大多数的微生物都不能在其上生长,仅有少数霉菌,如灰绿曲霉偶尔可在肉干上缓慢生长,当肉干含水量增高,表面可发现霉菌生长并产生霉味。

四、罐装食品的变质

罐装食品是食品原料经过预处理、装罐、密封、杀菌之后而制成的食品,通常称之为罐头。罐头食品的种类很多,按pH的不同可分为低酸性罐头、中酸性罐头,酸性罐头和高酸性罐头(见表9-1)。以动物性食品原料为主的属低酸性罐头,而以植物性食品原料为主的属中酸性或高酸性罐头。

表9-1 罐头食品的分类

罐头类型	pH	食品种类	热力灭菌要求
低酸性罐头	5.3以上	谷类、豆类、肉、禽、乳、鱼、虾等	高温杀菌105~121℃
中酸性罐头	4.5~5.3	蔬菜、甜菜、瓜类等	高温杀菌105~121℃
酸性罐头	3.7~4.5	番茄、菠菜、梨、柑橘等	沸水或100℃以下介质中杀菌
高酸性罐头	3.7以下	酸泡菜、果酱等	沸水或100℃以下介质中杀菌

罐头食品经密封、加热杀菌等处理后,其中的微生物几乎均被灭活,而外界微生物又无法进入罐内,同时容器内的大部分空气已被抽除,食品中多种营养成分不致被氧化,从而使这种食品可保存较长的时间而不变质。但是由于某些原因,罐头有时也会出现腐败变质现象。

1. 引起罐头食品变质的原因

(1)化学因素

如中酸性罐头容器的马口铁与内容物相互作用引起的氢膨胀。

(2)物理因素

如贮存温度过高,排气不良,金属容器腐蚀穿孔等。

(3)微生物学因素

罐内污染了微生物而导致罐头变质,这也是造成食品变质的主要因素。导致罐头食品败坏的微生物主要是某些耐热、嗜热并厌氧或兼性厌氧的微生物,这些微生物的检验和控制在罐头工业中具有相当重要的意义。

2. 罐头食品微生物污染的来源

(1)杀菌不彻底致罐头内残留有微生物

罐头食品在加工过程中,为了保持产品正常的感官性状和营养价值,在进行加热杀菌时，不可能使罐头食品完全无菌，只强调杀死病原菌、产毒菌，实质上只是达到商业灭菌程度，即罐头内所有的肉毒梭菌芽胞和其他致病菌以及在正常的贮存和销售条件下能引起内容物变质的嗜热菌均被杀灭。罐内残留的一些非致病性微生物在一定的保存期限内。一般不会生长繁殖。但是如果罐内条件发生变化。贮存条件发生改变，这部分微生物就会生长繁殖，造成罐头变质。经高压蒸汽杀菌的罐头内残留的微生物大都是耐热性的芽胞，如果罐头贮存温度不超过43℃，通常不会引起内容物变质。

(2)杀菌后发生漏罐

罐头经杀菌后，若封罐不严则容易造成漏罐致使微生物污染。重要污染源是冷却水，这是因为罐头经热处理后需通过冷却水进行冷却，冷却水中的微生物就有可能通过漏罐处而进入罐内。空气也是造成漏罐污染的污染源，但较次要。一些耐热菌、酵母菌和霉菌都从外界侵入。罐内氧含量升高，导致各种微生物生长旺盛，从而内容物pH下降，严重的会呈现感官变化。

3. 污染罐头食品的微生物的种类

(1)污染低酸性罐头的主要微生物

①嗜热性细菌。这类细菌抗热能力很强，易形成芽孢，罐头食品由于杀菌不彻底而导致的污染大多数由本类细菌引起。这类细菌通常有平酸腐败细菌(平酸菌)、嗜热性厌氧芽胞菌等。

②中温性厌氧细菌。中温性厌氧细菌引起的腐败变质：罐听膨胀、内容物有腐败臭味。肉毒梭菌尤为重要，肉毒梭菌分解蛋白质产生硫化氢、氨、粪臭素等导致胖听，内容物呈现腐烂性败坏，并有毒素产生和恶臭味放出，值得注意的是由于肉毒毒素毒性很强，所以如果发现内容物中有带芽孢杆菌，则不论罐头腐败程度如何，均必须用内容物接种小白鼠以检测肉毒毒素。

③中温性需氧菌。这类细菌属芽孢杆菌属，为能产生芽孢的中温性细菌，其耐热能力较差，许多细菌的芽孢在100℃或更低一些的温度下，短时间内就能被杀死，常见的引起罐头腐败变质的中温性需氧芽孢菌有：枯草芽孢杆菌、巨大芽孢杆菌和蜡样芽孢杆菌等。

④酵母菌及霉菌。酵母菌污染低酸性罐头的情况较少见，仅偶尔出现于甜炼乳罐头中。

(2)污染酸性罐头的主要微生物

①产生芽孢的细菌。这类细菌在腐败变质的水果罐头中较常见，如凝结芽孢杆菌、丁酸梭菌、巴氏芽孢梭菌、多黏芽孢杆菌、浸麻芽孢杆菌等。

凝结芽孢杆菌是酸性罐头食品中常见的平酸菌，常在蕃茄汁罐头中出现，对热抵抗力强，具有兼性厌氧特点，能适应较高的酸度，能分解糖类产酸，但不产气。

丁酸梭菌和巴氏芽孢梭菌可分解罐头中的糖类，产生丁酸和二氧化碳及氢气，使产品带有酸臭气味。多黏芽孢杆菌、浸麻芽孢杆菌也可引起水果罐头产酸产气。

②不产生芽孢的细菌。这类细菌主要是乳酸菌，如乳酸杆菌和明串珠菌，它可引起水果及水果制品的酸败；又如乳酸杆菌的异型发酵菌种可造成番茄制品的酸败和水果罐头的产气性败坏。

③抗热性霉菌及酵母菌。常见的黄色丝衣霉菌，其抗热能力比其他霉菌强，85℃ 30min 仍能存活，且能在氧气不足的环境中存活并生长繁殖，具有强烈的破坏果胶质的作用，如在水果罐头中残留并繁殖，可使水果柔化和解体，它能分解糖产生二氧化碳并造成水果罐头胖听。

其他霉菌如青霉、曲霉等也可造成果酱、糖水水果罐头败坏。酵母菌的抗热能力很低，除了杀菌不足或发生漏罐外，罐头食品通过正常的杀菌处理，通常是不会发生酵母菌污染的。

总之，罐头的种类不同，导致腐败变质的原因菌也不同，而且这些原因菌有时也不是单一的，往往是多种细菌同时污染。为了保证罐头食品的安全卫生，必须对罐头产品进行微生物学方面的检验，以杜绝不合格产品。

五、蛋类的腐败变质

禽蛋是营养丰富的食品，也是极易腐败的食品。引起鸡蛋腐败的因素很多，如微生物、环境因素和禽蛋自身因素。其中微生物原因是最主要的。

1. 微生物的来源

(1)卵巢和输卵管内污染。当母禽感染了病原微生物，并通过血液循环侵入卵巢和输卵管，在蛋的形成过程中进入蛋黄或蛋白。在蛋壳形成之前，泄殖腔内细菌向上污染至输卵管，也可导致蛋的污染。

(2)产蛋时污染。母禽泄殖腔的细胞可黏附在蛋壳上。当蛋从泄殖腔(40～42℃)排出体外时，由于外界空气的冷却作用，引起蛋内收缩，使附在蛋壳上或空气中的微生物，随着空气穿过蛋壳而进入蛋内。

(3)蛋产出后的污染。健康母禽产下的蛋与外界环境接触，蛋壳表面可污染大量的微生物。通常一个外表清洁的鲜蛋，其蛋壳表面约有 400～500 万个细菌，一个肮脏的鲜蛋，其壳上的细菌可高达 1.4～9 亿个。蛋壳上有许多大小为 4～40μm 的气孔与外界相通，微生物可经这些气孔而进入蛋内，特别是贮存期长或经过洗涤的蛋，蛋壳外黏膜层的天然屏障作用遭到破坏，在高温、潮湿的条件下，环境中的微生物更容易借水的渗透作用侵入蛋内。温度低、湿度高时，污染到蛋壳上的霉菌很快生长，菌丝可穿过蛋壳而长入蛋内。

2. 微生物的种类

(1)细菌荧光假单胞菌、绿脓杆菌、变形杆菌、产碱类杆菌、亚利桑那菌、产气杆菌、大肠杆菌、沙门氏杆菌、枯草杆菌、微球菌、锈球菌和葡萄球菌等。

(2)病毒禽白血病病毒、禽传染性脑脊髓炎病毒、减蛋综合征病毒、包涵体性肝炎病毒、禽关节炎病毒、鸡传染性贫血病毒等。

(3)霉菌毛霉、青霉、曲霉、白地霉、交链孢霉、芽枝霉和分枝霉等。

3. 禽蛋的腐败变质

(1)腐败鲜蛋的腐败主要由侵入蛋内的腐败性细菌所引起。细菌种类不同，引起鲜蛋腐败的性质及表现也有所不同。能分解蛋白质的普通变形杆菌、产气杆菌、大肠杆菌、葡萄球菌等，产生蛋白酶，分解蛋白质，先使蛋的系带断裂，蛋黄漂移，蛋黄与内壳膜黏连，随后蛋黄膜破裂，蛋黄散出于蛋白之中，呈“散黄蛋”；随着蛋白的进一步分解，H_2S、氨、粪臭素等大量产生，蛋内容物变为灰色稀薄以至黑色液状，呈“泻黄蛋”，甚至蛋壳爆裂，流出恶臭液汁。不分解蛋白质的假单胞菌，在蛋白中产生绿色荧光物质，呈“绿腐败蛋”；分泌卵磷脂酶的荧光假单胞菌、玫瑰色微球菌等，则可破坏卵黄膜的屏障作用，可能由于铁蛋白转移素发色基团的作用，使蛋白变为红色或蔷薇色，呈“红色腐败蛋”；有些假单胞菌，能分解糖类产酸，使蛋黄形成絮片状，呈“酸败蛋”。

(2)霉坏污染在蛋壳表面的霉菌孢子，在相对湿度高于85%的条件下容易发芽，菌丝侵入蛋孔到达蛋壳膜，接近气室的部位，氧气多，霉菌生长最好。不同的霉菌在蛋壳下长成颜色各异的菌落，光照时可见到大小不等的暗斑，这时蛋白和蛋黄仍然正常。霉菌继续生长，菌斑扩大，菌丝长入蛋白、蛋黄，分泌大量的酶，分解蛋白成水样，卵黄膜破裂，卵黄与蛋白混合，颜色逐渐变黑，散发霉味。

六、果蔬及其制品的腐败变质

蔬菜和水果的主要成分是碳水化合物和水，特别是水的含量比较高，适于微生物的生长繁殖和引起腐败变质。水果和蔬菜中的微生物中能分解利用碳水化合物的为主要类群，并最终以碳水化合物发酵为果蔬变质的基本特征。

1. 微生物的来源

在一般情况下，正常果蔬内部组织是无菌的，但有时在水果内部组织中也有微生物。例如一些苹果、樱桃的组织内部可分离出酵母菌，番茄中分离出球拟酵母、红酵母和假单胞菌。这些微生物在开花期即已侵入，并生存在植物体内，但这种情况仅属少数。此外，有些植物病原菌在果蔬收获前从根、茎、叶、花、果实等处侵入其内，或者在收获后的包装、运输、贮藏、销售等过程中侵入果蔬。此种病变的果蔬，即带有大量的植物病原菌。

2. 果蔬的腐败变质

开始引起新鲜水果变质的微生物是酵母菌和霉菌。引起蔬菜变质的主要是酵母菌、霉菌和少数细菌。起初霉菌在果蔬表皮，或其污染物上生长，然后霉菌侵入果蔬组织，首先分解细胞壁中的纤维素，进一步分解其中的果胶、蛋白质、有机酸、淀粉、糖类等，使其变成简单物质。在外观上出现深色斑点，组织变松、变软、凹陷，渐成液浆状，并出现酸味、芳香味或酒味等。

3. 果汁的腐败变质

(1)果汁中微生物的来源。原料中的微生物、加工过程中微生物的再污染。

(2)果汁的基本营养条件。pH为2.4～4.2，含有一定量的糖分，水含量很高。

(3)果汁中微生物的种类。细菌(主要为乳酸菌)、酵母(假丝酵母属、圆酵母属、隐球酵母属和红酵母属等)、霉菌。

(4)微生物引起果汁变质的现象

①浑浊。多数情况下浑浊是由酵母菌引起的，它主要来源于原料清洗不彻底。

②产生酒精。主要是酵母菌、细菌和霉菌转化果汁为酒精的情况非常少。

③有机酸的变化。果汁中主要含有酒石酸、柠檬酸和苹果酸等有机酸，如果微生物分解了这些有机酸或改变了它们的含量比例，就破坏了果汁原有的风味，甚至产生异味。

七、糕点的腐败变质

糕点含有丰富的碳水化合物、蛋白质、矿物质、维生素等营养成分，也是微生物的良好培养基。糕点一旦遭受微生物污染，则微生物会在糕点中迅速生长繁殖，从而导致糕点的卫生安全质量不合格，引发糕点发霉变质等问题。

引起糕点变质的微生物主要是细菌和霉菌，如沙门菌、金黄色葡萄球菌、粪肠球菌、大肠杆菌、变形杆菌、黄曲霉、毛霉、青霉、镰刀霉等。

导致糕点变质的原因如下：

(1)生产原料不符合质量标准；

(2)生产设备、工器具没有严格消毒；

(3)制作过程中灭菌不彻底；

(4)包装容器不卫生及包装贮藏不当。糕点多用塑料袋、复合铝塑袋、塑料罐等容器包装，如这些容器被微生物污染，则糕点极易霉变。

八、鱼类的腐败变质

新捕获的健康鱼类，其组织内部和血液中常常是无菌的。但在鱼体表面的黏液中，鱼鳃里以及肠内都存在着微生物。此外，由于季节、渔场、种类的不同，体表所附细菌数有所差异，此外捕捉方式也会影响细菌的数目。例如，用网捕获到的鱼的细菌污染通常要比钩捕到的鱼高 10～100 倍。

淡水鱼体表以假单孢菌属、无色菌属、气单孢为优势菌；海水鱼以假单孢菌属、无色菌属、弧菌属、黄杆菌属及微球菌属为优势菌。

鱼类在捕获致死后，不再具有抵抗微生物侵入的能力，微生物可经不同的途径侵入鱼组织。捕获后的鱼一般不立即清洗处理，多数情况下是带着容易腐败的内脏和鳃一道进行运输，由于内脏中肠内蛋白酶作用于肠壁，微生物极易从肠内透出，浸入腹腔的肌肉中，引起腐败。其次，鱼体自身水含量高（约 70%～80%），组织脆弱，鱼鳞容易脱落，造成细菌容易从受伤部位侵入，鱼体表面的黏液又是细菌良好的培养基，因此微生物可从表皮的黏液侵入鱼组织，再加上鱼死后体内酶的作用，使部分蛋白质分解成氨基酸和可溶性含氮物，为腐败微生物的繁殖提供了有利条件，从而加速了腐败过程，很快发生腐败变质。

第二节　食品微生物污染的控制

一、污染食品的微生物来源与途径

一方面微生物在自然界中分布十分广泛，不同的环境中存在的微生物类型和数量不尽相同；另一方面食品从原料、生产、加工、贮藏、运输、销售到烹调等各个环节，常常与环境发生各种方式的接触，进而导致微生物的污染。污染食品的微生物来源可分为土壤、空气、水、操作人员、动植物、加工设备、包装材料等方面。

1. 污染食品的微生物来源

(1)土壤。土壤是由地壳表面的岩石经过长期风化和生物学作用而形成的一层疏松物质，含有大量无机物(矿物质)和有机质，加之土壤具有一定的保水性、通气性及适宜的酸碱度(pH 3.5～10.5)，土壤温度变化范围通常在10～30℃之间，而且表面土壤的覆盖能保护微生物免遭太阳紫外线的危害。可见，土壤为微生物的生长繁殖提供了有利的营养条件和环境条件。因此，土壤素有“微生物的天然培养基”和“微生物大本营”之称。土壤中的微生物数量可达10^7～10^9个/g。土壤中的微生物种类十分庞杂，其中细菌占有比例最大，可达70%～80%，放线菌占5%～30%；其次是真菌、藻类和原生动物。不同土壤中微生物的种类和数量有很大差异，在地面下3～25cm是微生物最活跃的场所，肥沃的土壤中微生物的数量和种类较多，果园土壤中酵母的数量较多。土壤中的微生物除了自身发展外，分布在空气、水和人及动植物体的微生物也会不断进入土壤中。许多病原微生物就是随着动植物残体以及人和动物的排泄物进入土壤的。因此，土壤中的微生物既有非病原的，也有病原的。通常无芽孢菌在土壤中生存的时间较短，而有芽孢菌在土壤中生存时间较长。例如沙门氏菌只能生存数天至数周，炭疽芽孢杆菌却能生存数年或更长时间。同时土壤中还存在着能够长期生活的土源性病原菌。霉菌及放线菌的孢子在土壤中也能生存较长时间。

(2)空气。空气中的微生物主要来自土壤、水、人和动植物体表的脱落物和呼吸道、消化道的排泄物。空气中的微生物主要为霉菌、放线菌的孢子和细菌的芽孢及酵母菌。不同环境空气中微生物的数量和种类有很大差异，公共场所、街道、畜舍、屠宰场及通气不良处的空气中微生物数量较多，空气中的尘埃越多，所含微生物的数量也就越多，室内污染严重的空气微生物数量可达10^6个。海洋、高山等空气清新的地方微生物的数量较少，一般食品厂不宜建立在闹市区或远离交通主干线旁。

(3)水。海洋、江河和湖泊中的微生物可以分为两大类：一类是原本生活在水域中的微生物，如一些自养型微生物；另一类是腐生性微生物，它们是随土壤和污水及腐败的有机质进入水域的。微生物在水中的分布受水体类型、有机质含量、温度、酸碱度、含盐量、溶解氧和深浅度等诸多因素的影响。当水体受到土壤和人畜排泄物的污染后，会使肠道菌和病原菌的数量增加。在海洋中生活的微生物主要是细菌，它们具有嗜盐的特性，能够引起海产动植物的腐败，有些菌还可引起食物中毒。矿泉水、深井水含菌很少。

食品加工中，水不仅是微生物的污染源，也是微生物污染食品的主要途径。如果使用了微生物污染严重的水作原辅料，则会埋下食品腐败变质的隐患。在原料清洗中，特别是在畜禽屠宰加工中，即使是应用洁净自来水冲洗，如方法不当，自来水仍可能成为污染的媒介。

(4)人及动物携带。健康人体的皮肤、头发、口腔、消化道、呼吸道均带有许多微生物。由病原微生物引起疾病的患者体内会有大量的病原微生物，它们可通过呼吸道和消化道向体外排出，人体接触食品就可能造成微生物的污染。犬、猫、蟑螂、蝇等的体表及消化道也都带有大量的微生物，接触食品同样会造成微生物的污染。

(5)加工机械设备。各种加工机械设备本身没有微生物所需的营养物，当食品颗粒或汁液残留在其表面，使微生物得以在其上生长繁殖。这种设备在使用中会通过与食品的接触而污染食品。

(6)包装材料。各种包装材料如果处理不当也会带有微生物，一次性包装材料比循环使用的微生物数量要少。塑料包装材料，由于带有电荷会吸附灰尘及微生物。

(7)原料及辅料。健康的动植物原料表面及内部不可避免地带有一定数量的微生物，如果在加工过程中处理不当，容易使食品变质，有些来自动物原料的食品还有引起疫病传播的可能。辅料如各种佐料、淀粉、面粉、糖等，通常仅占食品总量的一小部分，但往往带有大量微生物。调料中含菌可高达10^8个/g。佐料、淀粉、面粉、糖中都含有耐热菌。原辅料中的微生物一是来自于生活在原辅料体表与体内的微生物，二是在原辅料的生长、收获、运输、贮藏、处理过程中的二次污染。

2. 微生物污染食品的途径

食品在生产加工、运输、贮藏、销售以及食用过程中都可能遭受到微生物的污染，其污染的途径可分为两大类。

(1)内源性污染。凡是作为食品原料的动植物体在生活过程中，由于本身带有的微生物而造成食品的污染称为内源性污染，也称第一次污染。如畜禽在生活期间，其消化道、上呼吸道和体表总是存在一定类群和数量的微生物。当受到沙门氏菌、布氏杆菌等病原微生物感染时，畜禽的某些器官和组织内就会有病原微生物的存在。当家禽感染了鸡白痢、鸡伤寒等传染病，病原微生物可通过血液循环侵入卵巢，在蛋黄形成时被病原菌污染，使所产蛋卵中也含有相应的病原菌。

(2)外源性污染。食品在生产加工、运输、贮藏、销售、食用过程中，通过水、空气、人、动物、机械设备及用具等而使食品发生微生物污染称外源性污染，也称第二次污染。

二、控制微生物污染的措施

1. 防止原料的污染

加工食品的原料直接影响成品质量。获得符合微生物学标准的原料要求如下：

(1)食品加工者应了解原料的来源，并指导和控制原料的生产情况；

(2)严格把好原料验收关，杜绝可能造成微生物污染的原料入厂；

(3)最好采用本厂生产的原料，使原料的微生物数量降至最低程度，以便获得质量优良的食品；

(4)要加强原料的卫生管理工作，控制好原料贮藏温度、湿度等条件，以严格控制微生物的生长。

2. 加强食品生产卫生

食品生产的每个环节要有严格而明确的卫生要求，如此才能加工出符合要求的产品。

(1)食品厂址的选择要合理；

(2)生产食品的车间要清洁卫生；

(3)设备清洗杀菌要彻底；

(4)食品加工工艺要合理；

(5)严格执行正确的巴氏杀菌操作规程；

(6)防止杀菌后的食品再次受到微生物污染；

(7)生产用水质量要符合饮用水的卫生标准。

3. 加强食品非生产环节卫生

(1)加强食品贮藏卫生、食品运输卫生、食品销售卫生。

(2)加强食品从业人员卫生。

(3)加强环境卫生管理。

第三节　微生物生长的控制与食品保藏

一、微生物生长的控制与食品保藏方法

食品保藏是食品从生产到消费过程中的重要环节,是利用各种物理学、化学以及生物学方法,使食品在尽可能长的时间内保持其营养价值、色香味以及良好的感官性状。

引起食品污染和腐败变质的因素有:物理的、化学的和生物的等。其中生物的因素是较为主要的方面。在生物因素中,微生物引起食品腐败又是最大和最主要的。因此,食品的贮藏是围绕着防止微生物污染和延缓微生物的分解作用而进行的。

1. 食品加热灭菌保藏

加热保藏食品的方法,在家庭生活以及大规模食品工业中都得到广泛地应用。不管方法和形式怎么不同,都是利用高于微生物最适温度的高温对食品进行加热,杀死病原菌及腐败微生物,然后采用适当的包装使食品与外界环境隔离,避免微生物再污染而达到较长时间保藏的目的。

利用加热保藏食品的常用方法如下。

煮沸、烘烤、油炸是家庭及食品工业常用的加工方法,但其不能杀死全部微生物。此外,热包装的杀菌效果与预煮温度及煮沸时间有关。

加热杀菌常用的方法有煮沸、巴氏消毒法、高压蒸气灭菌、UHT 超高温瞬时灭菌等。使用时根据杀菌的目的、杀菌的对象选择方法,以既达到杀菌的目的又尽可能地保持食品的营养和质地为准,关键是选择杀菌的时间和温度。

2. 影响食品加热灭菌效果的因素

食品中微生物的数量和种类;食品本身的组成、体积和形状;食品中的水分含量;食品的 pH 及其本身性质;杀菌方式等都是影响食品加热灭菌的因素。

(1)食品中存在的微生物的数量对杀菌效果的影响

实验证明,食品中微生物的数量越大(尤其是细菌的芽孢),杀菌的时间就要越长,或所需温度越高。

(2)食品中微生物的种类对加热灭菌效果的影响

不同种类的微生物对热的抵抗力有很大差异,各种微生物的温度上限值是不同的。多数细菌、酵母、霉菌的营养细胞,抗热性是较差的,50～60℃,10min 可致死。腐生嗜热芽孢杆菌的营养细胞可在 80℃下生长,121℃,12min 可致死。细菌芽孢和霉菌的孢子抗热力比营养细胞强。同一菌种不同菌株或不同菌龄,抗热性也有差异。

(3)食品本身的组成对杀菌效果的影响

水分含量高的食品,杀菌效率也高。食品的氢离子浓度(pH)接近中性时,细菌细胞

和芽孢耐热性最高，而食品处在酸性和碱性都有助于杀菌。食品中糖含量高低，杀菌效果也不一样。食品中无机盐在一定浓度下可增加微生物的耐热性。

(4)食品的体积和形状对杀菌效果的影响

加热灭菌效果与食品的体积成反比。同样体积的食品随容器形状不同加热效果也不同。

(5)灭菌方式对杀菌效果的影响

摇动式的灭菌比静置式的效果要好。

3. 食品的低温抑菌保藏

利用低温保藏食品是食品保藏中的一种重要方法，因为，在低温保藏的食品，其营养和质地能得到较好的保存，对一些生鲜食品，如水果、蔬菜等更具优越性。因此，是食品保藏中使用的最广泛的方法。

(1)低温保藏食品的基本原理

食品在低温下，本身的酶活性及化学反应得到延缓。食品中的微生物的生长繁殖大大降低或完全受到抑制，处于休眠状态，这样食品在一定时间内得以保藏。

微生物对冷的抵抗力与微生物的种类和生长发育阶段、贮存时期的温度、贮藏时间以及食品的种类和性质均有密切关系。

(2)利用低温保藏食品的常用方法

①普通贮藏

温度高于15℃而低于大气温度贮藏方法。本法对块根类、马铃薯、甘蓝、芹菜、苹果等可以作短期贮存。

②冷藏

温度稍高于冻结温度，通过冰或机械冷却。对鲜蛋、奶制品、肉、水产、蔬菜水果等可在有限期内保存。

③冻藏

一般认为-18℃是较为合适的冻藏温度。冻藏条件下微生物并不死亡，而是处于休眠状态，另外酶反应仍缓慢进行。表9-2列举了部分食品的低温冻藏条件和贮存期限。

表9-2 各种食品的冻藏条件及贮存期限

品名	结冰温度/℃	冻藏温度/℃	相对湿度/%	贮藏期限
奶油	-2.2	-23～-29	80～85	1年
冰激凌	—	-26	—	数月
脱脂乳	—	-26	—	短期
冻结鱼	-1.0	-23～-18	90～95	8～10月
冻结猪肉	-1.7	-23～-18	90～95	4～12月
冻结牛肉	-1.7	-23～-18	90～95	9～18月
冻结羊肉	-1.7	-23～-18	90～95	8～10月
冻结果实	—	-23～-18	—	6～12月
冻结蔬菜	—	-23～-18	—	2～6月

4. 食品的干燥保藏

利用干燥保存食品是一个古老的方法，也是现在食品保藏的重要方法之一。干燥保存食品有许多优点：人工技术的进步，设备的改进，使食品中的营养成分得到较好的保存，同时节省劳力，占地面积小，干制食品重量轻、体积小，便于贮藏和运输，也节省了包装材料。对于军需、航海、野外作业、旅游等都很方便。

(1)利用干燥保藏食品的基本原理

食品通过干燥，大大降低了食品中的水分活性，食品中营养成分被浓缩，提高了渗透压。微生物由于得不到能利用的水分而受到抑制，停止了生长繁殖。另外，食品本身的酶活性也受到抑制从而达到较长时间的保藏目的。

(2)食品干燥的方法

①自然干燥

利用太阳、风、自然冷冻干燥等。在农村和家庭广为应用。

②人工干燥

有常压和真空干燥等几类，常压干燥包括热风、喷雾、薄膜、泡沫、干燥剂、冻结、微波等。真空干燥包括真空和冷冻真空干燥。

冷冻真空干燥是最好的干燥方法，特别是一些对热和氧气敏感的食物成分，在干燥过程中不会损失或损失较少，因而发展迅速，在食品工业中得到越来越多的应用。

(3)干燥食品中微生物的变化

不同种类的干燥食品上的微生物，在种类和数量上有所不同。

5. 食品的腌渍保藏

常用的有盐腌保藏和糖渍保藏。盐腌可提高渗透压，如果微生物处于高渗状态的介质中，则菌体原生质脱水收缩，与细胞膜脱离，原生质可能凝固，从而使微生物死亡，达到保藏的目的。除嗜盐菌外，食盐浓度达10%，即能抑制大多数的腐败菌和致病菌的生长，咸鱼、咸肉、咸蛋、咸菜等是常见的盐腌食品。

【小贴士：腌制食物在腌制过程中，如果加入食盐量小于10%，蔬菜中的硝酸盐可被微生物还原成亚硝酸盐，人若进食了含有过量亚硝酸盐的腌制品后，会引起中毒。其症状为皮肤黏膜呈青紫色，口唇和指甲床发青，重者还会伴有头晕、头痛、心率加快等症状，甚至昏迷。因此，腌制品不是人们的理想食品，以少吃为宜。】

糖渍食品是利用高浓度(60%～70%以上)糖液，作为高渗溶液来抑制微生物繁殖。不过此类食品还应在密闭和防湿条件下保存，否则容易吸水，降低防腐作用。糖渍食品常见的有糖炼乳、果脯、蜜饯和果酱等。

6. 食品的化学防腐保藏

食品添加剂中，有一些是为了改善食品保藏性，这些物质称为防腐剂，它们在食品保藏中具有重要意义。

食品加工中有以下常用的防腐剂。

(1)苯甲酸及其钠盐。在酸性食品中能抑制酵母和霉菌生长，多用于果汁等酸性饮料和果酱中，最高允许含量不超过0.1%。

(2)山梨酸及其钾盐或钠盐。对细菌的作用较弱，在pH 4.5以下时，对酵母菌显示出较好的抑菌效果，对霉菌的抑制作用较强。适用于糕点、干果、果酱、果汁及其他无酒精饮料、酱腌菜等，最高允许含量为0.1%。

(3)丙酸及其钙盐或钠盐。在酸性条件下抑制霉菌生长，对酵母菌无效。常用于面包、糕点、干酪等制品的防霉，最高允许含量为0.32%。

在现有的防腐剂中，有些对人体健康不利，因此，研制和开发一些对人体无害的天然防腐剂是食品工业中急待解决的问题。

7. 食品的辐射保藏

(1)辐照保藏食品的原理

辐照保藏食品就是用X射线、γ射线、电子射线照射食品。这些带电和不带电的高能射线，能引起食品及其所附带的昆虫和微生物发生一系列物理化学反应，使它们的新陈代谢、生长发育受到抑制或破坏，致使微生物和昆虫被杀死，从而食品的保藏时间得以延长。

(2)辐照食品的射线剂量的选择及应用

①低剂量的辐照为1000 Gy以内。多用抑制发芽、杀虫和延缓成熟。

②中等剂量的辐照为1000～10000 Gy。多用于减少非孢子致病微生物的数量和食品工艺性能的改进。

③高剂量的辐照约为10000～50000 Gy。多用于商业目的的灭菌和消灭病毒。

(3)辐照保藏食品的优点

①射线穿透力强，可处理包装和冻结的食品，杀灭深藏于食品内部的害虫、寄生虫和微生物。

②照射几乎不产生热。食品能在新鲜状态下进行保藏。

③辐照是物理加工的过程，不需添加防腐剂，因此，不留下任何残留物。

④可以改善一些食品的品质。

⑤节约能源。

⑥处理能连续进行。

二、食品防腐保藏新技术

1. 栅栏技术

"栅栏技术"是1976年由德国Kumbach肉类研究中心的Leistner和Roble首先提出，Leistner等人把食品防腐技术方法归纳为栅栏因子，并提出食品防腐就是调控栅栏因子，以打破微生物的内平衡，从而限制微生物的活性与食品氧化。这些因子相互作用形成了特殊的防止食品腐败变质的栅栏，对食品的防腐保持联合作用，即栅栏效应，将其命名为栅栏技术。

(1)栅栏技术基本原理

在食品防腐保藏中的一个重要现象是微生物的内平衡，内平衡是微生物维持一个稳定平衡内部环境的固有趋势。具有防腐功能的栅栏因子扰乱了一个或更多的内平衡机制，因而阻止了微生物的繁殖，导致其失去活性甚至死亡。

(2)食品保藏中施加于微生物的主要限制因素

①抑制或降低微生物的生长速度：降低温度，减少水分活度(A_w)，减少氧气，增加二氧化碳，降低 pH，乳酸发酵，酒精发酵，添加防腐剂，微结构控制。

②微生物的灭活方法：加热，离子辐射，化学的生物杀菌剂，加入分解酶或其他酶，加高压，通电流等。

栅栏技术是将多种食品加工与贮藏技术同时结合应用，每种技术只用到其中等水平，尤其是对食品的组织、品质、风味、颜色、保质期等有不良影响的技术因子尽量降低其强度，而且所获得的保质期不是这几种技术所获保质期的算术累加，而是呈现出叠加效应，从而大大延缓食品的变质速度。

栅栏因子控制微生物稳定性所发挥的栅栏作用不仅与栅栏因子种类、强度有关，而且受其作用次序影响，两个或两个以上因子的作用强于这些因子单独作用的累加。某种栅栏因子的组合应用还可大大降低另一种栅栏因子的使用强度，或不采用另一种栅栏因子而达到同样的保存效果。

2. 栅栏技术的发展趋势

目前，栅栏技术在食品行业得到广泛应用，通过这种技术加工和贮存的食品也称为栅栏技术食品(HTF)。在拉丁美洲，HTF 食品在食品市场中占有很重要的位置。栅栏技术在美国、印度、以及欧洲一些国家已经有较大发展。近年来，在我国食品加工业中的应用也已兴起。随着对栅栏技术的深入研究，它必将为未来食品保藏提供可靠的理论依据及更多的关键参数。

德国肉类研究中心对筛选出的 75 种食品应用栅栏技术的每一类型产品都提出标准化、优质化加工建议，根据 HACCP 管理原则制定每一产品的加工关键控制点，再投入标准化大规模生产，提高产品品质、安全性和贮藏性。

3. 栅栏技术在食品加工中的应用

(1)在新鲜果蔬加工中的应用

从原料选择、加工、包装到配送、销售，每一环节都应直接或间接地采取“栅栏”措施，以达到预期的保存目的。

栅栏因子包括：温度控制、适宜的清洗消毒剂、pH、水分活性、气体成分、臭氧、辐照、包装。

在抑制杨桃切片贮存期发生的褐变反应以及营养成分改变的工艺中，就是以 pH 作为主要栅栏因子，采用柠檬酸和抗坏血酸的有效结合调节其切片表面的 pH，并同时利用无氧包装、低温贮存等辅助性栅栏因子，达到了有效抑制杨桃切片发生褐变的效果。

(2)栅栏技术在鲜肉保藏中的应用

鲜肉保藏的传统方法是冷冻，有一定的缺点：成本高，影响肉的品质。采用栅栏技术：真空包装，气调包装，加天然抑菌剂、抗氧化剂、复合保鲜剂，复合包装等可以避免这些缺点。

(3)栅栏技术在食品包装中的应用

食品包装本身就是一个非常重要的栅栏因子。用于包装过程的栅栏因子有：抽真空、充入特殊气体、气调包装等。真空与充氮包装将阻隔氧气作为首要目标，气调包装主要控制、调节包装袋内的氧气和二氧化碳的浓度，并将其稳定在一个狭小范围内。在包装过程中调节温度、压强等栅栏因子，也同样可以增强包装的栅栏功效。用作食品包装的材料很少具有防腐性或抗氧化性，或能吸收 C_2H_4、O_2、水蒸气等。

(4)栅栏技术在乳品工业中应用

乳是一个较为复杂的包含真溶液、高分子溶液、胶体悬浮液、乳浊液及其过渡状态的分散体系，其 pH 的变化直接关系到整个体系的稳定性，所以 pH 是乳品质量的另一个重要衡量指标。在乳品加工过程中还常采用益生菌菌株来开发相关的发酵乳制品。其他一些栅栏因子(如辐照、压力、气调和包装等)在乳品工业中的应用，以及各种栅栏因子的复合交互应用都还需要进行大量的研究。在栅栏技术应用于食用菌方面，从原料选择到包装等各方面将栅栏技术应用到食用菌的保鲜贮藏中，结果显示食用菌一般水分含量高，营养丰富，质地柔嫩，生理生化活动强烈，通过调控栅栏因子对食用菌进行保鲜，可最大限度地保存它的营养价值。

(5)栅栏技术在调理食品中的应用

现代方便食品，又称速食食品或调理食品，其最大特点是有一定的配方要求和工程设计程序，罐头食品被称为第一代调理食品，随着制冷工业的发展，冷冻食品获得较大发展，出现了第二代调理食品——速冻调理食品。

真空调理食品加工工艺，在新鲜食品原料经调理后，先在真空状态下封装于塑料盘中，然后再经加热蒸煮、冷却后进行冷藏或冷冻。这个工序的调整实际上属于栅栏技术的范畴，就是将作用于食品的两种栅栏因子的作用次序调整，从而获得了更加优良的产品。

选择恰当种类和数量的栅栏因子，并严格控制其强度，以达到加工保藏目的的重要措施。

【本章小结】

食品腐败变质是微生物的污染、食品的性质和环境条件综合作用的结果。食品中微生物污染的途径分为两大类：内源性污染(第一次污染)，凡是作为食品原料的动植物体在生活过程中，由于本身带有的微生物而造成食品的污染；外源性污染(第二次污染)，是指食品在生产加工、运输、贮藏、销售、食用过程中通过水、空气、人、动物、机械设备及用具等而使食品发生微生物污染。食品腐败变质的过程实质上是食品中碳水化合物、蛋白质、脂肪在污染微生物的作用下分解变化，产生有害物质的过程。由于不同种类的食品所含的成分有差异，因而引起各类食品的腐败变质微生物种群不完全相同。食品保藏是食品从生产到消费过程中的重要环节，目前用于食品保藏的防腐与杀菌措施有加热灭菌保藏、低温抑菌保藏、干燥保藏、腌渍保藏、化学防腐保藏、辐射保藏等。

【思考与练习题】

一、名词解释

食品腐败变质；外源性污染；栅栏技术

二、填空题

(1)造成食品腐败变质的原因很多，有__________、__________以及__________；__________的污染是导致食品腐败变质的最重要的根源。

(2)一般来说,食品发生腐败变质与__________、__________以及__________等因素有着密切的关系;它们三者相互作用、相互影响。

(3)食品受到微生物的污染后,容易发生腐败变质,一般是从________、__________、__________和__________四个方面来进行食品腐败变质的鉴评。

(4)果汁等酸性饮料常用防腐剂是__________。

(5)一般情况下微生物种类数量最多的地方是__________。

三、简述题

(1)简述污染食品的微生物来源及途径。

(2)常见的污染食品并可引起食品腐败变质的细菌有哪些?

(3)引起食品腐败变质的主要因素是什么?

(4)通过干燥保存食品的原理是什么?

(5)为什么奶和奶制品容易被微生物污染?

第十章　微生物与食品安全

【知识目标】

1. 理解食源性疾病的概念、分类及食物中毒的概念、分类。

2. 掌握常见的食物中毒的病原菌种类和生物学特性，理解中毒症状及中毒机理，了解病原菌来源和防治措施。

3. 掌握污染食品引起的常见病毒疾病、人畜共患疾病及消化道疾病的病原菌种类和生物学特性，理解发病症状及致病机理；了解疾病传染途径和防治措施。

4. 掌握食品安全国家标准中的微生物指标及卫生学意义。

【技能目标】

1. 能解读食品安全国家标准中常见食品的微生物限量标准。

2. 能判断食物中毒的类型及常见食物中毒的表现。

【重点与难点】

重点：食品介导的各类食源性疾病的病原菌种类、生物学特性、发病症状及病原菌来源。食品安全标准中的主要微生物指标及检测原理和方法。

难点：食品安全国家标准中常见食品的微生物限量标准的检测和解读。

第一节　微生物与食源性疾病

一、食源性疾病定义

世界卫生组织对食源性疾病的定义为："摄食进入人体内的各种致病因子引起的通常具有感染性质或中毒性质的一类疾病。"即食源性疾病是指通过摄食而使感染性和有毒有害物质进入人体所引起的疾病。凡是与摄食有关的一切疾病均属于食源性疾病。食源性疾病一般分为感染性和中毒性两大类，包括食物中毒、食源性病毒感染、肠道传染病、人畜共患传染病等。

WHO认为，食源性疾病是一种广泛流行的疾病，食源性疾病发病率高，涉及面广，是当今世界最大的食品安全问题，食源性疾病的发病率居各类疾病总发病率的前列，无论是发展中国家还是发达国家食源性疾病都是对健康的一种严重威胁。

据 WHO 的报告,全球每年有数 10 亿人患食源性疾病,即使在发达国家也至少有 1/3的人患食源性疾病。据美国疾病预防控制中心报告,美国每年约发生近 8000 万例食源性疾病,其中 32%的人住院治疗,5000 多例死亡。

二、食物中毒与有毒食物

食物中毒是指摄入了含有生物性、化学性有毒有害物质的食品,把有毒有害物质当作食品摄入后所出现的非传染性的急性、亚急性疾病。

有毒食物是指含有毒有害物质的食品。摄入有毒食物会引起食物中毒。有毒食物包括:被致病菌和(或)毒素污染的食品、被有毒化学品污染的食品、外观与食物相似而本身含有有毒成分的物质、本身含有有毒物质,加工烹饪未能除去的食品、贮存条件不当,贮存过程中产生有毒物质食品。

三、食物中毒的特点与分类

1. 食物中毒的特点

发病与特定的食物有关,中毒病人在相近时间内食用过某种相同的可疑中毒食物。食物中毒发病集中,发病急剧,潜伏期短,病程也较短,来势急剧,呈爆发性。临床表现基本相似,一般人与人之间无直接传染性。发病曲线常于发病后突然上升又很快下降,无二代病人出现。

2. 食物中毒的分类

(1)细菌性食物中毒。食入含有细菌或细菌毒素的有毒食品所引起的食物中毒,称为细菌性食物中毒。细菌性食物中毒是食物中毒中最多见的一类,发病率高,病死率低,发病有明显的季节性特点。沙门菌食物中毒、变形杆菌食物中毒、副溶血性弧菌食物中毒、酵米面椰毒假单胞菌食物中毒及肉毒毒素食物中毒等均属于细菌性食物中毒。

(2)真菌性食物中毒。指食用被真菌及其毒素污染的食物而引起的急性疾病。其发病率较高,死亡率也较高。如赤霉病、霉变甘蔗中毒等。

(3)动物性食物中毒。指食用动物性有毒食品而引发的食物中毒。动物性食物中毒发病率与死亡率均较高。动物性有毒食品主要有两大类食品:一是天然含有有毒成分的动物性食品;二是在一定条件下产生大量有毒成分的动物性食品,在我国主要河豚鱼中毒。

(4)植物性食物中毒。指食用植物性有毒食品引发的食物中毒,其发病特点因引起中毒的食品种类而异。植物性有毒食品主要包括三种:将天然含有有毒成分的植物或其加工制品当做食品,如大麻油;在加工中把未能破坏或除去有毒成分的植物当作食品,如苦杏仁;在一定条件下,产生大量的有毒成分的可食植物性食品如发芽的马铃薯。

(5)化学性食物中毒。指食用化学性有害食品引起的食物中毒。发病的季节性、地区性不明显,但发病率和病死率均较高。化学性有害食品包括:被有毒有害化学物质污染的食品;被误认为食品、食品添加剂、营养强化剂的有毒有害的化学物质;添加非食品级的或伪造或禁止使用的食品添加剂、营养强化剂的食品,及超剂量使用食品添加剂的食品;营养素发生变化的食品。

第二节　细菌性食物中毒

一、细菌性食物中毒的定义

食品中常见的细菌称为食品细菌，包括致病菌、条件致病菌和非致病菌。食品细菌主要来自生产、加工、运输、贮存、销售和烹调等各个环节的外界污染。共存于食品中的细菌种类及其相对数量的构成，称为细菌菌相，其中相对数量较大的细菌称为优势菌种。不同的细菌污染食品后果不同，腐败菌污染食品，会使食品腐败变质失去食用价值。如细菌作用下，含碳水化合物的食物的变酸，含蛋白质丰富的食物的腐烂变臭等。而致病菌和某些条件致病菌污染食品，可引起急性或慢性疾病。

病原菌、致病性细菌污染食物后，可以在食物里大量繁殖或产生毒素，人们吃了这种含有大量致病菌或细菌毒素的食物而引起的中毒，即是细菌性食物中毒。前者即吃了含大量致病菌的食物引起的食物中毒称为感染性食物中毒，病原体有沙门氏菌、副溶血性弧菌、大肠杆菌、变形杆菌等。后者即吃了含细菌毒素的食物引起的中毒称为毒素性食物中毒，由进食含有葡萄球菌、产气荚膜杆菌及肉毒杆菌等细菌毒素的食物所致。

二、细菌性食物中毒的特点及表现

细菌性食物中毒是食物中毒中最常发生的一类，具有明显的季节性，一般5～10月份是细菌性食物中毒多发时期，此时期气温高为细菌繁殖创造了有利条件，这几个月人体易感性增强，防御机能有所降低，因而常发生细菌性食物中毒。

细菌性食物中毒发病率高、死亡率低，中毒多见于加工或贮存不当的畜禽瘦肉及其内脏、乳制品、蛋类和水产品等动物性食物中。少数植物性食物如剩饭、糯米凉糕、面类发酵食品等则易出现金黄色葡萄球菌、蜡样芽孢杆菌等引起的食物中毒。

细菌性食物中毒起数和人数约占全年总人数的70%～80%。发病急，潜伏期短。一般在进食有毒物24h内发病，易呈急骤爆发型，往往在短时间内进食过同一种或几种有毒的食物，进食者发病，不进食者不发病，中毒患者的临床症状基本相似。无传染性，由于食物中毒的细菌和肠道传染病的病原体不同，所以人与人之间不发生直接或间接传染。抵抗力降低的人，如病弱者、老人和儿童易发生细菌性食物中毒，发病率较高，急性胃肠炎症较严重，但此类食物中毒病死率较低，愈后良好。

细菌性食物中毒临床表现比较单纯，以恶心、呕吐、腹痛、腹泻、发热等急性肠胃炎症症状为主。

三、细菌性食物中毒发生的原因及条件

细菌性食物中毒多发生在夏秋炎热季节，主要原因是食物在原料、制作、贮存、出售过程中处理不当被细菌污染所引起的。

1. 原材料本身受致病菌污染

原料表面往往附着有细菌，尤其在原料破损处有大量细菌聚集，增大了被致病菌污

染的机会。原料在运输、贮藏、销售等过程中受到致病菌的污染。

2. 食品从业人员直接接触食品

食品从业人员的手、工作衣、帽如不经常清洗就会有大量细菌附着而污染食品。而从业人员一旦手部皮肤有破损、化脓，患有感冒、腹泻等疾病，会携带大量致病菌。如果患病的操作人员仍在继续接触食品，极易使食品受到致病菌污染，从而引发食物中毒。

3. 原料半成品及用具的交叉污染

生的肉、水产品或其他食品原料、半成品，往往带着各种各样的致病菌，在加工处理过程中如果生、熟食品混放，或者生、熟食品的工用具混用，就会使熟食受到致病菌的污染，而熟食在食用前一般不再经过加热，因此一旦受到致病菌污染，极易引发食物中毒。

4. 食物未烧熟煮透

生的食物即使带有致病菌，通过彻底的加热烹调，也能杀灭绝大多数的细菌，确保食用安全。但如果烹调前未彻底解冻、一锅烧煮量太大或烧制时间不足等，使食品未烧熟煮透，就会导致致病菌未被杀灭，从而引发食物中毒。

5. 食品贮存温度、时间控制不当

细菌达到一定数量就会引起食物中毒，而细菌的生长繁殖需要一定的温度和时间，细菌在低于5℃的温度下，基本停止了生长繁殖；在高于65℃的温度下，也基本无法存活。

6. 餐具清洗消毒不彻底

盛放熟食品的餐具或其他容器清洗消毒不彻底，或者消毒后的餐具受到二次污染，致病菌通过餐具污染到食品，也可以引起食物中毒。

四、细菌性食物中毒的发病机制

细菌性食物中毒发病机制可分为感染型、毒素型和混合型三种。

1. 感染型

因沙门氏菌、链球菌、副溶血性弧菌及一些条件致病菌污染食品并在其中大量繁殖，大量活菌随同食物进入肠道，在肠道内继续生长繁殖，靠其侵袭力附于肠黏膜或侵入黏膜下层，引起肠黏膜充血、白细胞浸润、水肿、渗出等炎性病理变化。某些病原菌如沙门氏菌进入黏膜固有层后可被吞噬细胞吞噬或杀灭，病原菌菌体裂解后释放出内毒素，内毒素可引起体温升高，亦可协同致病菌作用于肠黏膜，引起腹泻等胃肠道症状。

2. 毒素型

大多数致病菌能产生外毒素，细菌污染食物后能迅速繁殖并产生大量的肠毒素，人体摄入后，外毒素能刺激肠壁上皮细胞，改变细胞的分泌功能，抑制细胞对钠离子和水的吸收，导致腹泻。常见的毒素型食物中毒有葡萄球菌肠毒素和肉毒梭菌食物中毒。毒素型食物中毒很少有发热情况，以恶心、呕吐为突出症状。

3. 混合型

致病菌和肠毒素会发生协同作用。因此，一般细菌性食物中毒，除肉毒素中毒外，都具有恶心、呕吐、腹痛、腹泻等胃肠道症状。

五、常见的细菌性食物中毒

细菌性食物中毒是最常见的食物中毒。近几年的资料表明，我国发生的细菌性食物中毒以沙门氏菌、金黄色葡萄球菌、肉毒梭菌和副溶血性弧菌较为常见。其次是蜡样芽孢杆菌、李斯特氏菌食物中毒。

(一)沙门氏菌食物中毒

沙门氏菌属的细菌可引起感染型细菌性食物中毒。资料表明，沙门氏菌食物中毒占细菌性食物中毒的42.6%～60%。沙门氏菌是肠杆菌科中的一个重要菌属，它是一大群在形态、生化学及血清学上相关的细菌。本属细菌绝大多数成员对人和动物有致病性，能引起人和动物的败血症与胃肠炎，甚至流产，并能引起人类食物中毒，是人类细菌性食物中毒的最主要病原菌之一。

沙门氏菌广泛存在于猪、牛、羊、家禽、鸟类、鼠类等多种动物的肠道和内脏中。

1. 病原菌生物学特征

根据沙门氏菌属抗原构造分类，目前已发现有2600多种血清型菌株，分为6个亚属，我国已发现200多个。沙门氏菌的宿主特异性极弱，既可感染动物也可感染人类，极易引起人类的食物中毒。有些专对人致病有些专对动物致病，有些是人畜共患。其中引起人类食物中毒次数最多、致病性最强的有鼠伤寒沙门氏菌、猪霍乱沙门氏菌、肠炎沙门氏菌。

沙门氏菌属是一大群寄生于人类和动物肠道内，生化反应和抗原构造相似的革兰氏阴性、两端钝圆的短杆菌，无荚膜和芽孢，绝大部分具有周生鞭毛，能运动，多数具有菌毛。需氧或兼性厌氧，最适生长温度为37℃，最适pH 6.8～7.8。普通琼脂培养基上培养24h后，形成圆形、表面光滑、无色、半透明，边缘整齐的菌落。

沙门氏菌在外界的生活力较强，在水中存活2～3周，粪便存活1～2个月，牛乳及肉类中存活数月，在冻肉中可存活6个月左右。在咸肉、鸡、鸭蛋及蛋粉中也可存活很久。对热、消毒水及外界环境的抵抗力不强。水经氯处理或煮沸即可将其杀灭，70℃、5min或65℃、15～20min或60℃、1h可杀灭。乳及乳制品中的沙门菌经巴氏消毒或煮沸后迅速死亡。当水煮或油炸大块鱼、肉时，若食物内部温度达不到足以使细菌杀死和毒素破坏的情况下，就会有活菌残留或毒素存在，而引起食物中毒。

2. 中毒机理及病菌来源

沙门氏菌引起的食物中毒需要进食大量细菌才能致病，并与菌体毒力及人体本身的防御能力等因素有关。当食物中沙门氏菌，菌数达10^5～10^9个/mL(g)时，才可引起食物中毒。当大量沙门氏菌进入消化道后，可在小肠和结肠内繁殖，引起炎症，并可经淋巴系统进入血液，引发全身感染。此过程有两种菌体毒素参与，一种是菌体代谢分泌的肠道毒素，另一种是菌体细胞裂解释放出的菌体内毒素。由于中毒主要是摄食一定量的活菌，并使其在体内增殖所致，所以沙门氏菌食物中毒主要属于感染型食物中毒。

沙门氏菌食物中毒的临床症状为急性胃肠炎症，释放分泌的毒素可引起发热并使消化道蠕动增加而发生呕吐和腹泻，由于蠕动加快，肠道内致病菌迅速排出体外，故患者在短期内多可恢复。本病潜伏期较短，一般为12～48h发病，病程3～7d，一般愈后良好，但老人、儿童及体弱者，如不及时进行急救处理，中毒严重也可造成死亡，病死率0.5%～1%，从病死的人体病理解剖中可发现小肠广泛性的炎症和肝脏中毒性病变。

沙门氏菌分布广泛，在家畜、家禽肠道内可检出，因此污染食品的机会也较多。常见引起沙门氏菌食物中毒的食品主要是动物性食品，如肉、禽、蛋、奶及其制品。在我国以肉类为主，最常引起沙门氏菌食物中毒的肉食品是猪肉、牛肉，引起中毒的菌型多是鼠伤寒沙门氏菌，其次是猪霍乱沙门菌。

沙门氏菌可以在家畜、家禽等动物的胃肠道内繁殖。沙门氏菌在猪、牛、羊等健康家畜、家禽和蛋类中的带菌率较高约为2%～15%，由于带菌率较高，在屠宰加工过程中，往往可造成禽畜肉污染，猪肉的沙门菌检出率为12.5%。患病动物的沙门氏菌带菌率更高，如：病猪的沙门氏菌检出率高达70%以上。家禽的肉类食品从畜禽的宰杀、加工、运输、贮存、销售、到烹调的各个环节中，都可受到污染。烹调后的熟肉，如果再次受到污染，并且在较高的温度下存入，食前又不再加热，则更为危险。蛋类及其制品感染或污染沙门氏菌的机会较多，尤其是鸭、鹅等水禽及其蛋类带菌率比鸡高。另外，禽蛋在经泄殖腔排出时，蛋壳表面可在肛门内被沙门氏菌污染，并可通过蛋壳气孔侵入蛋内。患病动物，可通过各种途径将病原菌散布开来，牧场、鸡场均可通过饲料、饮水、污水传播，造成环境的严重污染。

3. 预防措施

预防沙门氏菌食物中毒，须加强食品生产企业、饮食行业的卫生管理。对食品从业人员进行带菌检查，人的沙门氏菌检出率在1%上下波动，带菌者的因素在沙门氏菌食物中毒者中的作用不容忽视，沙门氏菌带菌者不得从事食品生产和制作；严格执行生、熟食品分开制度；采取积极有效措施控制感染沙门菌的病畜流入市场；加强禽畜的宰前、后卫生检验。

畜禽饲养场应有严格的兽医卫生监察措施，严防在饲养场发生动物的沙门菌病，严防因食用病死畜禽肉而发生沙门菌食物中毒。肉类加工厂的生产污水要经过消毒，并经细菌培养检验后方可排放。

加热杀死病原菌是防止食物中毒的关键措施。对沙门菌污染的食品进行彻底的灭菌，肉块应蒸煮至中心呈现灰白硬固的熟肉状态，使肉块深部温度至少达到80℃，并持续12min。蛋类煮沸8～10min，才算杀灭沙门菌。剩余饭菜和存放4h以上的熟食或肉制品食用前应回锅热后再食用。

控制食品中沙门氏菌的生长繁殖。食品工业、集体食堂、食品销售网点，对食品要低温贮存，生食品及时加工，加工后的熟食品应尽快降温，低温贮藏并尽可能缩短贮存时间（保存时间应在6h以内）。

（二）金黄色葡萄球菌食物中毒

金黄色葡萄球菌简称金葡菌，可引起毒素型细菌性食物中毒。该种食物中毒是由于进食被金黄色葡萄球菌及其所产生的肠毒素污染的食物而引起的一种急性疾病。金黄色葡萄球菌能产生外毒素、肠毒素，可感染人和动物皮肤损伤处，引起化脓性疾病。黄色葡萄球菌在自然界中无处不在，空气、水、灰尘及人和动物的排泄物中均能找到。所以金黄色葡萄球菌极易污染食物，且其引起的食物中毒在细菌性食物中毒中占较大比例。

1. 原菌生物学特征

金葡菌为典型的革兰氏阳性球菌，直径为0.5～1.0μm，显微镜下排列成葡萄串状。

金黄色葡萄球菌无芽孢、鞭毛，大多数无荚膜，金黄色葡萄球菌营养要求不高，在普通培养基上生长良好，需氧或兼性厌氧，在普通琼脂平板培养基上培养18～24h，形成的菌落圆形凸起，边缘整齐、湿润不透明，颜色金黄。血平板菌落周围形成透明的溶血环。最适生长温度35～37℃，最适生长pH 7.4。

金黄色葡萄球菌对外界的抵抗力较强，是不产芽孢的细菌中最强的一种，干燥环境下可存活数月，70℃作用1h，80℃下作用0.5h可被杀死。在冷冻贮藏环境中不易死亡，因此在冷冻食品中经常可以检出。有高度的耐盐性，可在10%～15% NaCl培养基中能生长。在血琼脂平板上，菌落较大，多数致病性葡萄球菌可产生溶血毒素，在菌落周围形成明显的溶血环。分解葡萄糖、麦芽糖、乳糖、蔗糖，产酸不产气。甲基红反应阳性，VP反应弱阳性。许多菌株可分解精氨酸，水解尿素，还原硝酸盐，液化明胶。金黄色葡萄球菌具有较强的抵抗力，对磺胺类药物、青霉素、红霉素、土霉素、新霉素等抗生素敏感，但易产生耐药性。

2. 中毒机理及病菌来源

葡萄球菌的致病力取决于其产生的毒素和酶的能力。金黄色葡萄球菌可产生肠毒素、杀白血球素、溶血素、血浆凝固酶、溶纤维蛋白酶等与该菌致病性有关的毒素和酶，它们均可增强金黄色葡萄球菌的毒力和侵袭力，但肠毒素是造成金葡菌食物中毒的主要致病因子。在金葡菌中有30%～50%的菌株可产生肠毒素，并且一个菌株能产生两种或两种以上肠毒素。这些毒素不受蛋白酶影响，抗热性很强。一般家庭中大部分食物的蒸煮温度和时间都不能破坏肠毒素。不能依赖于加热处理防止金黄色葡萄球菌肠毒素引起的食物中毒。

当金黄色葡萄球菌肠毒素随食物进入人体后，在消化道被吸收进入血液，并由毒素刺激中枢神经系统中的双侧迷走神经在内脏的分支和脊髓而引起中毒反应。中毒的主要症状为急性胃肠炎症状，恶心、反复呕吐，吐比泻重，多者可达10余次。呕吐物初为食物，后为水样物。中上腹部疼痛，伴有头晕、头痛、腹泻、发冷。病情重时，由于剧烈呕吐和腹泻，可引起大量失水而发生外周循环衰竭和虚脱。儿童对肠毒素比成人敏感，因此儿童发病率较高，病情也比成人重。金黄色普通球菌中毒一般病程较短，1～2d即可恢复，愈后良好。

肠毒素的产生与食品受污染程度、食品存放的温度、食品的种类和性质等有密切关系，一般食品污染越严重，适宜生长的温度越高、繁殖速度越快，越易产生肠毒素。在适宜该菌繁殖的温度时，就会有肠毒素的形成，且温度越高产生肠毒素的时间越短。引起金黄色葡萄球菌肠毒素中毒的食品种类很多，主要在乳类及其制品、肉类、剩饭等营养丰富且含水分较多的食品，其次是淀粉类食品。近几年，在速冻食品类（如速冻水饺）食品中也多有金黄色葡萄球菌污染事件发生。

金葡菌广泛分布于空气、土壤、水、餐具中，主要污染来源包括原料来源（患有乳房炎的奶牛或有化脓性验证的动物）；患病食品从业人员（患化脓性皮肤病、急性上呼吸道炎症和口腔疾患的人员）；熟食制品包装不严造成污染。

3. 预防措施

防止金黄色葡萄球菌污染食品，主要依靠食品生产流通全过程的严格控制，定期对生产加工人员进行健康检查，患局部化脓性感染、上呼吸道感染的人员要暂时停止其工作或调换岗位。在肉制品加工厂，患局部化脓感染的禽、畜尸体应除去病变部位，经高温或其他适当方式处理后进行加工生产，除了工厂生产加工人员要控制污染外，还要防止金黄色葡萄球菌肠毒素的生成。在低温和通风良好的环境下储藏食物，以防肠毒素形成；在气温高的时节，食物置冷藏或通风阴凉地方不应超过 6h，并且食用前要彻底加热。对不能加热的食品要注意保鲜和冷藏，严防污染。

食品被金葡菌污染后，外观正常，感官性状没有变化，容易被忽视，春、夏、秋季特别要注意。一般对易污染的奶、肉、蛋、鱼制品要煮熟烧透，确保杀死该菌。

（三）肉毒梭菌食物中毒

肉毒梭菌中毒主要是由肉毒梭菌产生的一组肉毒梭菌毒素，肉毒梭菌即肉毒梭状芽孢杆菌，属于厌氧性梭状芽孢杆菌属。肉毒梭菌是一种腐生性细菌，广泛分布于自然界。该菌不能在人和动物体内生长，即使进入消化道，也不增殖，而是随粪便排出。只有在营养丰富、高度厌氧的环境中时，芽孢才发芽变成营养体，产生毒性很强的外毒素即肉毒毒素，该毒素是一种很强的神经毒素，人或动物误食含有该毒素的食物后，会引起毒素型食物中毒，病死率极高。是迄今为止所知的最毒的自然生成的毒素之一。

1. 病原菌生物学特征

肉毒梭菌为革兰氏阳性杆菌，长约 4～6μm，宽约 0.9～1.2μm，两端钝圆，呈单个或短链状排列。菌体周围有多根鞭毛，微有动力，无荚膜，可形成芽孢。芽孢比繁殖体宽，呈梭状，芽孢为椭圆形，位于菌体的近极端，偶见于中央。本菌为专性厌氧菌，对营养要求不高，在普通琼脂上生长良好，最适生长温度为 28～37℃，pH 为 6～8，产毒的最适 pH 为 7.6～8.2。在普通琼脂平板上，菌落圆形，较大，不透明或半透明，色微黄，表面呈颗粒状，边缘不正，界限不明显，向外扩散，呈绒毛状。在血平板上菌落周围有溶血环。在乳糖卵黄牛奶平板上，菌落下培养基变为乳浊，菌落表面及周围形成彩虹薄层，分解蛋白的菌株，菌落周围出现透明环。肉毒梭菌营养体的抵抗力一般，加热至 80℃、30min 或 100℃、10min 可被杀死。但其芽孢的抵抗力很强，煮沸需 6h，高压蒸汽需 121℃、10～12min 或干热 180℃、5～15min 或湿热 100℃、5h 才能将其杀死。肉毒毒素的抵抗力也很强，80℃、30min 或 100℃、10min 才能被完全破坏。正常胃液和消化酶于 24h 不能将其破坏，可被胃肠道吸收而中毒。

2. 中毒机理及病菌来源

当肉毒梭菌污染食品后，在条件适宜情况下即可产生毒素。肉毒毒素是一种强烈的神经毒素，随食物进入肠道后，经胃肠道吸收进入血液循环，作用于神经和肌肉的接触处及植物神经末梢，与神经传导介质乙酰胆碱结合，从而抑制乙酰胆碱的释放，引起肌肉麻痹和神经功能不全等相关症状，人和动物常因呼吸麻痹和心力衰竭而死亡。肉毒毒素中毒的死亡率较高，可达 30%～50%。

肉毒梭菌食物中毒的潜伏期比其他细菌性食物中毒潜伏期长，一般为 12～18h，短者 5～6h，长者 8～10d。潜伏期越短，病死率越高；潜伏期越长，病情进展缓慢。早期由于颅神经麻痹，症状为头痛、头晕，随之出现视觉模糊、眼睑下垂、瞳孔放大，继而出现呼吸麻痹、呼吸困难，最后引起呼吸和心脏衰竭而死亡，死亡率较高，可达30%～65%，多发生在中毒后的4～8h。

肉毒梭菌食物中毒多发生在冬、春季。引起中毒的食品种类，往往与不同国家的饮食习惯、膳食组成和制作工艺有关。我国主要以家庭自制的植物性发酵品如臭豆腐、豆瓣酱、豆豉、和面酱等；其次为肉类制品和罐头食品，主要为越冬密封保存的肉制品。日本发生的肉毒梭菌食物中毒中有90%为家庭自制鱼类罐头或其他鱼类制品引起。美国的肉毒中毒中72%为家庭自制的蔬菜、水果罐头、水产品及肉、奶制品。而欧洲各国肉毒中毒的食物多为火腿、腊肠及保藏的肉类。

食物中肉毒梭菌主要来源于带菌土壤、尘埃及粪便，尤其是带菌土壤可直接或间接污染各类食品，使食品可能带有肉毒梭菌或其芽孢。受肉毒梭菌芽孢污染的食品原料，在家庭自制发酵食品或罐头食品或其他制品的过程中，加热及压力均不能杀死其芽孢。加上密封的厌氧环境，适宜的温湿度、不高的渗透压和适宜的酸度等，提供了使肉毒梭菌芽孢萌发成营养体并产生毒素的条件。家庭自制食品，一般不经过加热而食用，这样毒素进入人体，引发中毒。

3. 预防措施

为预防肉毒梭菌食物中毒发生，除了要加强一般食品卫生措施外，还应加强食品卫生宣传，使人们普及引起肉毒食物中毒的原因和条件的相关知识，自觉改进饮食习惯和制作方法，防止污染肉毒梭菌。对食品原料进行彻底的清洁预处理，以除去泥土和粪便。家庭自制发酵食品时，原料要彻底蒸煮，肉毒梭菌毒素不耐热，加热80℃经30min或100℃经10～20min，可使各型毒素破坏。家庭自制发酵酱类时，盐含量要达到14%以上，并提高发酵温度。要经常日晒，充分搅拌，使氧气供应充足，杜绝肉毒梭菌滋生的外部环境条件。加工后的食品迅速冷却并低温贮存，避免再次污染和在较高温度下或缺氧条件下存放，以防止肉毒毒素产生。对可疑食品进行彻底加热是破坏毒素预防肉毒梭菌毒素中毒的可靠措施。

六、副溶血性弧菌食物中毒

副溶血性弧菌属于弧菌属，又称为致病性嗜盐菌。是分布极广的海洋性细菌，大量存在于海产品中，是沿海地区夏、秋季6～10月份常见的食物中毒病原菌之一。我国沿海地区副溶血性弧菌引起食物中毒较多，内陆地区则发生较少。

1. 病原菌生物学特征

副溶血性弧菌是具单端生鞭毛，能运动的革兰氏阴性菌，不形成芽孢。呈多种形态，表现为杆状、稍弯曲的弧状，有时呈棒状、球状，一般菌体两级浓染，中间稍淡，大小约0.6～1.0μm。在不同培养基上生长的菌体，形态差异很大。该菌为需氧或兼性厌氧菌，在厌氧条件下生长缓慢，对营养要求不高。最适生长温度30～37℃，最适pH 7.4～8.0。具有嗜盐特性，在无盐培养基中不生长，含0.5%氯化钠可生长，在含氯化钠2%～4%的基质中生长最佳。固体培养基上形成圆形、隆起、表面光滑、湿润的菌落。该菌在肉汤和蛋白胨水等液体培养基中均匀混浊生长，形成菌膜。厌氧情况下，经培养48h以上才可生长。该菌的一个显著特点是，在特定培养条件下，产生溶血毒素，呈现溶血现象，能使人或家兔的红细胞发生溶血，使血琼脂培养基上出现溶血环，称为“神奈川试验阳性”。本菌的抵抗力不强，对酸敏感，pH 6.0 以下即不能生长，在普通醋中 1min 即死亡。本菌不耐热，在 75℃下 5min 或在 60℃下 2min 即死亡，在 10℃以下即停止生长。在淡水中生存不超过 2d。不耐寒冷，0～2℃经 24～48h 可死亡，对常用消毒剂抵抗力弱。

2. 中毒机理及病菌来源

人体摄食染菌食物后，通常有几个小时至十几个小时的潜伏期，表现为急性胃肠炎症状，上腹部疼痛、恶心、呕吐、发热、腹泻等。该中毒症的病程较短，一般发病 24h 内大部分症状都可消失，但上腹部压痛可延续至 1 周，一般中毒的死亡率较低。少数重症者出现严重腹泻脱水而虚脱，呼吸困难，血压下降而休克，如抢救不及时可致死亡。

副溶血性弧菌使人致病的原因是随食物食入大量活菌引起的，该菌致病力较弱，但繁殖速度很快，短时间就可以达到足以引起人体中毒的菌量。大量活菌、毒素及两者混合作用均可使引起该菌食物中毒。活菌进入肠道侵入黏膜引起肠黏膜的炎症反应，同时产生溶血性毒素 TDH 和 TRH，有溶血活性和肠毒素作用，作用于小肠壁的上皮细胞，使肠道充血、水肿，肠黏膜溃烂，导致黏液便、脓血便等消化道症状。

副溶血性弧菌主要存在于各种海产品中，其中以墨鱼、带鱼、黄花鱼、虾、贝、海蜇等较为多见；其次为熟肉类、禽肉及禽蛋、咸菜等。其中肉、禽类食品中，腌制品约占半数。海产鱼虾贝类是该菌的主要污染源，接触过带菌海产鱼虾的厨具、容器等可成为污染源，可使肉、蛋及其他食品染菌。带菌者也是传染源之一。海产品中以墨鱼带该菌率最高，为 93%，沿海地区炊具副溶血性弧菌带菌率为 60%左右。该菌可通过生熟不分的食物容器、食物工具污染食物。沿海地区饮食从业人员、健康人群及渔民副溶血性弧菌带菌率都比内陆地区偏高，带菌人群可污染各类食物。

3. 预防措施

预防措施以控制繁殖和杀灭病原菌为主，各种食品，尤其海产食品及各种熟制品应低温贮藏。鱼虾蟹贝等应煮透，蒸煮时加热至 100℃维持 30min。处理海产品时应避免污染其他食品，短期冷藏要求温度在 5℃以下，不吃生的或半熟的海产品，凉拌腌菜前，用自来水充分洗净，100℃沸水中漂烫数分钟，加入食用醋进行杀菌调味。此外生熟炊具要分开，注意消毒，防止生熟食物交叉污染。

第三节　真菌性食物中毒

一、真菌性食物中毒的定义

真菌一般比细菌大几倍至几十倍，用普通光学显微镜放大几百倍就能清晰地观察到。按形态真菌可分为单细胞和多细胞真菌两类。某些真菌会在食品中繁殖并产生毒素而污染食品，引起食物中毒。人畜食用了被真菌毒素污染了的粮食、食品和饲料后，发生的食物中毒，称为真菌性食物中毒或真菌毒素食物中毒。真菌性食物中毒是食源性疾病中较常见的一类，早在 20 世纪 20 年代，人们已经注意到真菌毒素中毒的现象，麦角中毒是发现最早的霉菌中毒症，而 1960 年英国发生的黄曲霉毒素引起十万只火鸡中毒死亡事件，更是引起了人们对真菌毒素研究的高度重视。

二、真菌性食物中毒发生的原因及条件

真菌中的霉菌毒素是引起真菌性食物中毒的主要毒素，霉菌是丝状真菌的统称。霉菌广泛存在于自然界，大多数对人体无害，但有的霉菌是有害的，某些霉菌毒素的污染非常普遍。霉菌毒素是由霉菌产生的，对人和动物具有毒性作用或其他有害生物学效应的一类化合物或代谢产物。霉菌污染食品后，在适宜条件下会产生毒素，而霉菌毒素也可直接污染到食品中，人和动物食用了被污染霉菌毒素的食品后，可产生各种危害：人和动物一次性摄入含大量霉菌毒素的食物常会发生急性中毒，而长期摄入含少量霉菌毒素的食物，则会导致慢性中毒和癌症。霉菌毒素大多通过被霉菌污染的粮食、油料作物及发酵食品等引起食物中毒，因此，粮食及食品的霉变是引发真菌性食物中毒的重要原因。霉菌毒素通常具有耐高温，无抗原性，主要侵害实质器官的特征，霉菌毒素多数还具有致癌性。

真菌性食物中毒发生的原因，主要是谷物、油料或植物贮存过程中生霉，未经适当处理即作食料，或是已做好的食物放久发霉变质误食引起；也有的是在制作发酵食品时被有毒真菌污染或误用有毒真菌菌株。发霉的花生、玉米、大米、小麦、大豆、小米、植物秧秸和黑斑白薯是引起真菌性食物中毒的常见食料。

真菌性食物中毒的发生取决于真菌毒素的形成，而真菌毒素的产生决定于三个条件：产毒真菌的存在、适于其生长的营养基质和适于其生长的环境。霉菌产毒仅限于少数的产毒霉菌，只有部分菌株产毒。产毒霉菌产毒不具有一定的严格性，即一种菌株可能产生几种不同的毒素，而同一霉菌毒素也可由几种霉菌产生。产毒霉菌产毒需要一定的条件，主要是食品、水分、湿度、温度、空气流通状况等。一般而言。霉菌在天然食品上比在培养基上更易繁殖。食品不同，易污染的种类也有所不同。如花生、玉米易污染黄曲霉及其毒素，小麦、玉米易污染镰刀菌及其毒素，大米易污染青霉及其毒素。

而产毒菌种中也只有三个条件都能满足时，才会产生毒素；此外，每种条件都包含许多彼此相关的因素，这些因素共同或单独影响真菌毒素的产生。真菌产毒素的特点有：真菌的存在并不可能证明它确实产生了毒素；当被污染食物中不再存在产毒素的真菌时，其毒素亦可能持续存在。

常见的真菌有：曲霉菌如黄曲霉菌、棒曲霉菌、米曲霉菌、赭曲霉菌；青霉菌如毒青霉菌、桔青霉菌、岛青霉菌、纯绿青霉菌；镰刀霉菌如半裸镰刀霉菌、赤霉菌；黑斑病菌如黑色葡萄穗状霉菌等。真菌中毒是因真菌毒素引起，由于大多数真菌毒素不被通常高温破坏，所以真菌污染的食物虽经高温蒸煮，食后仍可中毒。

三、真菌性食物中毒发病机制

许多真菌尤其是霉菌污染食品后，不仅可引起腐败变质，而且可产生毒素，引起食用者霉菌毒素中毒。根据作用的靶组织分类，真菌毒素可分为肝脏毒、肾脏毒、心脏毒、造血器官毒等。人或动物摄入被真菌毒素污染的农畜产品，或通过吸入及皮肤接触真菌毒

素可引发多种中毒症状。并且已知一种真菌可有几种毒素，而不同种真菌又可有相同毒素，所以真菌性食物中毒时往往出现相似的症状。一般来说，急性真菌性食物中毒潜伏期短，先有胃肠道症状，如上腹不适、恶心、呕吐、腹胀、腹痛、厌食、偶有腹泻等(镰刀霉菌中毒较突出)。不同真菌毒素在体内蓄积引发的作用不同，常发生肝、肾、神经、血液等系统的损害，出现相应症状，如肝脏肿大、压痛，肝功异常，出现黄疸(常见于黄曲霉菌及岛青霉菌中毒)，蛋白尿，血尿，甚至尿少、尿闭等(纯绿青霉菌中毒易发生)；有些真菌(如黑色葡萄穗状霉菌、岛青霉菌)毒素引起中性粒细胞减少或血小板减少发生出血；有些真菌(如棒曲霉菌、米曲霉菌)中毒易发生神经系症状，而有头晕、头痛、迟钝、躁动运动失调甚至惊厥昏迷麻痹等。

引发真菌性食物中毒的霉菌毒素中，许多可在体内积累后产生“三致作用”即致癌、致畸、致突变和类激素中毒、白血病缺乏症等，对机体造成永久性损害。慢性真菌性食物中毒除引起肝、肾功能及血液细胞损害外，很多可以引起癌症。真菌毒素对人畜致癌作用的机理主要有几个方面。

1. 真菌毒素与细胞大分子物质结合

它的作用同化学致癌物一样，大都需要经过生物体活化后，与DNA、RNA等生物大分子结合，导致基因结构和表达上的异常，从而使正常的组织细胞转化为癌细胞。

2. 免疫抑制剂

一些真菌毒素还可以是一种免疫抑制剂，它抑制机体的免疫功能，从而对癌的发生、发展起促进或辅助作用。

3. 产生真菌毒素并转化为致癌物

有些霉菌不仅能产生致癌的真菌毒素，还能使基质的成分转化成致癌物质的前身，或将无致癌性物质转化为致癌物。如发霉的玉米面饼中可检出致癌性亚硝胺的前身物质，二级胺亚硝酸盐和硝酸盐，其含量比发霉前明显增多。

四、常见的真菌性食物中毒

常见的引起食物中毒的霉菌毒素有：黄曲霉毒素、赭曲霉毒素、镰刀菌毒素和青霉菌毒素等。

(一)黄曲霉毒素食物中毒

黄曲霉毒素是粮食、食品和饲料中污染最普遍的一种毒素，其致癌性力强，对人畜的健康危害极大。是黄曲霉和寄生曲霉的代谢产物。寄生曲霉的所有菌株都能产生黄曲霉毒素，它是所有真菌毒素中研究得最为清楚的。黄曲霉是在我国粮食、食品和饲料中较为常见的真菌，有产毒株和非产毒株之分，产毒株占60%～94%。在气候温暖湿润地区所产的花生和玉米上，被黄曲霉污染较严重，产毒株占的比例高。

黄曲霉毒素的化学结构是一类化学结构相似的二呋喃香豆素的衍生物，有十余种之多，根据其在紫外光下可发出蓝色或绿色荧光的特性，分为黄曲霉毒素B1(ATFB1)、B2(ATFB2)、G1(ATFG1)和G2(ATFG2)等。其中以ATFB1的毒性和致癌性最强，它的毒性比氰化钾大100倍，仅次于肉毒毒素，是真菌毒素中最强的。黄曲霉毒素微溶于水，易溶于油脂和一些有机溶剂，耐高温，故在通常的烹调条件下不易被破坏，其在碱性条件或紫外线辐射时容易降解。黄曲霉毒素在碱性条件下或在紫外线辐射时容易降解。

1. 黄曲霉毒素的产毒条件

黄曲霉毒素的产毒条件为：产毒温度范围12～42℃，最高产毒温度为33℃。最适产毒pH 4.7，最适产毒A_w为0.93～0.98，最低产毒A_w为0.78。黄曲霉毒素污染可发生在多种食品上，如粮食、油料、水果、干果、调味品、乳和乳制品、蔬菜、肉类等。其中以玉米、花生、棉子油最易受到污染，其次是稻谷、小麦、大麦、豆类等。花生和玉米等谷物是产生黄曲霉毒素菌株适宜生长并产生黄曲霉毒素的基质。花生和玉米在收获前就可能被黄曲霉污染，使成熟的花生不仅污染黄曲霉而且可能带有毒素，玉米果穗成熟时，不仅能从果穗上分离出黄曲霉，并能够检出黄曲霉毒素。

黄曲霉在水含量为18.5%的玉米、稻谷、小麦上生长时，第三天开始产生黄曲霉毒素，第十天产毒达到最高峰，以后便逐渐减少。菌体形成孢子时，菌丝体产生的毒素逐渐排出到基质中。由于黄曲霉产毒于生长第三天开始，所以高水分粮食如果在两天内进行干燥，粮食水含量降至13%以下，即使污染黄曲霉菌也不会出现产毒现象。

2. 黄曲霉毒素的毒性

黄曲霉在食品上繁殖起来，并产生毒素，人吃了霉菌寄生的食物，食物中的毒素蓄积在人的肝脏、肾脏和肌肉组织中，引发慢性中毒，也可能导致急性中毒。黄曲霉毒素是一种强烈的肝脏毒，对肝脏有特殊亲和性并有致癌作用，主要强烈抑制肝脏细胞中RNA的合成，破坏DNA的模板作用，阻止和影响蛋白质、脂肪、线粒体、酶等的合成与代谢，干扰动物的肝功能、导致细胞突变、癌变及肝细胞坏死。中毒症状分以下三种类型。

(1)急性和亚急性中毒：黄曲霉毒素是一种毒性很强的化合物，人摄入黄曲霉毒素B1 2～6mg即可发生急性中毒，甚至死亡。急性和亚急性中毒是短时间摄入量较大，从而迅速造成肝细胞变性、坏死、出血、特征性的胆管增生，在几天或几十天内死亡。急性中毒症状主要表现为呕吐、厌食、发热、黄疸和腹水等肝炎症状。

(2)慢性中毒：是由于持续地摄入一定量的黄曲霉毒素，造成慢性中毒，从而使动物肝脏出现慢性损伤，生长缓慢、体重减轻，食物利用率下降等症状，肝脏有组织学病理变化，肝功能降低，有的出现肝硬化，病程可持续几周至几十周。

(3)三致作用：黄曲霉毒素具有致畸、致癌、致突变的作用：黄曲霉毒素在Ames试验和仓鼠细胞体外转化试验中均表现为强致突变性，对大鼠和人均有明显的致畸作用。

黄曲霉毒素是强烈的致癌物质，不仅能诱导鱼类、禽类、各种实验动物、家畜和灵长类动物的原发性肿瘤，其致癌强度非常大，并诱导多种肿瘤，除可诱导肝癌外，还可诱导前胃癌、垂体腺癌等。

3. 黄曲霉毒素在食品卫生中的标准

由于黄曲霉毒素具有极强的“三致作用”，广泛存在于食品、饲料中，对人和禽畜的危害极大，世界各国都对食物中的黄曲霉毒素含量作出了严格的规定。世界卫生组织和联合国粮农组织规定，所有食品中黄曲霉毒素的总量不应大于30μg/kg。我国食品中黄曲霉毒素的允许限量见表10－1。

表 10-1 我国黄曲霉毒素的最大允许限量

食品种类	黄曲霉毒素最大允许限量/(μg/kg)
玉米、花生及其制品	20
大米和食用油脂(花生油除外)	10
其他粮食、豆类和发酵食品	5
酱油和醋	5
婴儿代乳品	0

(二)黄变米毒素

青霉属的种类繁多,分布很广,其中许多菌能引起食品霉变,大米和玉米等谷类物质在贮存时,含水量过高被某些青霉属的菌污染而发生霉变,这些菌侵染大米后引起米粒变黄,产生毒素,称为黄变米毒素。黄变米是 20 世纪 40 年代日本在大米中首次发现的。这种米由于被产毒的三种青霉污染而呈现黄色,分别是橘青霉黄变米、黄绿青霉黄变米和岛青霉黄变米。

1. 橘青霉毒素

橘青霉为腐生性的不对称青霉,常可在粮食中分离出。橘青霉污染大米后形成橘青霉黄变米,米粒呈黄绿色。橘青霉、暗蓝青霉、黄绿青霉、扩展青霉、点青霉、变灰青霉、土曲霉等霉菌均可产生橘青霉毒素。橘青霉毒素是一种柠檬色针状结晶,能溶于无水乙醇、乙醚、三氯甲烷,难溶于水。它是一种肾脏毒素,导致动物发生肾脏肿大、肾小管扩张和上皮细胞变性坏死。

2. 黄绿青霉毒素

黄绿青霉寄生于米粒的胚部或有瑕疵部位,产生黄绿青霉毒素使大米变黄并有臭味。水含量 14.6%的大米感染黄绿青霉,在 12～14℃即可形成黄变米,米粒上有淡黄色病斑,同时产生黄绿青霉毒素。

黄绿青霉毒素为橙黄色柱状结晶,易溶于乙醇、乙醚、苯、三氯甲烷和丙酮,不溶于己烷和水。紫外线照射 2h 毒素被破坏。耐热,270℃失去毒性。黄绿青霉毒素具有神经毒性、遗传毒性、心血管毒性和肝脏毒性。急性中毒表现为神经麻痹、呼吸麻痹、抽搐,慢性毒性主要表现为肝细胞萎缩和多形性贫血。

3. 岛青霉毒素

岛青霉污染大米后形成岛青霉黄变米,米粒呈黄褐色,除产生岛青霉素外,还可产生环氯素、黄天精、红天精等毒素。岛青霉素和黄天精均是肝脏毒,急性中毒可造成动物发生肝萎缩现象。慢性中毒发生肝纤维化、肝硬化和肝肿瘤。

(三)镰刀菌毒素中毒

镰刀菌毒素是镰刀菌属真菌产生的多种次生代谢产物的总称,在自然界中分布极为广泛,是危险的食品污染物,对人畜健康危害十分严重。镰刀菌是农作物和经济作物的重要病原菌,可侵染多种作物。镰刀菌毒素主要是镰刀属的某些霉菌所产生的有毒的代谢产物的总称。镰刀菌毒素种类较多,根据其化学结构和毒性作用主要分为单端孢霉烯族化合物、玉米赤霉烯酮、丁烯酸内酯等。镰刀菌毒素同黄曲霉毒素一样被看作是自然产生的最危险的食品污染物,对人畜危害十分严重。

1. 单端孢霉烯族化合物

单端孢霉烯族化合物是引起人畜中毒最常见的一类镰刀菌毒素,是一组主要由镰刀菌的某些菌种产生的生物活性和化学结构、化学性质相似的有毒代谢物,目前已知从谷物和饲料中天然存在的单端孢霉烯族化合物有超过100种毒素,其中食物中毒性白细胞缺乏症是由单端孢霉烯族化合物中的T－2毒素引起的食物中毒。T－2毒素是一种主要由镰刀菌属三线镰刀菌、拟枝孢镰刀菌、梨孢镰刀菌等的特定菌株所产生的霉菌毒素。T－2毒素主要污染玉米、大麦、小麦、燕麦和饲料等,联合国粮农组织(FAO)和世界卫生组织(WHO)在日内瓦的会议上,把T－2毒素列为最危险的天然污染源之一。T－2毒素具有致畸性和弱致癌性,主要损伤动物机体的造血器官(抑制骨髓和脾的再生造血功能)、免疫器官(降低免疫功能)、消化系统(引起消化道出血坏死)、神经系统及生殖系统等。

2. 玉米赤霉烯酮

玉米赤霉烯酮又称F－2毒素,是一种非类固醇结构但具有雌激素样活性,主要对动物繁殖机能造成影响的真菌毒素,这类毒素也是目前人们最为关注的真菌毒素之一。其产毒菌主要是镰刀属的禾谷镰刀菌和三线镰刀菌。F－2毒素主要污染玉米、小麦、大麦、燕麦等谷物,其中玉米的阳性检出率为45%,其耐热性较强,110℃下处理1h才被完全破坏。

玉米赤霉烯酮具有雌激素作用,主要作用于生殖系统,可使家畜、家禽产生雌性激素亢进。妊娠期的动物(包括人)食用含玉米赤霉烯酮的食物可引起流产、死胎和畸胎。食用被玉米赤霉烯酮污染过的食物,可引起中枢神经系统的中毒症状,如恶心、发冷、头痛等。

3. 丁烯酸内酯

丁烯酸内酯在自然界发现于牧草中,是由三线镰刀菌等8种镰刀菌产生的一种水溶性有毒代谢产物,在碱性水溶液中极易水解。牛被饲喂被污染了丁烯酸内酯的牧草会引起烂蹄病,主要症状是后腿变瘸、蹄和皮肤结处破裂、脱蹄、耳尖及尾尖干性坏死。

(四)杂色曲霉毒素

杂色曲霉毒素是一类机构类似的化合物,主要由杂色曲霉和构巢曲霉等真菌产生,其基本结构为一个双呋喃环和一个氧杂蒽酮,与黄曲霉毒素结构相似。杂色曲霉毒素的急性毒性不强,慢性毒性主要表现在肝和肾中毒,有较强的致癌性和较强的致突变性。调查研究发现,在肝癌高发区居民所食用的食物中,杂色曲霉毒素污染较为严重。由于杂色曲霉和构巢曲霉经常污染粮食和食品,且有80%以上的菌株产毒,所以杂色曲霉毒素在肝癌病因学研究上很重要。杂色曲霉素能导致试验动物的肝癌发生、肾癌、皮肤癌和肺癌发生,其致癌性仅次于黄曲霉毒素。

五、预防真菌性食物中毒的措施

预防霉菌及其毒素对食品的污染,防止霉菌性食物中毒根本措施是防霉,而去毒是食品被霉菌污染后为防止人类受危害的补救方法。即要从清除污染源和去除霉菌毒素两个方面做工作。

1. 防霉

霉菌产毒需要产毒菌株、合适基质、水分、温度及通风条件等。自然条件下，杜绝霉菌污染不太可能，关键要防止和减少霉菌的污染，主要措施有：①干燥防霉，控制水分和湿度，保持食品和贮藏场所的干燥，使食品贮藏地相对湿度低于65%～70%；②低温防霉：把食品贮藏温度控制在4℃以下，抑制霉菌的生长；③气调防霉：采取除氧或加入CO_2、N_2等气体运用密封技术控制和调节贮藏环境中的气体成分，防止霉菌生长和毒素产生；④化学防霉：使用防霉化学药剂，如溴甲烷、二氯乙烷等进行熏蒸，用于粮食防霉效果很好；或用有机酸、漂白粉等拌合剂，如食品中加入0.1%的山梨酸，防霉效果也很好。

2. 去毒

目前的去毒方法包括用物理、化学、生物法去除霉菌毒素的去除法和运用物理、化学法使霉菌毒素的活性被破坏的灭活法。

(1)去除法：①人工或机械拣出毒粒：该法适用于花生或颗粒大的食品原料中，毒素多集中在霉烂、破损、变色的花生仁中；②溶剂提取法。用80%的异丙酮和90%的丙酮可将花生中的黄曲霉毒素全部提取出来。按玉米量的4倍加入甲醇对黄曲霉毒素去除可达很好的效果；③吸附去毒。应用活性炭、酸性白土等吸附剂处理含黄曲霉毒素的油品效果很好；④微生物去毒法。将污染黄曲霉毒素的高水分玉米进行乳酸发酵，在酸催化下高毒性的黄曲霉毒素B1可转变为黄曲霉毒素B2，可用于饲料的处理。又如可运用假丝酵母可在20d内降解80%的黄曲霉毒素B1，根霉也能降解黄曲霉毒素，而橙色黄杆菌可使粮食中的黄曲霉毒素完全去毒的微生物去毒法进行霉菌毒素的去除。

(2)灭活法。①射线处理。用紫外线照射含毒花生油可使含毒量降低95%或更多，此法操作简单成本低廉。日光暴晒，也可降低粮食中的黄曲霉毒素含量；②加热处理法。干热或湿热都可以除去部分毒素，花生在150℃以下炒30min大约可除去70%的黄曲霉毒素，在0.1MPa，2h的高压蒸煮下可去除大部分的黄曲霉毒素；③酸碱处理。用氢氧化钠水洗含黄曲霉毒素的油品，可以去毒，因碱可水解黄曲霉毒素的内酯环，形成邻位香豆素钠，香豆素可溶于水，故可用水洗去。此外，还可用3%石灰乳浸泡去毒，应用10%稀盐酸处理黄曲霉毒素污染的粮食可以去毒；④氧化剂处理。用5%的次氯酸钠在几秒钟内可破坏含黄曲霉毒素的花生，经24～72h可以去毒；⑤醛类处理。用2%甲醛处理水含量为30%的带毒粮食和食品，对黄曲霉毒素的去毒效果很理想。

第四节　食品介导的病毒感染

一、食品介导的病毒

病毒种类繁多，广泛分布于自然界，而且很多病毒能侵害人、动物和植物。它们往往通过患病动物带毒或其他原因污染食品而引起对人的危害，因此，在食品生物污染方面，食品介导的病毒感染也是不可忽视的。

病毒是专性寄生的传染性微生物，其大小仅为细菌的1/100～1/10，结构简单，大多数只能通过电子显微镜观察，它是只能在活细胞中以复制进行繁殖的一类非细胞型微生物。每个病毒粒子仅有一分子的DNA或RNA，并由蛋白质组成的外壳包裹起来。由于作为专性寄生物，病毒不像细菌和真菌那样能够生长于培养基上，对其培养的方法包括组织培养和鸡胚培养。病毒不能在食物中复制，它们的数量相对于细菌来说会很低，抽提和浓缩方法可对其进行分离，但目前对病毒粒子的回收率不高。很多食品微生物学实验室不具备进行病毒学研究的条件。而且不是所有污染食品的病毒都能用已有的方法培养。综上所述原因，造成了人们对于食品介导的病毒的了解要远少于细菌和真菌。但在大规模的食源性中毒事件中，食品介导的病毒感染发生频率低于细菌和真菌。从食品安全角度只考虑食品介导的病毒，即能感染肠道细胞，并经粪便或呕吐物排泄出来的，对人类有致病作用的数种病毒。

病毒具有严格的寄生性，只对特定动物的特定细胞产生感染，需要特异活细胞才能繁殖，因此，每类病毒都有其典型的宿主范围，在食品和环境中不繁殖。食品介导的病毒在不同宿主的各种条件下都具有感染性，也能够在活细胞外存活，在环境中相当稳定，能够生存在无生命体表面、手和干粪便的悬浮液中。食品介导的病毒感染剂量低，只需较少的病毒即可引发感染，因此，即使极少量的病毒感染也会对公众健康造成严重危害。

病毒污染食品的方式很多，如动物屠宰或谷物收割时就污染有病毒，这种污染被称为是原发性的；而在食品加工、贮藏或销售期间发现病毒污染，则称为继发性的。发生原发性病毒污染的食物有肉类尤其是牛肉、牛奶、蔬菜和贝壳类。继发性病毒污染是由于一些食品原料在收获或屠宰时并不含有病毒，但在到达消费者手中之前通过昆虫，或与污染物接触，或由已传染上病毒的人加工食品等方式使食品污染上了病毒。若对蔬菜进行污水灌溉或污水泥浆施肥就极有可能使蔬菜发生原发性病毒污染。

二、食源性病毒

病毒能通过直接或间接的方式由排泄物传染到食品中，近年来，常有污染病毒的食品造成食源性疾病爆发事件发生。常见的食源性病毒主要有甲型肝炎病毒、口蹄疫病毒、疯牛病病毒、禽流感病毒等。

1. 甲型肝炎病毒(HAV)

20世纪90年代之前，食源性甲型肝炎暴发的记载比其他食源性病毒多。HAV属于小RNA病毒科，该病毒的遗传物质为单链RNA，无包被，能引起人类肠道感染。这类病毒在低温下较稳定，但在高温下可被破坏，能在海水中长期生存，且能在海洋沉积物中存活一年以上。传染性甲型肝炎的潜伏期为15～45d，通常被感染一次后会终生免疫。传播模式为排泄物-口途径。症状有恶心、呕吐、食欲减退等，死亡率较低，病程一般为2d到几周。传染的媒介物牛乳、面食糕点、蔬菜和肉类，最主要的是从被污染的水域中捕获的生或半熟的贝壳类。几乎每一起事件都是由于生吃或进食未煮熟的食物而引起的。食源性甲肝病毒的感染大部分地区都有报道，如1988年，上海市约有25000人因食用污染甲肝病毒的贝类而感染，随后又通过人与人的传播而感染。甲肝患者污染的水源、食物、海产品、食具等也是重要的传播途径，因此，可以针对其传播方式实施预防措施。关注员工的健康状况、保持良好的卫生操作环境、保证生产用水卫生、彻底加热水产品并防止其在加热后发生交叉污染等。

2. 禽流感病毒

禽流感病毒属于正黏病毒科的 A 型流感病毒属。基于禽流感病毒的 2 种表面抗原血凝素(HA)和神经氨酸酶(NA),可将病毒分为不同的亚型,共有 15 个 H 亚型和 9 个 N 亚型,由于亚型众多,导致禽流感病毒变异极快,因而造成禽流感病毒的防范异常艰难。该病毒对低温有很强的适应力,在-20℃左右,可存活几年,但在 20℃的温度下只能存活 7d,食品经加热后,是不存在有活性的禽流感病毒的。该病毒在 56℃条件下 30min 就能被灭活,70℃条件下 2min 能被灭活。

病毒主要引起鸡、鸭、鹅、鸽子等禽类发病。禽类感染禽流感后,当病毒在复制过程中发生基因重配,致使结构发生改变,获得感染人的能力,才可能造成人感染禽流感疾病的发生。至今发现能直接感染人的禽流感病毒亚型有:H5N1、H7N1、H7N2、H7N3、H7N7、H9N2 和 H7N9 亚型。其中,高致病性 H5N1 亚型和 2013 年 3 月在人体上首次发现的新禽流感 H7N9 亚型尤为引人关注,不仅造成了人类的伤亡,同时重创了家禽养殖业。

患者发病初期表现为发热、咳嗽、流涕、鼻塞、咽痛、可伴有头痛、肌肉酸痛和全身不适。部分患者肺部病变较重或病情发展迅速时,出现胸闷和呼吸困难等症状。少数重症患者出现肺出血,体温大多持续在 39℃以上,出现呼吸困难,肾衰竭、败血症休克等多种并发症而死亡。

人感染禽流感的传染源为携带病毒的禽类。人感染 H5N1 亚型禽流感的主要途径是密切接触病死禽,高危行为包括宰杀、拔毛和加工被感染禽类。存在禽和人之间传播,可能存在环境(禽排泄物污染的环境)和人之间传播,以及少数非持续的 H5N1 在人之间传播。目前认为,H7N9 禽流感病人是通过直接接触禽类或其排泄物污染的物品、环境而感染。因此,预防禽流感应尽量避免与禽类接触,鸡鸭等食物应彻底煮熟后食用。注意个人卫生,少到人群密集的地方;加强锻炼,预防病毒侵袭;多开窗,保持室内空气流通。

3. 疯牛病病毒

疯牛病是一种人畜共患病,又称牛海绵状脑病,是一种发生在牛身上的进行性中枢神经系统病变,症状与羊瘙痒病类似。该病以大脑灰质出现海绵状病变为主要特征,表现为亚急性、渐进性和致死性神经系统变性。20 世纪 80 年代中期至 90 年代中期,是疯牛病暴发流行期,主要的发病国家为英国及其欧洲国家。

该病的感染因子是一种不含核酸,具有自我复制能力的感染性蛋白质粒子,被称为朊病毒。它是由正常宿主神经细胞表面的一种糖蛋白在翻译后发生修饰而形成的异常蛋白质,是一种新型致病因子,归入亚病毒因子。该致病因子可被 2%～5%的次氯酸钠或 90%的石炭酸 24h 处理灭活,但对紫外线、离子辐射、超声波、蛋白酶等能使普通病毒灭活的理化因子具有较强的抗性。耐高温,紫外线、放射线等均不能使其灭活。其感染性极强,1g 疯牛病病牛的脑组织可引起牛发病。疯牛体内的脑、颈部脊髓、脊髓末端及视网膜等组织具有感染性,病原因子主要分布在中枢神经系统。

人食用了被疯牛病污染了的牛肉，有可能染上克雅病，典型临床症状为早期出现神经错乱、肌肉收缩、视觉模糊、平衡障碍等，继而主要表现为严重痴呆、不能随意运动，患者在出现症状后1～2年内死亡。此病是100％死亡的不治之症。

疯牛病的防控是一项系统工程，必须采取综合性防控措施才能见效。由于该病的潜伏期长、发展缓慢、无免疫应答等的特殊性，一般的防控措施无效。能采取的预防和控制疯牛病病毒传播的方法是实施全程质量控制体系，杜绝传播渠道。加强疫情监测，坚决不能从有发病史的地区进口牛肉。全部屠宰已感染疯牛病的病牛及其他动物，并作安全销毁处理。禁止人和动物食用6月龄以上可能带有传染媒介的动物饲料及动物组织。

第五节　食品介导的人畜共患病的病原菌

当对畜禽肉类等原料的卫生检查不严格，销售和食用了严重污染病原微生物的畜禽产品，一些人畜共患病的病原微生物可以随畜禽产品及其加工成的食品传染给人类，可能造成人类患病，因此，对肉制品的原料及屠宰前的畜禽进行病原微生物检查具有十分重要的意义。

一、结核分枝杆菌

结核分枝杆菌是引起家畜、野生动物、禽类及人类结核病的重要病原菌。通过患结核病的牛的乳汁经消化道传染给人类是一个重要的传染途径。

1. 生物学特征

该菌为细长、正直或微弯曲的杆菌。有时菌体末端有不同的分枝，有的两段钝圆，无荚膜、无鞭毛，无芽孢。革兰氏阳性菌。该菌为专性需氧菌，生长温度37℃，pH 6.8～7.2。该菌生长速度很慢，一般1～2周才看见开始生长，3～4周才能旺盛的发育。对营养要求极高，需要卵黄、血液、马铃薯淀粉等有机物质及某些无机盐的特殊培养基上，才能良好生长。固体培养基上，菌落呈灰黄白色、干燥颗粒状、显著隆起、表面粗糙皱缩、菜花状菌落。液体培养基内，形成粗纹皱膜，培养基保持透明。加入吐温－80于液体培养基中，可使结核杆菌呈分散均匀生长。该菌对外界环境的抵抗力较强，在干燥的痰液、病变组织及尘埃内可生存2～3个月。在腐败物及水中可生存5个月，土壤中可生存7～12个月。低温菌体不死，在－190℃时仍可保持活力。对湿热的抵抗力稍差，60℃下30min、70℃下10min或煮沸3～5min即死亡。乳及乳制品经巴氏消毒法消毒后即无该菌存在的危险。结核杆菌不发酵糖类，能产生过氧化氢酶。

2. 传染源、传染途径及症状

人类对结核分枝杆菌最易感染，发病率极高。结核病的传染源主要是涂片阳性的结核病人及患病牲畜。来自于病人和病畜病灶处的结核杆菌，随着痰液、尿液、粪便、乳液等排出体外而进行传播。病菌除通过呼吸道侵入人体外，也可以由污染病菌的食品和饮用水经消化道而感染。尤其是病牛及其带菌牛也可污染牛奶，人吃了这种消毒不彻底的牛乳而引起结核病。结核分枝杆菌可以通过呼吸道、消化道或皮肤损伤侵入易感人群机体，引起组织器官的结核病，其中以通过呼吸道引起肺结核最多。人体感染结核菌后，起始时因症状轻微患者自觉不适，一般不引起注意。只有在病情发展进展时才出现症状，当人的抵抗力差，感染该菌的量大，毒力强时，症状明显，出现全身不适、发热、乏力、易疲劳、心烦意乱、食欲差等症状。

3. 防治措施

搞好乳牛场的卫生管理，定期进行牛体疫病检查。牛乳要消毒彻底，保证市售消毒乳品的卫生质量。对发现和治疗痰中结核菌阳性者，利福平、异烟肼、乙胺丁醇、链霉素是治疗结核病的第一线药物。通风换气减少空间微滴的密度是减少肺结核传播的有效措施。

二、布鲁氏杆菌

布鲁氏杆菌是一种慢性的引起人畜共患布鲁氏病的病原菌。该病流行于世界上几乎所有国家，世界范围内每年约有 50 万人患布鲁菌病，其中多为布鲁氏杆菌感染引起的。布鲁氏菌也是牛、羊、猪等偶蹄类动物的病原菌。1985 年，WHO 把布鲁氏菌属分为羊种、牛种、猪种、绵羊型副睾种、沙林鼠种、犬种等 6 种 19 个生物型，临床上以羊、牛、猪三种动物意义最大，羊种致病力最强。多种生物型的产生可能与病原菌为适应不同宿主而发生遗传变异有关。

1. 生物学特性

革兰氏阴性小球杆菌，两端钝圆，一般长 0.4～1.5μm，宽 0.4～0.8μm。羊种布鲁氏菌较小，长 0.3～0.6μm，近似球状。猪种布鲁氏菌和牛种布鲁氏菌长 0.5～1.5μm。菌体无鞭毛，不形成芽孢。需氧型菌，对营养要求较高，需硫胺素、盐酸胺和酵母生长素。葡萄糖、甘油、复合氨基酸可促进布鲁氏菌的生长。来自人或动物的标本最好接种在胰酶消化液或血液培养基中。该菌生长缓慢，强毒株比弱毒株生长慢。在固体培养基上，菌落为无色、半透明、圆形、表面光滑、边缘整齐、中央稍凸起、直径约 2～3mm。在血平板上，表现不溶血。在液体培养基中，呈均匀混浊生长，不形成菌膜。布鲁氏菌对物理、化学因素抵抗力不强。直射日光数分钟至 4h 即可杀死，对湿热抵抗力差，60℃维持 30min、100℃维持 1～2min 死亡，而干热致死需 80min、100℃ 10min 才可被杀死；对低温抵抗力较强，－15℃可存活 40 多天，在水、土壤、粪便可存活数月。对化学消毒剂较敏感，2%～3%的来苏水 1～2min，2g/L 漂白粉溶液 1min 即可杀死。对磺胺及链霉素、四环素、庆大霉素等较敏感。

2. 传染源、传染途径及症状

布鲁氏杆菌不产生外毒素，其内毒素是一种脂多糖。其中，羊布鲁氏菌的内毒素毒力最强，猪布鲁氏菌次之、牛布鲁氏菌最弱。布鲁氏菌主要引起羊、牛、猪等家畜流产，患病的家畜是主要的传染源。人接触病畜后，通过破损皮肤而引起接触性感染；或食入处理不当的患病牲畜的畜肉及内脏，饮用被病菌污染的水，及未经巴氏消毒或处理不当病畜的乳及乳制品等引起消化道感染。人类感染此病后，潜伏期为 10～30d，表现为乏力、全身软弱、食欲不振、体温间歇升高和下降，发烧达 38～39℃，持续 2～3 周后退烧，关节性红肿热痛，严重者降低或丧失劳动能力。

3. 防御措施

控制布鲁氏菌病的有效措施是：检出带菌家畜消灭传染源，增强健康家畜的抗病力。

经常与家畜接触者，更应注意；既要防止布鲁氏菌在家畜间传播。又要防止家畜传染给人。多选用四环素和链霉素联合应用治疗布鲁氏菌病，利福平和强力霉素联合治疗，疗效也很好。

三、炭疽杆菌

炭疽杆菌是引发人和动物炭疽病的病原菌，该病是一种人畜共患的传染病。发病率最高的是牛和羊，炭疽杆菌对社会公共卫生和经济发展危害很大，由该菌引起的炭疽病几乎遍及世界各地，四季均可发生。

1. 生物学特性

炭疽杆菌菌体粗大，两端平截或凹陷，菌体长4～8μm，宽1.0～1.5μm是致病菌中最大的细菌。排列似竹节状，无鞭毛，无运动性，革兰氏染色阳性。有荚膜，能形成芽孢。荚膜具有保护功能，体现毒力。本菌专性需氧，在普通培养基中易培养，易繁殖。最适生长温度37℃，pH 7.2～7.4。在琼脂平板培养24h，形成直径2～4mm的粗糙、不透明、灰白色菌落。菌落呈毛玻璃状，边缘不整齐，呈卷发状，有一个或数个小尾突起，这是菌体向外伸延繁殖所致。在血液琼脂平板上，不溶血或轻度溶血。菌落有黏性，用接种针钩取可拉成丝，在普通肉汤培养24h，管底有絮状沉淀生长，无菌膜，菌液清亮。炭疽杆菌的营养体抵抗力不强，易被一般消毒剂杀灭，而芽孢抵抗力强，在干燥土壤中可保持活力数十年之久，一旦牧场被污染，传染性可保持二三十年。对热抵抗力强，160℃干热1h、110℃高压蒸汽60min、120℃高压蒸汽10min，才能将芽孢杀死。对各种消毒剂抵抗力不同，对碘及氧化剂较为敏感，1∶25000碘液经10min，3%双氧水经1h，40g/L的高锰酸钾经15min，0.5%过氧乙酸经10min可杀死芽孢。而对常用消毒剂如酒精、石炭酸等抵抗力很强。浸泡于10%甲醛溶液15min，新配5%苯酚溶液和20%含氯石灰溶液数日以上，才能将芽孢杀灭。炭疽芽孢对青霉素、先锋霉素、链霉素卡那霉素等高度敏感。

2. 传染源、传染途径及症状

炭疽杆菌主要引起草食性动物发病，以羊、牛、马等最易感染，禽类一般不感染。人对炭疽的易感性仅次于牛、羊。炭疽毒素可增加微血管的通透性，改变血液循环正常进行，损害肾脏功能，干扰糖代谢，最后导致死亡。

人多为接触传染，人感染多半表现为局限型，分为皮肤炭疽、肠炭疽和肺炭疽。传染源主要是患病家畜，人经口摄入病畜肉类及被炭疽杆菌污染的食物和水等，可引起肠型炭疽；人的皮肤伤口通过直接接触病畜的血液、分泌物、排泄物及被污染的皮毛等，可引起皮肤炭疽；皮革加工人员在处理病畜的皮张、鬃毛等时，吸入带有炭疽杆芽孢的尘埃，可引起肺炭疽。

皮肤炭疽表现为斑疹、水泡、水疱周围水肿，水疱破溃形成溃疡，结成黑色痂皮。皮肤炭疽无明显疼痛和化脓表现，水肿明显，愈合较慢。肠炭疽起病急，表现为腹痛、呕吐、腹胀、大便血样，一旦造成败血症，易死亡。肺炭疽发病急，以寒颤高热起病，胸闷、胸痛、咳嗽、呼吸困难、虚脱，严重时会造成死亡。

3. 防治措施

给家畜定期注射炭疽疫苗，在发生炭疽的疫区，用抗炭疽血清作治疗或紧急预防注射，若人患此病，用抗生素治疗。与病畜或畜肉接触过的人员，必须严格卫生方面的护理。彻底焚烧深埋畜尸，严格消毒污染场地。

【拓展知识】

炭疽病很古老，公元 80 年就有记载，其名称来源于古希腊文，意思是煤炭，因典型性皮肤炭疽的黑痂而得名。我国古代曾称之为“痈”，古埃及称其为“第六种瘟疫”。由于最易染上炭疽病的人群是屠宰工人、制革工人、剪羊毛工人等，人们也曾把它称作“剪毛工病”。炭疽病在历史上曾造成巨大灾难。公元 80 年，古罗马炭疽病流行，死亡近 5 万人。在 19 世纪，中欧有 6 万人因患炭疽丧生，数十万牲畜死亡。仅俄国诺夫戈罗德的一个地区，1867 年～1870 年间就有近 6 万头牲畜和 500 多人死亡。在两次世界大战中，炭疽杆菌曾被德国、日本等作为生物武器在战争中应用，导致至今一些地区的炭疽杆菌污染仍没有被完全清除。美国“9·11”事件后，恐怖分子曾把炭疽杆菌作为“生物武器”放在信封里寄到美国，导致美国至少 22 人遭受炭疽杆菌感染，5 人死亡。

第六节　食品介导的消化道传染病的病原菌

食物中的一些病原微生物不仅可以引起食物中毒，还可以通过消化道引起传染病。消化道传染病是由于食用了被病原微生物污染过的食品，经口侵入消化道所引起的疾病。消化道传染病的病原体具有较强的致病力，仅少量的病原体即可引起疾病，并且人与人之间可以直接传染。而食物中毒虽然也可由病原微生物侵入消化道而引起发病，但侵入人体的病原菌必须数量较大，且人与人之间不会直接传染。

一、伤寒与副伤寒沙门氏菌

1. 病原菌的生物学特性

沙门氏菌属的病原菌除引起食物中毒外，还有一些可引起严重的消化道传染病。伤寒、副伤寒是由沙门氏菌属伤寒杆菌、甲、乙、丙型副伤寒杆菌引起的急性消化道传染病。

沙门氏菌病的病原体，属肠杆菌科，是革兰氏阴性、两端钝圆的短杆菌，无荚膜和芽孢，绝大部分具有周生鞭毛，能运动，多数具有菌毛。需氧或兼性厌氧。

沙门氏菌在外界的生活力较强，在水中不易繁殖，但可生存 2～3 周，冰箱中可生存 6 个月左右，在自然环境的粪便中可存活 1～2 个月。沙门氏菌最适繁殖温度为 37℃，在 20℃以上即能大量繁殖，因此，低温贮存食品是一项重要预防措施。70℃经 5min 或 65℃经 15～20min 或 60℃经 1h 可杀灭。

2. 传染源、传染途径及症状

传染源是病人和带菌者，大量病菌从病人和带菌者的粪便、尿液中排出。带菌者可分为恢复期带菌和健康期带菌，患过伤寒的病人，普遍带菌，患者在恢复期持续排菌达 3 个月以上，康复后长期带菌可达数年甚至更长时间。带菌者因流动频繁会造成病菌扩大散布的危险，患病者患病期间所排出的粪便患过伤寒的病人，普遍带菌，患者在恢复期持续排出菌达 3 个月以上，康复后长期带菌可达数年甚至更长时间都有传染性，以发病后2～4 周内传染性最强。食物和水源污染可导致伤寒和副伤寒的暴发流行。

病菌从病人和带菌者粪尿排出，通过被污染的食品原料、饮水、手、操作工具、苍蝇等媒介污染食物，经口感染，侵入肠道后，穿过小肠黏膜，在肠系膜集合淋巴结处不断繁殖，并释放出内毒素，病原菌进入血液，引发全身性感染。

患者症状，该病潜伏期 3～42d，病人出现高热、皮疹、相对脉缓、肝脾肿大、神经系统中毒症状，肠出血、肠穿孔为主要并发症，死亡率 2%～10%。一般而言，副伤寒的临床症状要比伤寒轻、病程也较短。

3. 防治措施

伤寒预防的关键在于切断其病原体的传播途径，搞好“三管一灭”，即管水、管粪、管饮食、消灭苍蝇。对早期发现的病人要及时治疗，患者经治疗症状消失后 2 周或停药 1 周后，粪检 2 次阴性，方可解除隔离。对易感人群进行伤寒预防接种。

二、痢疾志贺氏菌

志贺氏菌属中的一些病原菌不仅能引起食物中毒，还能引起肠道传染病，是人类细菌性痢疾最为常见的病原菌。1899 年，日本人志贺氏首先发现菌痢是由痢疾杆菌引起的。病原菌包括痢疾志贺氏菌、福氏志贺氏菌、鲍氏志贺氏菌和宋内氏志贺氏菌四个群。

1. 病原菌的生物学特征

为革兰氏阴性小杆菌，大小为(0.5～0.7)μm×(2～3)μm，无芽孢，无荚膜，无鞭毛、有菌毛。为需氧或兼性厌氧菌，具有呼吸和发酵两种类型的代谢。对营养要求不高，最适生长温度为 37℃，最适 pH 为 6.4～7.8。能在普通培养基上生长，形成圆形、中等大小，稍突、半透明、边缘整齐、光滑型菌落。在 SS 琼脂平板上形成边缘较整齐，玫瑰红色菌落。在肠道杆菌选择性形成无色菌落。在液体肉汤中均匀浑浊生长，不形成菌膜。能发酵葡萄糖，产酸不产气。本菌对理化因素的抵抗力较其他肠道杆菌为弱。对酸敏感，在外界环境中的抵抗力以宋内氏志贺氏菌最强，福氏志贺氏菌次之，痢疾志贺氏菌最弱，一般 56～60℃经 10min 即被杀死。在 37℃水中存活 20d，在冰块中存活 96d。在潮湿土壤中存活 1 个月，粪便中可存活 10d 左右，但对氯化钠有一定的耐受性，对化学消毒剂敏感，在 1%石碳酸中经 15～30min 即死亡。对氯霉素、磺胺类、链霉素敏感，但易产生耐药性。

2. 传染源、传染途径及症状

人感染痢疾后，病原菌经口入胃，进入小肠黏膜处生长、繁殖引起炎症，由于毒素的作用，小肠上皮细胞死亡，黏膜下发炎，并有毛细吸管血栓形成以至坏死、脱落，形成溃疡。痢疾志贺氏菌能产生外毒素，由于大量毒素经血液被吸收，引起全身中毒症状。患者临床症状是胃肠炎，以小肠、结肠炎多见，分急性和慢性，急性表现为腹痛、腹泻、发热。慢性表现为轻重不等的痢疾症状，大便带有黏性或脓血，久病者可致贫血、神经衰弱等，也可因机体防御机能下降而发生急性细菌性痢疾症状。细菌性痢疾的主要传染源为病人和带菌者。病原菌随病人粪便排除，污染食物、水、生活用品或手，经口侵入消化道，也可通过苍蝇污染食物而使人感染。水源若被痢疾杆菌污染多引起菌痢流行。人类对志贺氏菌易感，10～200个细菌可使10%～50%志愿者致病。主要预防措施是夏秋季，加强食品卫生管理，严格执行卫生制度，食品企业和食堂工作人员患病或带菌者，暂时不从事接触食品的工作。做好痢疾病人的粪便、呕吐物的消毒处理，管理好水源，防止致病菌污染水源、土壤及农作物；病人使用过的厕所、餐具也应消毒。

三、霍乱弧菌

霍乱弧菌是霍乱的病原菌，霍乱是一种古老且流行广泛的烈性传染病，主要表现为剧烈的呕吐、腹泻、失水，死亡率甚高。曾在世界上引起7次全球性的大流行，死亡数百万人。属于国际检疫甲类传染病。霍乱弧菌包括两个生物型：古典生物型和埃尔托生物型。过去将古典生物型霍乱弧菌所致的感染称为霍乱，由埃尔托生物型所致者称副霍乱。鉴于霍乱弧菌的两个生物型在形态和血清学方面几乎一样，两种弧菌感染的临床表现和防治措施基本相同，因此，分别命名为霍乱和副霍乱并无必要，而统称为霍乱。

1. 病原菌的生物学特征

霍乱弧菌是革兰氏阴性菌，菌体弯曲呈弧状，有单鞭毛、运动活泼，呈穿梭样或流星样。有菌毛，无芽孢，不形成荚膜。兼性需氧菌，有氧生长良好，营养要求不高，普通培养基上生长。耐碱不耐酸，在pH8.8～9.0的碱性蛋白胨水或平板中生长良好。碱性蛋白胨水可作为选择性增殖霍乱弧菌的培养基。霍乱弧菌生长速度快，在碱性平板上经18～24h，长成直径为2mm、圆形、光滑、无色透明、表面光滑湿润的菌落。最适生长温度37℃，最适pH为7.6～8.2。能发酵葡萄糖、麦芽糖、蔗糖等产酸产气，迟缓发酵乳糖。霍乱弧菌能分解，霍乱弧菌抵抗力弱，对热及干燥、直射阳光敏感。经干燥2h或55℃加热10min即可死亡，煮沸立即死亡。霍乱弧菌在正常胃酸中能生存4min，在未经处理的粪便中存活数天。氯化钠浓度高于4%或蔗糖浓度在5%以上的食物、香料、醋、酒等，均不利于弧菌的生存。霍乱弧菌在冰箱内的牛奶、鲜肉和鱼虾水产品存活时间分别为2～4周、1周和1～3周；在室温存放的新鲜蔬菜存活1～5d。能被一般消毒剂杀死，弧菌接触1∶2000～1∶3000升汞或1∶500000高锰酸钾，数分钟即被杀灭，在0.1%漂白粉中10min即死亡。

2. 传染源、传染途径及症状

病人与带菌者是霍乱的传染源。典型病人的吐泻物含菌量甚多，每毫升粪便可含10^7～10^9个弧菌，这对疾病传播起重要作用。轻型病人易被忽略，健康带菌者不易检出，两者皆为危险传染源。潜伏期带菌者尚无吐泻，恢复期带菌者排菌时间一般不长，两者作为传染源的意义居次要地位。病菌通过水、苍蝇、食品等传播，尤为值得重视的是水体污染后造成水性流行引起本病的爆发。

正常胃酸可杀死霍乱弧菌，当胃酸分泌缺乏或低下，或入侵的霍乱弧菌数量较多，未被杀灭的弧菌进入小肠，在碱性肠液内迅速繁殖，并黏附于小肠黏膜的上皮细胞表面，并大量繁殖，产生霍乱肠毒素。肠毒素引起肠液分泌过度增加，发生腹泻，大量丢失肠液，产生严重脱水、酸中毒及电解质紊乱。

患者症状：发病急，以突然腹泻开始，继而呕吐。腹泻液呈泔水样，病人频繁腹泻导致，机体严重脱水，外周循环衰竭，血压下降，严重者可致休克或死亡。本病大多急起，潜伏期1～3d，短者数小时，最长可达7d。

3. 防治措施

(1)控制传染源。及时检出病人，尽早予以隔离治疗。对密切接触者应严密检疫，进行粪便检查和药物治疗，粪便培养应每日一次，连续2d。

(2)切断传播途径。加强饮水消毒和食品管理，对病人和带菌者的排泄物进行彻底消毒。此外应消灭苍蝇等传播媒介。

(3)提高人群免疫力。以往应用全菌死菌苗或并用霍乱肠毒素的类毒素疫苗免疫人群，由于保护率低，保护时间短，且不能防止隐性感染和带菌者，因而已不提倡应用。目前国外应用基因工程技术制成并试用的有多种菌苗，现仍在扩大试用。

第七节　食品安全标准中的微生物指标

一、主要检测指标及其卫生学意义

食品安全有赖于食品在生产过程中良好的卫生管理，而良好的卫生管理可以对食品中可能存在的、威胁人体健康的有害因素加以预防，从而保证消费者的安全。食品微生物学标准是根据食品卫生的要求，从微生物学的角度，对不同食品提出具体的指标要求。我国食品安全标准中的微生物指标一般分为菌落总数、大肠菌群、致病菌、霉菌和酵母菌等。

(一)菌落总数

食品安全国家标准中的菌落总数(aerobic plate count)是指，食品检样经过处理，在一定条件下(如平板计数琼脂培养基、36±1℃、48±2h)培养后，所得每克或每毫升检样中形成的微生物菌落总数，以菌落形成单位(colony - forming units，CFU)表示。目前实行的菌落总数测定标准是国家标准GB 4789. 2—2016《食品安全国家标准　食品微生物学检验　菌落总数测定》。

食品中有可能被多种细菌污染，每种细菌的生理特性和所要求的生活条件不尽相同，培养时所用的营养条件及其他生理条件如温度、培养时间、pH、需氧性质等都不尽相同。因此要得到食品中较为全面的细菌菌落总数，应将检样接种到几种不同的基础培养基上，并选择不同的培养条件，如温度、氧气供应等进行培养，这样工作量将是很大的。而从实践可知，尽管食品中细菌种类繁多，但中温、好氧菌占绝大多数，这些细菌基本代表了造成食品污染的主要细菌种类。因此在实际工作中，就将检样和平板计数琼脂培养基混合后，于36±1℃进行有氧培养(空气中氧含量约为20%)，培养48±2h，所得到的菌落总数作为食品样品中细菌菌落总数的测定方法。这种方法所得的结果，只包括一群能在普通营养琼脂上生长、嗜中温的需氧菌菌落数。

食品中菌落总数检测的卫生学意义：菌落总数可以作为判定食品被污染程度的标志，即食品的清洁状态的标志。一般来讲，食品中细菌总数越多表明食品被污染程度越重；也可以应用这一方法观察食品中细菌的性质、细菌在食品中繁殖的动态，从而确定食品的保存期，以便为对被检样品进行食品卫生评价时提供依据。实验结果表明，食品中的细菌总数可以作为判定食品的新鲜程度、是否变质及生产环境的卫生状况的很重要的指标之一。

（二）大肠菌群

大肠菌群并非细菌学分类命名，而是卫生细菌领域的用语，它不代表某一个或某一属细菌，而指的是具有某些特性的一组与粪便污染有关的细菌，这些细菌在生化及血清学方面并非完全一致。大肠菌群系指在一定培养条件（通常 36±1℃培养 48±2h）下能发酵乳糖、产酸产气的需氧和兼性厌氧革兰氏阴性无芽孢杆菌。大肠菌群主要包括肠杆菌科中的埃希氏菌属、柠檬酸杆菌属、克雷伯氏菌属和肠杆菌属，这些属的细菌均来自于人和温血动物的肠道，其中以埃希菌属为主。大肠菌群都是直接或间接地来自人和动物的粪便，通常作为食品是否受粪便污染的指示菌。目前，食品微生物学检验大肠菌群计数采用的国家标准是 GB 4789.3—2016。

大肠菌群检测的食品卫生学意义在于：可以作为粪便污染食品的指标菌。大肠菌群普遍存在于肠道内，若在食品中检测，则表明该食品曾直接或间接受到人畜粪便的污染；可以作为肠道致病菌污染食品的指标菌。食品安全性的主要威胁是肠道致病菌，如沙门氏菌属等，若对食品逐批或经常进行肠道致病菌检验有一定困难，而大肠菌群容易检测，与肠道致病菌来源也相同，且一般条件下，在外界环境中生存时间也与主要的肠道致病菌相近，所以常用大肠菌群作为肠道致病菌污染食品的指示菌。当食品中检出大肠菌群数量越多，表明肠道致病菌存在的可能性越大。

该菌主要来源于人畜粪便，故以此作为粪便污染指标来评价食品的卫生质量，具有广泛的卫生学意义。它反映了食品是否与粪便接触及被粪便污染的程度，同时也间接地反映食品受肠道致病菌污染的可能性。

（三）致病菌

致病菌是常见的致病性微生物，能够引起人或动物疾病。食品中的致病菌主要有金黄色葡萄球菌、沙门氏菌、副溶血性弧菌等。据统计，我国每年由食品中致病菌引起的食源性疾病报告病例数约占全部报告的 40%～50%。对于致病菌的检测标准，我国食品行业长期执行的是“不得检出”，这种“一刀切”的、不科学的“零致病菌”规定基本无法实现。为控制食品中致病菌污染，预防微生物性食源性疾病发生，同时整合分散在不同食品标准中的致病菌限量规定，国家卫生计划生育委员会委托国家食品安全风险评估中心牵头起草《食品安全国家标准　食品中致病菌限量》（GB 29921—2013）。该标准经食品安全国家标准审评委员会审查通过，于 2013 年 12 月 26 日发布，自 2014 年 7 月 1 日正式实施。该标准提出了沙门氏菌、金黄色葡萄球菌、副溶血性弧菌、单核细胞增生李斯特氏菌、大肠埃希氏菌等几种主要致病菌在各类不同食品中的限量要求，其中较之以往对于致病菌不得检出的规定，变化最大的是某些种类食品中，金黄色葡萄球菌的最高安全限量值为 1000CFU/g。

病原菌种类繁多，且食品加工、贮藏条件不尽相同，因此被致病菌污染的情况也不同。只有根据不同食品可能污染的情况来进行针对性的检查。如对于低温冷藏食品中金黄色葡萄球菌及单核细胞增生李斯特氏菌的检查，酸度不高的罐头中对肉毒梭菌的检查，肉、禽、蛋类食品中沙门氏菌的检查。发生食物中毒时，必须根据当时当地传染病的流行情况，对食品进行有关病原菌的检查。

（四）霉菌和酵母菌

霉菌和酵母也可造成食品的腐败变质。由于它们生长缓慢和竞争能力不强，故常常在不适于细菌生长的食品中出现，这些食品是pH低、湿度低、含盐和含糖高的食品，以及低温贮藏的食品，含有抗菌素的食品等。由于霉菌和酵母能抵抗热、冷冻，以及抗菌素和辐照等贮藏及保藏技术，它们能转换某些不利于细菌的物质，而促进致病细菌的生长；有些霉菌能够合成有毒代谢产物——霉菌毒素。霉菌和酵母往往使食品表面失去色、香、味。例如，酵母在新鲜的和加工的食品中繁殖，可使食品发生难闻的异味，它还可以使液体发生混浊，产生气泡，形成薄膜，改变颜色及散发不正常的气味等。因此霉菌和酵母也作为评价食品安全质量的指示菌，并以霉菌和酵母计数来制定食品被污染的程度。目前已有若干个国家制定了某些食品的霉菌和酵母限量标准。我国已制定了一些食品中霉菌和酵母的限量标准。

（五）其他指标

除了以上介绍的四项指标外，还有一些指标，在一般的食品标准中，没有包括进去，但由这些微生物引起的食物中毒或传染病呈上升趋势，所以有时在某些特定情况下可以选定这些指标作为微生物指标。这些指标包括病毒，如猪瘟病毒、口蹄疫病毒、禽流感病毒等；还有，肉及肉制品中的寄生虫如蛔虫、弓形体、肺吸虫、猪肉孢子虫、螨等也被列为微生物检验的指标。

二、常见食品的微生物指标

（一）食品安全国家标准　包装饮用水（GB 19298—2014）

1. 定义

包装饮用水：密封于符合食品安全标准和相关规定的包装容器中，可供直接饮用的水。

2. 包装饮用水的微生物限量

微生物限量应符合表10－2的规定。

表10－2　包装饮用水的微生物限量

项目	采样方案[a]限量			检验方法
	n	c	m	
大肠菌群/(CFU/mL)	5	0	0	GB 4789.3 平板计数法
铜绿假单胞菌/(CFU/250mL)	5	0	0	GB/T 8538

[a] 样品的采样及处理按GB 4789.1执行。

(二)食品安全国家标准　发酵酒及其配制酒(GB 2758—2012)

1. 定义

发酵酒:以粮谷、水果、乳类等为主要原料,经发酵或部分发酵酿制而成的饮料酒。

发酵酒的配制酒:以发酵酒为酒基,加入可食用的辅料或食品添加剂,进行调配、混合或加工制成的,已改变了其原酒基风格的饮料酒。

2. 发酵酒及其配制酒的微生物限量

微生物限量应符合表 10 - 3 的规定。

表 10 - 3　发酵酒及其配制酒的微生物限量

项目	采样方案[a]及限量			检验方法
	n	c	m	
沙门氏菌	5	0	0/25mL	GB/T 4789.25
金黄色葡萄球菌	5	0	0/25mL	

[a] 样品的采样及处理按 GB 4789.1 执行。

(三)食品安全国家标准　发酵乳(GB 19302—2010)

1. 定义

(1)发酵乳:以生牛(羊)乳或乳粉为原料,经杀菌、发酵后制成的 pH 降低的产品。

(2)乳酸菌:一类可发酵糖主要产生大量乳酸的细菌的通称。国家标准中乳酸菌主要为乳杆菌属、双歧杆菌属和链球菌属。

2. 发酵乳的微生物限量

微生物限量应符合表 10 - 4 的规定。

表 10 - 4　发酵乳的微生物限量

项目	采样方案[a]限量(若非指定,单位均以 CFU/g 或 CFU/mL 表示)				检验方法
	n	c	m	M	
大肠菌群	5	2	1	5	GB 4789.3 平板计数法
金黄色葡萄球菌	5	0	0/25g(mL)	—	GB 4789.10 定性检验
沙门氏菌	5	0	0/25g(mL)	—	GB 4789.4
酵母　≤	100				GB 4789.15
霉菌　≤	30				

[a] 样品的采样及处理按 GB 4789.1 和 GB 4789.18 执行。

3. 乳酸菌数量

乳酸菌应符合表 10 - 5 的规定。

表 10－5　乳酸菌数

项目	限量/(CFU/g)或(CFU/mL)	检验方法
乳酸菌数[a]　≥	1×10^6	GB 47899.35

[a] 发酵后经热处理的产品对乳酸菌数不作要求。

(四)食品安全国家标准　速冻面米制品(GB 19295—2011)

1. 定义

(1)速冻面米制品:以小麦粉、大米、杂粮等谷物为主要原料,或同时配以肉、禽、蛋、水产品、蔬菜、果料、糖、油、调味品等单一或多种配料为馅料,经加工成型(或熟制)、速冻而成的食品。

(2)生制品:产品冻结前未经加热成熟的制品。

(3)熟制品:产品冻结前经加热成熟的非即食制品。

2. 速冻面米制品的微生物限量

生制品微生物限量应符合表 10－6 的规定,熟制品微生物限量应符合表 10－7 的规定。

表 10－6　生制品的微生物限量

项目	采样方案[a]限量(若非指定,单位均以 CFU/g 或 CFU/mL 表示)				检验方法
	n	c	m	M	
金黄色葡萄球菌	5	1	1000	10000	GB 4789.10 平板计数法
沙门氏菌	5	0	0/25g(mL)	—	GB 4789.4

[a] 样品的采样及处理按 GB 4789.1 执行。

表 10－7　熟制品的微生物限量

项目	采样方案[a]限量(若非指定,单位均以 CFU/g 或 CFU/mL 表示)				检验方法
	n	c	m	M	
菌落总数	5	1	10000	100000	GB 4789.2
大肠菌群	5	1	10	100	GB 4789.3 平板计数法
金黄色葡萄球菌	5	1	100	1000	GB 4789.10 平板计数法
沙门氏菌	5	0	0/25g(mL)	—	GB 4789.4

[a] 样品的采样及处理按 GB 4789.1 执行。

（五）食品安全国家标准　干酪（GB 5420—2010）

1. 定义

（1）干酪：成熟或未成熟的软质、半硬质、硬质或特硬质、可有涂层的乳制品，其中乳清蛋白/酪蛋白的比例不超过牛奶中的相应比例。

（2）霉菌成熟干酪：主要通过干酪内部和（或）表面的特征霉菌生长而促进其成熟的干酪。

2. 干酪的微生物限量

干酪的微生物限量应符合表 10－8 的规定。

表 10－8　干酪的微生物限量

项目	采样方案[a]及限量（若非指定，单位均以 CFU/g 表示）				检验方法
	n	c	m	M	
大肠菌群	5	2	100	1000	GB 4789.3 平板计数法
金黄色葡萄球菌	5	2	100	1000	GB 4789.10 平板计数法
沙门氏菌	5	0	0/25g	—	GB 4789.4
单核细胞增生李斯特氏菌	5	0	0/25g	—	GB 4789.30
酵母[b] ≤	50				GB 4789.15
霉菌[b] ≤	50				

[a] 样品的采样及处理按 GB 4789.1 和 GB 4789.18 执行。

[b] 不适用于霉菌成熟干酪。

（六）食品安全国家标准　乳粉（GB 19644—2010）

1. 定义

乳粉：以生牛（羊）乳为原料，经加工制成的粉状产品。

2. 乳粉的微生物限量

乳粉的微生物限量应符合表 10－9 的规定。

表 10－9　乳粉的微生物限量

项目	采样方案[a]限量（若非指定，单位均以 CFU/g 或 CFU/mL 表示）				检验方法
	n	c	m	M	
菌落总数[b]	5	2	50000	200000	GB 4789.2
大肠菌群	5	1	10	100	GB 4789.3 平板计数法

续表

项目	采样方案[a]限量(若非指定,单位均以 CFU/g 或 CFU/mL 表示)				检验方法
	n	c	m	M	
金黄色葡萄球菌	5	2	10	100	GB 4789.10 平板计数法
沙门氏菌	5	0	0/25g	—	GB 4789.4

[a] 样品的采样及处理按 GB 4789.1 和 GB 4789.18 执行。

[b] 不适用于添加活性菌种(好氧和兼性厌氧益生菌)的产品。

【本章小结】

食源性疾病是指通过摄食而使感染性和有毒有害物质进入人体所引起的疾病。食源性疾病一般分为感染性和中毒性两大类,包括食物中毒、寄生虫病、肠道传染病、人畜共患传染病等。食物中毒发病集中,发病急剧,潜伏期短,病程也较短,来势急剧,呈爆发性。细菌性食物中毒是食物中毒中最常发生的一类,具有明显的季节性。细菌性食物中毒发病机制可分为感染型、毒素型和混合型三种。真菌中的霉菌毒素是引起真菌性食物中毒的主要毒素,霉菌毒素许多可在体内积累后产生“三致作用”即致癌、致畸、致突变。其中黄曲霉毒素 B1,毒性和致癌性最强。人食用了严重污染病原微生物的畜禽产品,一些人畜共患病的病原微生物可以随畜禽产品及其加工成的食品传染给人类,造成人类患病。食品介导的消化道传染病的病原菌有:伤寒与副伤寒沙门氏菌、痢疾志贺氏菌等。食品安全标准中的微生物指标一般分为菌落总数、大肠菌群、致病菌等。菌落总数可以作为判定食品被微生物污染程度的标志;大肠菌群可以作为肠道致病菌污染食品的指标菌;对于以往不得检出致病菌的规定,新标准中提出了,几种主要致病菌在各类不同食品中的限量要求。

【思考与练习题】

一、名词解释

食源性疾病;食物中毒;菌落总数;真菌性食物中毒

二、判断题

(1)对于致病菌的检测标准是食品中不允许有任何致病菌存在。 ( )

(2)黄曲霉毒素有十余种之多,其中以曲霉毒素 B1 的毒性和致癌性最强,是真菌毒素中最强的。 ( )

(3)1988 年,上海市发生了一次世界历史上罕见的因食用污染乙肝病毒的贝类而暴发的乙型肝炎流行事件。 ( )

(4)食品介导的消化道传染病的病原体具有较强的致病力,仅少量的病原体即可引起疾病,并且人与人之间不可以直接传染。 ( )

(5)炭疽杆菌的营养体抵抗力不强,易被一般消毒剂杀灭,而芽胞抵抗力强,在干燥

土壤中可保持生活力数十年之久。 (　　)

(6)菌落总数测定结果后,最后以“个/mL”或“个/gL”出具报告。 (　　)

(7)真菌性食物中毒是最常见的食物中毒。 (　　)

(8)沙门氏菌的宿主特异性极弱,既可感染动物也可感染人类,极易引起人类的食物中毒。 (　　)

(9)预防霉菌及其毒素对食品的污染,防止霉菌性食物中毒的根本措施是去除霉菌毒素的毒性。 (　　)

(10)换过伤寒的病人,普遍带菌,患者康复后长期带菌可达数年甚至更长时间。 (　　)

三、选择题

(1)下列属于食品介导的人畜共患病的病原菌的是(　　)。

A. 痢疾志贺氏菌　　B. 金黄色葡萄球菌

C. 霍乱弧菌　　D. 结核分枝杆菌

(2)沙门氏菌属的细菌可引起(　　)细菌性食物中毒。

A. 毒素型　　B. 感染型　　C. 混合型　　D. 感染混合型

(3)肉毒梭菌毒素食物中毒是由(　　)引起的。

A. 肉毒梭菌　　B. 肉毒杆菌

C. 肉毒梭菌产生的内毒素　　D. 肉毒梭菌产生的外毒素

(4)引起肉毒梭菌中毒最多见的食品是(　　)。

A. 肉制品　　B. 鱼制品　　C. 自制发酵食品　　D. 罐头食品

(5)发霉的花生、玉米中最容易产生的毒性最强的毒素是(　　)。

A. 黄曲霉毒素　　B. 镰刀菌毒素

C. 杂色曲霉毒素　　D. 橘青霉毒素

(6)食物中毒与其他急性疾病最本质的区别是(　　)。

A. 潜伏期短　　B. 很多人同时发病

C. 急性胃肠道症状为主　　D. 病人曾进食同一批某种食物

(7)以下不属于食源性病毒的是(　　)。

A. 甲型肝炎病毒　　B. 口蹄疫病毒　　C. 疯牛病病毒　　D. 艾滋病病毒

(8)我国现行国家标准GB 4789.3—2010,规定了食品中大肠菌群计数的大肠菌群平板计数法,该方法采用的平板计数培养基是(　　)。

A. 平板计数琼脂　　B. 伊红美兰琼脂

C. 结晶紫中性红胆盐琼脂　　D. 马铃薯琼脂

(9)下列哪种培养基不是食品中沙门氏菌检测中的增菌用培养基(　　)。

A. 缓冲蛋白胨水　　B. 亚硒酸盐胱氨酸

C. 7.5%NaCl 肉汤　　D. 四硫磺酸钠煌绿

(10)对于包装饮用水和发酵乳中微生物限量的测定,相对应的食品安全国家标准中的采样方案分别为(　　)和(　　)。

A. 一级方案　　B. 二级方案　　C. 三级方案　　D. 四级方案

四、填空题

(1)食物中毒可分为(　　)、(　　)、(　　)、(　　)和(　　)。

(2)病毒能通过直接或间接的方式由(　　)传染到食品中,从而造成食源性疾病爆发事件发生。

(3)食源性疾病一般分为(　　)和(　　)两大类,包括食物中毒、寄生虫病、肠道传染病、人畜共患传染病等。

(4)细菌性食物中毒发病机制可分为(　　)、(　　)和(　　)三种。

(5)真菌毒素的产生决定于三个条件即(　　)的存在、适于其生长的(　　)和适于其生长的(　　)。

(6)黄曲霉毒素具有(　　)、(　　)、(　　)的"三致"作用。

(7)食物中毒可由病原微生物侵入消化道而引发疾病,但侵入人体的病原菌必须数量较(　　),且人与人之间(　　)直接传染。

(8)现行标准的大肠菌群 MPN 计数包括推测初发酵试验和证实复发酵试验两步,前者用的是(　　)培养基,后者用的是(　　)培养基。

(9)我国金黄色葡萄球菌检测的现行标准是 GB 4789.10—2010,该标准规定了金黄色葡萄球菌的定性和定量检测方法。标准第一法增菌培养法,适用于金葡菌的(　　)检测;第二法平板计数法,适用于金葡菌含量较(　　)的食品中该菌的计数;第三法 MPN 法,适用于金葡菌含量较(　　)而杂菌含量较(　　)的食品中该菌的计数。

(10)金黄色葡萄球菌,可引起(　　)细菌性食物中毒,是由于进食被金黄色葡萄球菌及其所产生的(　　)所污染的食物而引起的一种急性疾病。

五、简述题

(1)常见的细菌性食物中毒有哪些?发生细菌性食物中毒的原因是什么?

(2)如何防治霉菌毒素引起的食物中毒?

(3)简述痢疾志贺氏菌、霍乱弧菌、伤寒及副伤寒沙门氏菌的生物学特性及引起人消化道传染病的发生原因与临床症状。

(4)食品中细菌总数和大肠菌群的食品卫生学意义是什么?

(5)污染食品的病毒主要来源和途径是什么?

六、技能题

(1)假如毕业后你去了一家乳品厂从事成品检验工作,要让你对本厂生产的酸奶进行微生物指标的测定,请问,应测定哪些指标?分别依据什么方法进行测定?

(2)你毕业后进入了一家速冻食品厂从事微生物检验工作,某天你对于本厂某批次的速冻汤圆进行金黄色葡萄球的检验,均采用三级采样方案,进行 5 个样品的金葡菌检验。请你分析怎样的检验结果才是符合 GB 19295—2011 标准中限量规定合格的?

第十一章　实验实训

实验一　显微镜的使用技术及细菌基本形态观察

显微镜是进行微生物个体观察的重要工具，由于微生物个体微小、结构简单，想要清楚地观察到微生物必须借助显微镜。如下以普通光学显微镜为例介绍其使用方法。

一、目的要求

(1)了解普通光学显微镜的构造和原理。

(2)掌握普通光学显微镜的使用方法，能够进行细菌基本形态观察。

二、基本原理

(一)光学显微镜的构造

光学显微镜的构造分机械部分和光学部分两部分，其中包含目镜、接物镜、光源等部分，如图 11－1 所示。

1. 机械部分

显微镜的机械部分主要包括镜座、镜臂、镜筒、物镜转换器、载物台、推进器、粗调螺旋、微调螺旋等。

(1)镜座

显微镜的底座，呈马蹄形或长方形，主要起稳定显微镜的作用。有的显微镜镜座内装有照明光源及反光镜。

(2)镜臂

连接镜座和镜筒的部分，呈弓形，可作为移动显微镜的把手。

(3)镜筒

位于镜臂上方，圆筒形，上端装置目镜，下端连接物镜转换器，形成目镜与物镜间的暗室。根据镜筒显微镜可分为直筒式、斜筒式或单筒式、双筒式。

(4)物镜转换器

位于镜筒下端，是可旋转的圆盘，可安装有 3～4 个物镜，旋转转换器时，接物镜可挨个地被推到正确的使用位置上。接物镜光轴与目镜光轴同轴，使用时用手指捏住转换器转盘旋转，不要扳物镜旋转，否则日久易使光轴歪斜，成像质量变差。

(5)载物台

安放标本片的方形或圆形的工作台。中央有一通光孔为光线通路。台上装有一对弹簧标本夹,有的载物台上还有纵横坐标的游标卡尺,一般读数为 0.1mm,用以测定标本的大小或对被检部分做标记,便于下次镜检。

(6)推动器

装在载物台下的标本推动器,用于移动标本,寻找物像。

(7)粗调螺旋和微调螺旋

为得到清晰物像,需调节物镜与标本间的距离,使之与物镜的工作距离相等,这种操作称为调焦。在显微镜的镜臂下后方,装有大、小两个螺旋,大螺旋为粗调螺旋,操作时做快速调焦用,调到隐约可见标本物像为止。然后改用小的微动螺旋做精确调焦,使观察的标本至最清晰为佳。显微镜的调焦装置有镜筒升降式和载物台升降式两种。

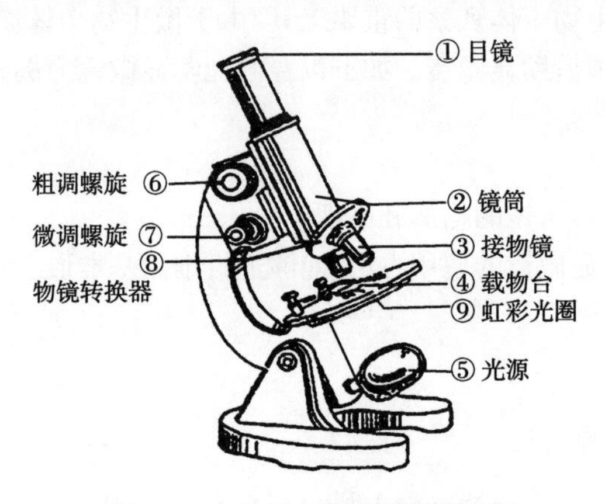

图 11－1　普通光学显微镜的构造

2. 光学部分

显微镜的光学部分主要包括反光镜、聚光镜、光圈、接物镜和接目镜。

(1)光源

一种为将光源安装在镜座内,通过光源滑动变阻器按钮开关来控制;另一种是采用反光镜,反光镜是一块两面镜子,一面是平面,另一面是凹面。在使用低倍和高倍镜观察时,用平面反光镜;使用油镜或光线弱时可用凹面反光镜。

(2)聚光器

位于载物台之下,由一组透镜组成,作用是汇聚光线成一束强的光锥,增强标本照明强度。使用时,用聚光镜升降螺旋调节,一般低倍镜观察时,应降低聚光镜位置,使光线微弱;用高倍镜或油镜观察时,应升高聚光镜位置,使光线增强。

(3)虹彩光圈

也称光圈或可见光阑,位于聚光镜下方,由十几张金属薄片组成,中心部分形成圆孔。推动侧面光圈把手,可随意调节大小,以变换光量。在用低倍物镜镜检时宜调小光圈,若用高倍镜或油镜观察时可放大光圈。在光圈下面有一圆形滤光片托架,便于放置滤光片,供选择某波段的光线用。

(4)接物镜

简称物镜,安装在镜筒下端的转换器上。一般有 3～4 个物镜头,其作用是将标本做第一次放大,然后再由目镜做第二次放大,是决定成像质量和分辨能力的重要部件。物镜按放大倍数分为低倍镜,即 8×、10×;中倍镜,20×;高倍镜,40×、45×、65×;油镜,90×、100×。

物镜的性能取决于物镜的数值孔径,数值孔径是指光线投射到物镜上的最大角度一般的正弦与介质折射率的乘积,数值孔径越大物镜的性能越好。油镜的数值孔径最大。

(5)目镜

目镜安装在镜筒上端,作用是将物镜放大了的实像再放大形成虚像映入眼帘。其放大倍数有 8×、10×、15×或 16×,字样标记于目镜上。目镜不能随意取下,以防尘埃落入镜筒。

(二)油镜的基本原理

油镜是放大倍数最大的物镜,细菌等原核细胞微生物个体微小,一般需要借助油镜观察。油镜镜片非常小,进入镜中的光线少,视野较暗,当油镜头与标本片之间为空气所隔时,因为空气的折光率与玻璃的折光率不同,使得一部分光线被折射而不能进入油镜内,使视野更暗;如果在油镜头与标本片之间滴加香柏油,就能减少因折射所造成的光线损失,使视野被充分照明,提高物镜的分辨率,使物像明亮清晰。

三、实验材料与仪器

(1)细菌标本(大肠杆菌、金黄色葡萄球菌)。

(2)普通光学显微镜。

(3)擦镜纸、吸水纸、香柏油、二甲苯。

四、实验步骤

1. 取镜

右手紧握镜臂,左手托住镜座,平稳地将显微镜放于实验台上。

2. 调整光线

将低倍物镜转到工作位置,转动粗调螺旋,使物镜前透镜镜面与载物台距离约 1cm 左右;上升聚光镜,开大虹彩光圈;转动反光镜采集光源,光线较强的天然光源宜用平面镜,光线较弱的天然光源或人工光源宜用凹面镜,用左眼观察目镜中视野的亮度,转动反光镜,使视野的光照达到均匀明亮为止。观察染色标本片时,光线宜强;观察未染色标本片时,光线不宜太强。自带光源的显微镜,可通过调节旋钮来调节光照强弱。

3. 低倍镜观察(物镜 10×)

将标本片置于载物台上(正面朝上),用标本夹夹住。利用推动器使被检部位移至物镜正下方。旋转粗调螺旋下降物镜(或升起载物台)至相距标本片约 0.5cm 处,以左眼观察目镜,同时用粗调螺旋慢慢升起物镜(或下降载物台)至视野内出现物像后,改用微调螺旋调至视野内出现清晰物像,并将标本片中的最好部位移至视野正中央,准备换高倍镜观察。

4. 高倍镜观察(物镜40×)

将高倍镜转到工作位置,操作时要从侧面注视,防止镜头与标本片相撞。调节光圈和聚光镜使光线适中。观察时先用粗调螺旋慢慢升起物镜(或下降载物台)至发现物像,再用微调螺旋调至视野内出现清晰物像,并将标本片中的最好部位移至视野正中央,准备换油镜进一步观察。

5. 油镜观察(物镜100×)

用粗调螺旋将镜筒提起(或载物台下降)约2cm,将油镜转至工作位置。在标本片的镜检部位滴一小滴香柏油。眼睛从侧面注视,用粗调螺旋缓慢地将油镜头小心地浸在香柏油中,使物镜前端接近而又未触及标本片为止。从目镜观察,先调节光线至明亮,用粗调螺旋缓慢地升高镜筒(或下降载物台),直至视野内出现模糊物像时,改用微调螺旋至物像十分清晰为止。如果上升镜筒(或下降载物台)时油镜已离开油面,必须重新从侧面注视,将油镜头再次浸入油中,重复上面操作,直至看清物像为止。

6. 细菌形态绘制

在油镜下,找出清晰的单个细菌的个体,一边观察显微镜,一边绘制出单个细菌的形态作为实验结果。

7. 整理

完毕后,升起镜筒(或下降载物台),取下标本片,将油镜头转离工作位置,先用一张擦镜纸擦去镜头上的香柏油,再用一张擦镜纸沾少许二甲苯擦掉残留的香柏油,最后再用一张干净的擦镜纸擦干残留的二甲苯。

最后将显微镜擦净,并使反光镜、聚光镜、镜筒、物镜等恢复至存放状态,盖好防尘罩,放入柜中。用过的标本片,在其上滴一滴二甲苯,用吸水纸擦拭干净后放入标本盒中。

五、结果报告

绘出观察到的细菌形态,并对细菌形态进行描述,如球状、杆状等。

六、注意事项

(1)注意物镜转换顺序,由低倍镜到高倍镜再到油镜。

(2)采光时,升降聚光镜或调节虹彩光圈以获得合适的光量。使用低倍镜时,光圈要适当缩小或适当下降聚光镜以获得较好的对比度。在使用高倍镜或油镜时,所需光量要增大,应扩大光圈或上升聚光镜。

(3)使用完毕后,要将各部位归位,物镜呈八字形态,盖上防尘罩。

七、思考题

(1)显微镜使用的一般步骤。

(2)使用油镜时的注意事项。

实验二　细菌涂片制作和革兰氏染色技术

一、目的要求

（1）掌握细菌的涂片制作方法，观察细菌的形态特征。

（2）掌握细菌的简单染色和革兰氏染色技术。

（3）了解革兰氏染色原理，进一步熟悉显微镜使用技术。

二、基本原理

细菌个体小而透明，折光率低，在普通光学显微镜下不容易看清。若经过染料染色后，细胞折光性增强，借助颜色的反衬作用，就能看清细菌的形状、大小和排列方式。简单染色法是用一种染料进行染色。由于细菌细胞内核酸较多，故一般多用由碱性染料如碱性复红、美蓝、结晶紫、孔雀绿、番红等配制而成的染液进行染色。

革兰氏染色法是细菌染色中一种重要的鉴别染色法。通过此法染色，可将细菌鉴别为革兰氏阳性菌和阴性菌两大类。其方法是：细菌涂片先经草酸铵结晶紫液初染，加碘液进行媒染，再以 95％乙醇脱色，最后用番红液复染。若细胞能保持结晶紫与碘所形成的复合物而不被乙醇脱色，则细菌呈紫色，称革兰氏阳性菌；若被乙醇脱色而被番红复染成红色，则称革兰氏阴性菌。革兰氏染色常受菌龄、培养基的 pH 和染色技术等的影响，一般采用幼龄菌为宜。

三、实验材料与仪器

（1）菌种：斜面培养 24h 的大肠杆菌和金黄色葡萄球菌。

（2）草酸铵结晶紫染液、碘液、95％乙醇、番红染液。

（3）光学显微镜、载玻片、接种环、酒精灯、蒸馏水、二甲苯、香柏油、吸水纸、擦镜纸、洗瓶等。

四、实验步骤

（一）细菌涂片制片

（1）取干净的载玻片，在中央部位加一滴生理盐水。以无菌操作法用接种环取大肠杆菌或金黄色葡萄球菌少许。与载玻片上生理盐水混合均匀，涂成一薄层，直径约为 1cm。

（2）干燥固定

使涂片在空气中自然风干或在酒精灯焰高处（距火焰 8～10cm）微热烘干。干燥后将涂片菌面朝上，通过酒精灯火焰 3 次，以不烫手为准，以达到固定效果，目的是杀死细菌以增强细胞着色力，使细胞黏着在玻片上。

（二）革兰氏染色

1.初染

将上述干燥固定后的涂片冷却后，滴加结晶紫染液于标本上，使其布满菌膜，染色1min。用细水流徐徐冲去多余染液，甩干或用吸水纸吸干多余水分。

2.媒染

滴加碘液覆盖菌膜，染色1min。用细水流徐徐冲去多余染液，甩干或用吸水纸吸干多余水分。

3.脱色

用95%酒精滴洗至流出酒精不出现紫色时为止，时间保持20～30s，立即用水冲洗净酒精，甩干或用吸水纸吸干多余水分。

4.复染

滴加沙黄复染液于菌膜上，使其布满菌膜，染色1min。用细水流徐徐冲去多余染液，甩干或用吸水纸吸干多余水分。

5.镜检

用滤纸吸干涂片上的水，在低倍镜下观察到清晰图像，在油镜下观察到清晰图像，红色是革兰氏阴性菌、紫色是革兰氏阳性菌。

五、结果报告

在显微镜下观察细菌的形态及颜色，并判断其为革兰氏属性。

六、注意事项

（1）无菌水不要滴加太多。

（2）载玻片冷却后再滴加结晶紫。

（3）水冲时不要正对涂菌处。

（4）严格控制酒精脱色时间，不超过30s。

（5）镜检前用滤纸吸干载玻片，先低倍镜，再高倍镜。

七、思考题

简述革兰氏染色的步骤及结果判断。

实验三　细菌的特殊染色技术

一、目的要求

(1)掌握细菌特殊构造染色的技术,包括芽孢染色、鞭毛染色、荚膜染色。

(2)熟悉细菌特殊构造染色的原理。

二、基本原理

细菌的芽孢具有厚而致密的壁,通透性差,按照普通染色法只能使细胞着色,而很难使芽孢着色。需要使用着色力强或高浓度的染料并加温处理,延长染色时间,才能使菌体与芽孢染上颜色。再通过脱色剂脱去菌体颜色而保留芽孢的颜色,然后再用另外一种染色剂复染菌体,使菌体与芽孢呈现不同的颜色以便于观察。

荚膜染色常采用负染色法,也称衬托染色法。即使菌体和背景显色,来衬托出无色的荚膜。荚膜主要成分是多糖,它与染料亲和力较弱,不易着色,但由于荚膜通透性较好,某些染料可透过荚膜使菌体着色。因此,染色后在菌体周围有一浅色或无色的透明圈,即荚膜。荚膜易溶于水,所以染色中尽量少用水;同时荚膜受热失水易引起皱缩变形,故不需加热固定。也可用酒精或甲醇进行固定。

细菌鞭毛极细(直径一般为 10～20nm),超过了光镜的分辨力,需要采用特殊染色法,即在染色前先经媒染剂处理,使鞭毛加粗,然后再进行染色,才能在光镜下观察到。

三、实验材料与仪器

(1)菌种:斜面培养 24～30h 的枯草芽孢杆菌、产气肠杆菌、普通变形杆菌。

(2)孔雀绿染液、番红染液、黑色素溶液、95%乙醇、鞭毛染液 AB、95%甲醇。

(3)光学显微镜、载玻片、盖玻片、酒精灯、接种环等。

四、实验步骤

(一)芽孢染色法

1. 制片

用接种环取枯草芽孢杆菌,做涂片、干燥、固定。点燃酒精灯,取干净的载玻片,在中央部位滴加一滴生理盐水。以无菌操作法用接种环取少许菌落,与载玻片上生理盐水混合均匀,涂成一薄层,直径约为 1cm。

2. 染色

滴加 3～5 滴孔雀绿染液于已固定的涂片上,并用木夹夹住载玻片在火焰上方,使染液冒蒸汽但不沸腾,切忌使染液蒸干,必要时可添加少于染液。加热时间从冒蒸汽时开始计算约 5min。这一步也可不加热，改为饱和孔雀绿溶液染 10min。

3. 水洗

倾去染液，待玻片冷却后水洗至孔雀绿不再褪色为止。

4. 复染

用番红水溶液复染 1～2min，水洗。

5. 镜检

待干燥后，置油镜观察。芽孢呈绿色，菌体呈红色。

(二)荚膜染色法

1. 制片

在载玻片一端滴加无菌水，取少许菌种在水滴中制成菌悬液。

取一滴新配好的黑色素溶液与菌悬液混合，以另一块载玻片作为推片，将推片一端平整的边缘与菌悬液以 30°角接触后，顺势将菌悬液推向前方，使其成匀薄的一层，风干。

2. 固定

用 1～2 滴 95%甲醇固定 1min(一般可等甲醇蒸发掉为止)。

3. 染色

加番红液数滴于涂片上，冲去残余甲醇，并染 1～2min，以细水长流适当冲洗。

4. 镜检

吸干后油镜检查，背景黑色，荚膜无色，菌体红色。

(三)鞭毛染色法

1. 制片和固定

取干净载玻片一张，在载玻片一端滴一小滴蒸馏水，用接种环从斜面菌种管下部边缘处，轻轻挑取少许新鲜菌体，在水滴中轻沾几下(勿涂布)，移开接种环后将载玻片放在灯焰上杀菌。将载玻片倾斜，使菌液水滴自然流向另一端，于是载玻片上形成 1～2 条菌液带，然后平放，自然干燥(勿用火焰烘烤)。

2. 染色

先滴加适量鞭毛染液 A 染色 4～6min，用蒸馏水缓慢冲洗，沥干后再加鞭毛染液 B 染色 30～60s，并在灯焰高处微热至冒蒸汽而染液不干，然后用蒸馏水轻轻冲洗，自然干燥(勿用吸水纸吸)。

3. 镜检

油镜下观察，鞭毛呈褐色，菌体为深褐色。

五、结果报告

绘制镜检结果，特殊构造的性状及着生部位。

六、注意事项

(1)芽孢染色时注意不要将染液烧干。

(2)荚膜染色时涂一薄层,不可过厚。

七、思考题

芽孢、荚膜、鞭毛染色的一般步骤。

实验四　放线菌、霉菌插片培养技术及其形态观察

一、目的要求

(1)掌握放线菌和霉菌的制片方法。

(2)掌握放线菌和霉菌的细胞形态和菌落特征。

二、基本原理

放线菌是由菌丝组成的分枝丝状体,以链霉菌属的菌丝体最为发达。菌丝可分为基内菌丝、气生菌丝和孢子丝。放线菌发育到一定阶段,孢子丝开始形成孢子。孢子丝有直形、波曲形、螺旋形、轮生、单搓分枝等形状;孢子有球形、椭圆形、柱形或瓜子形、刺形等,常成串排列或单个存在。这些特征是鉴定菌种的重要依据之一。放线菌菌落特征:圆形、较小、干燥、质地紧密,表面粉状或茸毛状,有的呈同心环或辐射状。基内菌丝与培养基结合紧密,难以挑取。菌丝体与孢子常具有不同色素,所以菌落正面与背面可显示相应颜色。

霉菌俗称丝状真菌,个体大且构造复杂,菌丝一般无色透明,宽度为 3～10μm,有隔或无隔,在低倍镜或高倍镜下即可看清。菌体分为基内菌丝与气生菌丝,气生菌丝上产生孢子。孢子形状、颜色以及着生部位和排列方式等是霉菌分类的重要依据。霉菌菌落特征:一般较大,多数有固定形状,菌丝体结构疏松,多呈绒毛状、蜘蛛网状或棉絮状;表面粉粒状或粗粒状;孢子颜色多样。

三、实验材料与仪器

(1)菌种:斜面培养的灰色链霉菌、细黄链霉菌,根霉、青霉、曲霉、毛霉。

(2)高氏 1 号培养基、马铃薯蔗糖琼脂培养基;石炭酸复红染色液。

(3)载玻片、盖玻片、接种环、吸管、刮铲、镊子、镜检用物等。

四、实验步骤

(一)放线菌插片培养

1. 插片制作

用接种环挑取放线菌斜面培养试管内的少许菌体,制成孢子悬液。用无菌吸管吸取孢子悬液一滴,放入高氏 1 号平板培养基上并用无菌刮铲涂布均匀,然后将消毒后的盖玻片以倾斜 45°角插入培养基内,插片的深度以插入培养基的 1/2 为宜。

2. 培养

插片平板放入 28℃恒温箱中培养 4～5d,观察菌落特征。

3. 制片

用镊子取插片一张,用吸水纸擦去生长较差一面的菌丝体,然后用镊子夹住盖玻片,菌面朝上,通过火焰 2～3 次进行加热固定,冷却。

4. 染色

在盖玻片上滴加石炭酸复红染色液染色 1min，水洗干燥。

5. 镜检

取干净载玻片一张，将盖玻片染色面向下，放在载玻片中央，在低倍镜、高倍镜、油镜下观察基内菌丝、气生菌丝和孢子丝的形态特征。

(二)霉菌载片培养法

1. 制片

在装有 U 形玻璃棒的无菌培养皿中，倒入 3～4mL 无菌水以保持湿度，按无菌操作法将灭过菌的载玻片放在 U 形玻璃棒上，用无菌吸管吸取融化并冷却至 50℃左右的马铃薯蔗糖琼脂培养基于载玻片上数滴，待凝固后，用接种环接入霉菌孢子于培养基上，再用无菌镊子取灭过菌的盖玻片放在培养基上，并轻压几下，培养皿置于恒温箱内 28℃培养 24h，观察菌落特征。

2. 镜检

在低倍镜下观察霉菌个体形态，在高倍镜下观察霉菌菌丝、孢子囊、假根、帚状枝等结构。

五、结果报告

绘制出放线菌和霉菌的形态构造；描述放线菌、青霉、根霉、曲霉、毛霉的菌落特征。

六、注意事项

(1)采用无菌操作方式。

(2)插片时要有一定角度并于划线垂直。

(3)观察时，宜用略暗光线。

七、思考题

镜检时如何区分放线菌基内菌丝、气生菌丝及孢子丝。

实验五　酵母菌的形态观察及大小测定技术

一、目的要求

(1)了解测定微生物细胞大小的原理,掌握酵母菌大小测定的方法。

(2)掌握观察酵母菌形态和生殖方式的方法。

二、基本原理

酵母菌是单细胞微生物,形态为圆形、卵圆形或圆柱形,较细菌细胞大,在高倍镜下可观察其形态。酵母菌的主要繁殖方式为芽殖。

微生物个体大小的测定需要借助显微测微尺,在显微镜下进行测量。显微测微尺由目镜测微尺和镜台测微尺组成。镜台测微尺形如载玻片,在中央的圆形盖片下有一条长为1mm的刻度精确等分为100格,每格长10μm。目镜测微尺是一块圆形玻片,在玻片中央把5mm长度刻成50等分或把100mm刻成100等分。测量时,将其放在接目镜中的隔板上来测量,经显微镜放大后的细胞物像,由于在显微镜不同的接目镜和接物镜系统下,放大倍数不同,目镜测微尺每格所示长度随显微镜放大倍数而变化。所以在使用前,需用镜台测微尺来校正,求出在显微镜某一接目镜和接物镜系统下,目镜测微尺一格所代表的实际长度。

三、实验材料与仪器

(1)菌种:培养24h的酵母菌。

(2)光学显微镜、显微测微尺、载玻片、盖玻片等。

四、实验步骤

(一)酵母菌的形态观察

1. 制作

取一干净的载玻片,取菌悬液一滴于中央处,取一盖玻片,小心地将其一端与菌液接触,缓慢地放下,避免气泡的产生。

2. 镜检

在高倍镜下观察酵母菌的细胞形状和芽殖情况。

(二)酵母菌的大小测定

1. 目镜测微尺的标定

(1)取下目镜,小心地装上目镜测微尺,使刻度向下;把镜台测微尺固定在载物台上,使有刻度的一面朝上。

(2)先用低倍镜观察,调节工作距离,看清镜台测微尺的刻度后,转动目镜测微尺,使两个测微尺的刻度线平行。使用推动器,先使两尺一端的"0"刻度完全重合,再寻找两尺的另一重合刻度线,分别数出两者的格数,并计算目镜测微尺每小格代表的实际长度。例如:若在两重合刻度线之间目镜测微尺为50格,镜台测微尺为10格,则此时目镜测微尺每小格代表的实际长度为2μm。

(3)按照以上方法校正在高倍镜下目镜测微尺每小格代表的实际长度。

2. 酵母菌小大的测定

将酵母菌水浸片或酵母标本片置于载物台上,在高倍镜下找出物像清晰的酵母,数出酵母菌细胞在目镜测微尺中直径或长和宽各占几个小格,然后计算酵母菌实际大小。为减少误差,应在同一涂片上任意测定10~20个细胞,计算其平均值作为结果。

五、结果报告

(1)绘制酵母菌个体形态并注明繁殖方式。

(2)计算酵母菌个体大小。

六、注意事项

(1)要选取对数期的酵母菌进行菌体大小的测定。

(2)酵母菌个体观察不需要使用油镜。

七、思考题

(1)酵母菌个体观察时为什么不使用油镜?

(2)进行细胞大小测定时,为什么要校正目镜测微尺?

实验六　酵母菌死、活细胞的鉴别及镜检计数

一、目的要求

(1)掌握酵母菌死活细胞的染色方法。

(2)了解血球计数板的构造、原理和技术方法。

(3)掌握显微镜下直接计数的技能。

二、基本原理

(1)酵母菌活细胞的还原力较强,使用美蓝染液染色后,美蓝又被还原为无色,而死细胞则染上蓝色。因此,通过美蓝染液染色可以鉴别酵母细胞的死活情况。

(2)血球计数板是一块特制的厚型载玻片,载玻片上有四个槽构成三个平台。中间的平台较宽,其中间又被一短横槽分隔成两半,每个半边上面各刻有一小方格网,每个方格网共分九个大格,中央的一大格作为计数用,称为计数区。如图 11－2 所示。

计数区的刻度有两种:一种是计数区分为 16 个大方格(大方格用三线隔开),而每个大方格又分成 25 个小方格;另一种是一个计数区分成 25 个大方格(大方格之间用双线分开),而每个大方格又分成 16 个小方格。但是不管计数区是哪一种构造,它们都有一个共同特点,即计数区都由 400 个小方格组成。如图 11－3 所示。

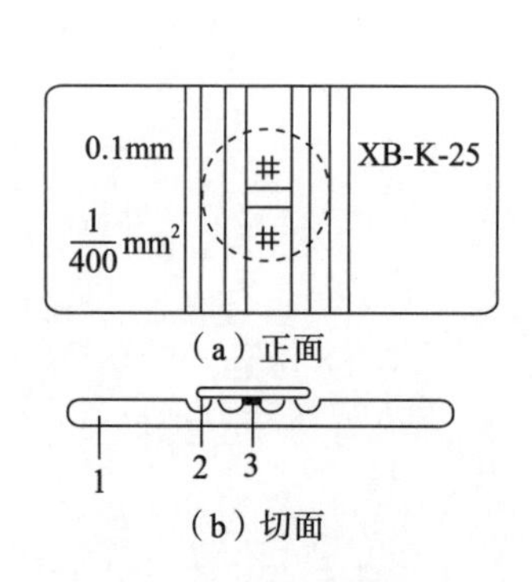

图 11－2　血球计数板构造

1—血球计数板;2—盖玻片;3—计数室

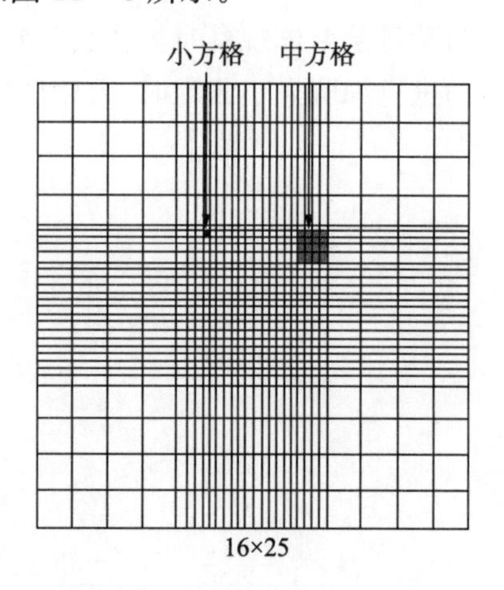

图 11－3　血球计数板计数区

计数时,把菌悬液(适当浓度)注入计数室,然后在显微镜下计数。为减少误差,通常每个视野任意计数 5 个小方格内的细胞总数,观察 5 个视野,并求出每个视野内的平均值。对位于小方格四边的压线细胞,只计两边,另两边不计;对于出芽的酵母,以芽体与细胞接近大小时,按 2 个菌体计数。然后求出每毫升菌悬液中的细胞个数。

三、实验材料与仪器

(1)菌种:酵母菌。

(2)光学显微镜、0.1%美蓝染液、血球计数板、盖玻片、无菌滴管、吸水纸、擦镜纸等。

四、实验步骤

1. 酵母菌死活细胞的鉴别

取0.1%美蓝染液一滴于载玻片中央处,再滴加一滴酵母菌悬液并混匀,染色3~5min,加盖玻片进行镜检。未被染色的为活细胞,被染成蓝色的为死细胞。

2. 酵母菌血球计数板镜检计数

(1)取一块盖玻片,加盖在血球计数板中央计数室上方。

(2)用无菌滴管吸取菌悬液滴于盖玻片的边缘,通过毛细管作用渗入计数室,注意不能有气泡产生,然后放置于载物台上,静置数分钟,使菌细胞沉积于平面上。

(3)使用高倍镜进行镜检,每个视野任意计数5个小方格内的细胞总数,观察5个视野。

(4)测数完毕后,取下盖玻片,用清水把血球计数板冲洗干净,用吸水纸轻轻吸去残留水分。注意勿使网格受到磨损,放入盒内保存。

五、结果报告

计算每毫升菌悬液中酵母菌的细胞数。

六、注意事项

(1)血球计数板使用后注意清洗。

(2)酵母菌菌悬液不宜过多,以免每个小格内酵母菌过多难以数清。

七、思考题

血球计数板测定细胞数的步骤。

实验七　培养基的制备与灭菌技术

一、目的要求

(1)了解培养基配制的原理。

(2)掌握常用培养基的制备过程及方法。

(3)了解灭菌的基本原理。

(4)掌握干热灭菌、高压蒸汽灭菌技术。

二、基本原理

培养基是指经人工配制适合微生物生长繁殖或产生代谢产物的营养基质。无论是以微生物为材料的研究或是利用微生物生产生物制品,都要进行培养基的配制。良好的培养基应具备合理比例的各种营养物质,适宜的 pH 和一定的缓冲能力,一定的氧化还原电位和合适的渗透压。培养基按照成分分为天然培养基、合成培养基与半合成培养基。培养基可做成液体、固体和半固体的,在液体培养基中加入琼脂等凝固剂,可制得固体与半固体培养基。

微生物实验和生产中要求进行无菌操作,过程不能污染杂菌。因此,对于实验或生产过程中的器皿、培养基等材料要进行严格的灭菌。灭菌是应用物理或化学的方法杀死物品或环境中所有微生物。常用的灭菌方法包括干热灭菌和湿热灭菌。

干热灭菌是利用高温使微生物细胞内的蛋白质凝固变性而达到灭菌的目的。细胞内的蛋白质凝固性与其本身的含水量有关,在菌体受热时,当环境和细胞内含水量越大,则蛋白质凝固就越快,反之含水量越小,凝固缓慢。因此,与湿热灭菌相比,干热灭菌所需温度高(160～170℃),时间长(1～2h)。但干热灭菌温度不能超过 180℃,否则,包器皿的纸或棉塞就会烤焦,甚至引起燃烧,因此一般塑料制品不能用干热法灭菌。

湿热灭菌即高压蒸汽灭菌是将待灭菌的物品放在一个密闭的加压灭菌锅内,通过加热,使灭菌锅隔套间的水沸腾而产生蒸汽。待水蒸汽急剧地将锅内的冷空气从排气阀中驱尽,然后关闭排气阀,继续加热,此时由于蒸汽不能溢出,而增加了灭菌器内的压力,从而使沸点增高,得到高于 100℃的温度。导致菌体蛋白质凝固变性而达到灭菌的目的。适用于一般培养基、玻璃器皿、无菌水、金属用具。一般培养基在 121℃灭菌 20min 即可。

三、实验材料与仪器

高压蒸汽灭菌锅、电炉、三角瓶、水浴锅、培养皿、蛋白胨、牛肉膏、葡萄糖、氯化钠、琼脂、脱脂棉、纱布、试管等。

四、实验步骤

以牛肉膏蛋白胨琼脂培养基配制为例,配制步骤为:称量→加水溶解→调 pH→分装→塞棉塞→包扎→灭菌。

1. 原料称量、溶解

先在容器中(铝锅或不锈钢锅)加入所需水量的一半,然后按培养基配方依次将各种原料准确称取加入水中,用玻璃棒搅拌使之溶化,某些不溶解的原料如蛋白胨、牛肉膏等可事先在小容器中加入小量水加热溶解后再冲入容器中,有些原料需要量极少不易称量,可先配成高浓度的溶液,再按比例换算后取一定体积的溶液加入容器中,等原料全部放入容器后,加热使其充分溶解,在加热过程中应注意不断搅拌以防原料沉底烧焦,最后补足所需的全部水分。

2. 调整酸碱度(pH)

有的培养基需要一定的 pH,常用盐酸或氢氧化钠溶液进行调整。最简单的调节方法是用精密 pH 试纸进行测定,即用玻璃棒沾一滴培养基,点在试纸上进行比色后,如 pH 偏酸则加 1%氢氧化钠溶液,偏碱则加 1%盐酸溶液,一次加量不适太多,经反复几次调节后,即可基本调至所需 pH,此法简便易行,但较粗放,需要较准确调节的,可用 pH 计测定。使用高浓度的碱液或酸液进行培养基 pH 的调整,可避免由于使用低溶液调整因使用量过多而影响培养基的总体积和浓度,并节约工作时间,但宜分小量多次加入调节,不应操之过急。

3. 培养基的过滤和澄清

(1)纱布过滤。用 3～4 层医用纱布放在漏斗内,将已制培养基直接倾倒过滤,这种方法只滤去较粗的渣滓。

(2)棉花过滤。用一小块脱脂棉塞在漏斗管的上口,使不致浮起也不要塞得过紧,先用少量的清水浸湿后,再将培养基倾入过滤,可得较透明的培养基,以供微生物计数和观察菌落特征及某些生化试验用。

(3)高温澄清。把制好的培养基,置于高压蒸汽灭菌锅里,加热升压至 4.9×10^{4} Pa 压力,保持 30min,降压冷却后取出,静置数小时,进行澄清。液体培养基可用细橡皮管将清液虹吸到另一容器中,进行分装。加琼脂的培养基经加热沉淀后,可在未冷凝前虹吸上部澄清液入另一容器内,然后分装;也可待其凝冻后,将容器周围稍加热,使冻胶外围融化,将整块胶冻倒出后用刀切去底部沉渣部分,再把澄清部分加热融化后,分装。此法可得较透明培养基。

(4)保温过滤。加有琼脂的培养基,不论用纱布或棉花过滤,都应保持在 60℃以上温度下进行,否则易造成琼脂凝固后而不能过滤。最简单易行的方法是,将琼脂培养基盛在锅里,并置火上保温,趁热过滤。也可用特制的保温漏斗加热保温过滤,特别是在天冷时效果较好。

4. 培养基的分装

培养基配好后,根据不同的使用目的,使用的量分装到各种不同的容器中。分装培养基时,一定要注意勿使培养基沾污管口和瓶口,以免弄湿或黏住棉塞造成污染。培养基中如有某些不溶于水的原料(如碳酸钙),应在分装前不断搅拌,使成悬浮液状态,才能均匀地分散到各容器内。

5. 塞棉塞和包扎

培养基分装到各种容器后(如试管、三角瓶等),应按管口或瓶口的大小分别塞以大小适度的棉塞(或硅胶塞)。其作用主要是阻止外界微生物进入培养基内,防止由此可能导致的杂菌污染;同时还可保证良好的通气性能,使微生物能不断获得良好的无菌空气。塞棉塞后,试管的培养基可几支扎成一捆,用牛皮纸将棉塞罩起来,并用橡皮圈或线绳扎紧,以防灰尘及杂菌落在棉塞上,也可防灭菌时棉塞上凝结水汽。

6. 高压蒸汽灭菌

培养基经包扎后应立即进行高压蒸汽灭菌。

(1)往灭菌锅内加入适量的水,然后把要灭菌的物品放入,盖上锅盖,拧紧螺栓。

(2)调节压力和时间控制旋钮,调整至合适参数(通常为0.1MPa、30min)。

(3)打开电源开关进行加热,当压力表上升到0.05MPa时,打开放气阀,排尽空气后关闭,并继续加热。

(4)当压力表上升到0.1MPa时,灭菌锅自动开始计时,维持30min后,灭菌锅自动停止加热。如果灭菌锅没有自动计时功能,就需要灭菌人员在压力达到要求后开始计时,时间结束后,关闭电源。

(5)待压力示值表降至零时,方可打开锅盖,取出灭菌物品。如需进行摆放成斜面或倒平板,应趁热将试管倾斜摆成斜面或待培养基冷却至50~60℃进行倒平板。

(6)将灭菌后的培养基置于37℃恒温箱中培养2~3d,如无菌生长,证明灭菌合格。

如不能立即灭菌可能因原料中的杂菌繁殖导致培养基变质而不能使用,特别是气温高的季节,如不及时灭菌,数小时内培养基就可能变质。

若确实不能立即灭菌可将培养基暂放4℃冰箱内,但时间也不宜过长。灭菌后,需做斜面的试管,应趁热及时摆成斜面,斜面的斜度要适当,使斜面的长度约为试管长的三分之一。

摆放时不能使培养基沾污棉塞,冷凝过程中勿再移动试管,等斜面完全凝固后,再进行收放。灭菌后的培养基应保温2~3d,检查灭菌效果,然后使用,数量太大时可抽样检查,如发现问题,应再次灭菌,以保证使用前的培养基处于绝对无菌状态。

五、结果报告

检验培养基配制是否合格,凝固且无菌,能够培养出适宜微生物。

六、注意事项

(1)溶解时应充分加热。

(2)为了避免培养基灭菌后因再次污染,脱水干裂或光照因素等变质,培养基一次不宜多配,最好是现配现用。

(3)高压蒸汽灭菌时注意排尽锅内冷空气。

七、思考题

(1)为什么干热灭菌比湿热灭菌要求温度高、时间长?

(2)在高压蒸汽灭菌时,为什么排尽空气至关重要?

实验八 微生物的分离与纯化和接种技术

一、目的要求

(1)掌握微生物分离、纯化、接种技术。

(2)使学生建立无菌操作意识。

二、基本原理

在自然界中,各种微生物是在互为依赖的关系下共同生活的。因此,为了取出特定的微生物进行纯培养,必须把它们分离出来。将一种微生物移到另一种灭菌的培养基上称为接种。

分离培养微生物时,要考虑微生物对外界的物理、化学等因素的影响。即选择该类微生物最适合的培养基和培养条件。在分离、接种、培养过程中,均需严格地无菌操作,防止杂菌侵入,所用的器具必须经过灭菌,接种工具无论使用前后都要经过火焰灭菌,且在无菌室或无菌箱中进行。

三、实验材料与仪器

(1)菌种:大肠杆菌、金黄色葡萄球菌。

(2)淀粉琼脂培养基(高氏 1 号培养基)、牛肉膏蛋白胨琼脂培养基、马丁氏琼脂培养基、查氏琼脂培养基、半固体牛肉膏蛋白胨柱状培养基;10%酚液、链霉素、盛 9mL 无菌水的试管、盛 90mL 无菌水并带有玻璃珠的三角烧瓶、无菌玻璃涂棒、无菌吸管、接种环、无菌培养皿、土样、酒精灯、玻璃铅笔、火柴、试管架、接种针、滴管。

四、实验步骤

(一)稀释涂布平板法

1. 倒平板

将牛肉膏蛋白胨琼脂培养基、高氏 1 号琼脂培养基、马丁氏琼脂培养基加热熔化,待冷却至 55~60℃时,高氏 1 号琼脂培养基中加入 10%酚液数滴,马丁氏培养基中加入链霉素溶液(终浓度为 30pg/mL),混合均匀后分别倒平板,每种培养基倒三皿。

倒平板的方法:右手持盛培养基的试管或三角瓶置火焰旁边,用左手将试管塞或瓶塞轻轻地拔出,试管或瓶口保持对着火焰;然后左手拿培养皿并将皿盖在火焰附近打开一缝,迅速倒入培养基约 15mL,加盖后轻轻摇动培养皿,使培养基均匀分布在培养皿底部,然后平置于桌面上,待凝后即为平板。

2. 制备稀释液

称取样品 10g,放入盛 90mL 无菌水并带有玻璃珠的三角烧瓶中,振摇约 20min,使样品与水充分混合,将细胞分散。用一支 1mL 无菌吸管从中吸取 1mL 悬液加入盛有

9mL无菌水的大试管中充分混匀,然后用无菌吸管从此试管中吸取1mL,加入另一盛有9mL无菌水的试管中,混合均匀,以此类推制成10^{-1}、10^{-2}、10^{-3}、10^{-4}、10^{-5}、10^{-6}不同稀释度的样品溶液。注意:操作时管尖不能接触液面,每一个稀释度换一支试管。

3. 涂布

将上述每种培养基的三个平板底面分别用记号笔写上10^{-4}、10^{-5}和10^{-6}三种稀释度,然后用无菌吸管分别由10^{-4}、10^{-5}和10^{-6}三管稀释液中各吸取0.1mL或0.2mL,小心地滴在对应平板培养基表面中央位置。

用右手拿无菌玻璃涂棒平放在平板培养基表面上,将菌悬液先沿同心圆方向轻轻地向外扩展,使之分布均匀。室温下静置5~10min,使菌液浸入培养基。

4. 培养

将高氏1号培养基平板和马丁氏培养基平板倒置于28℃温室中培养3~5d,牛肉膏蛋白胨平板倒置于37℃温室中培养2~3d。

5 挑菌落

将培养后长出的单个菌落分别挑取少许细胞接种到上述三种培养基斜面上,分别置28℃和37℃温室培养。若发现有杂菌,需再一次进行分离、纯化,直到获得纯培养。

(二)平板划线分离法

1. 倒平板

按稀释涂布平板法倒平板,并用记号笔标明培养基名称、土样编号和实验日期。

2. 划线

在近火焰处,左手拿皿底,右手拿接种环,挑取上述10^{-1}的土壤悬液一环在平板上划线。划线的方法很多,但无论采用哪种方法,其目的都是通过划线将样品在平板上进行稀释,使之形成单个菌落。常用的划线方法有下列两种,如图11-4所示。

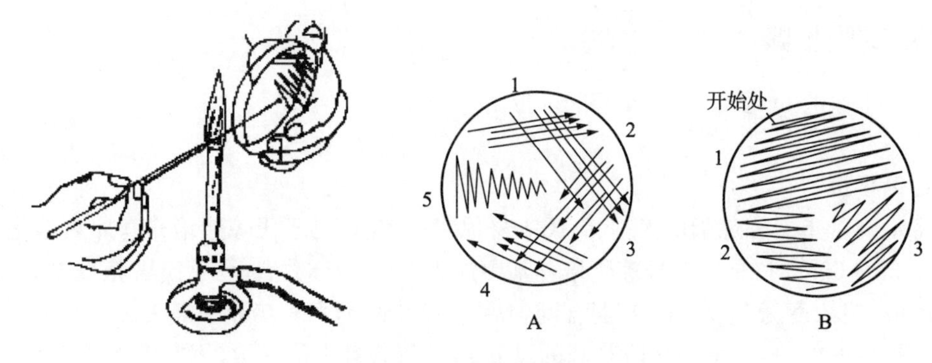

图11-4 平板划线方法

连续划线分离法:先将菌悬液在琼脂平板上开始处轻轻涂抹,然后再用接种环在平板表面以曲线连续划线接种,直至划满琼脂平板表面。此法常用于含菌量不多的标本。

分区划线分离法:用接种环以无菌操作方式挑取菌悬液一环,先在平板培养基的一边做第一次平行划线3~4条,再转动培养皿约70°角,并将接种环上剩余物烧掉,待冷却后通过第一次划线部分做第二次平行划线,再用同样的方法通过第二次划线部分做第三次划线和通过第三次平行划线部分做第四次平行划线。划线完毕后，盖上培养皿盖，倒置于温室中培养。此法适用于杂菌量较多的标本。

3. 挑菌落

同稀释涂布平板法，一直到认为分离的微生物纯化为止。

（三）斜面接种和穿刺接种

1. 斜面接种法

(1)取新鲜固体斜面培养基，分别做好标记（写上菌名、接种日期、接种人等），然后用无菌操作方法把待接菌种接入以上新鲜培养基斜面上。

(2)接种的方法是，用接种环蘸取少量待接菌种，然后在新鲜斜面上"之"字形划线，方向是从下部开始，一直划至上部。注意划线要轻，不可把培养基划破，具体操作如图 11－5 所示。

(3)接种后于 30℃恒温培养，细菌培养 48h，放线菌、霉菌培养至孢子成熟方可取出保存。

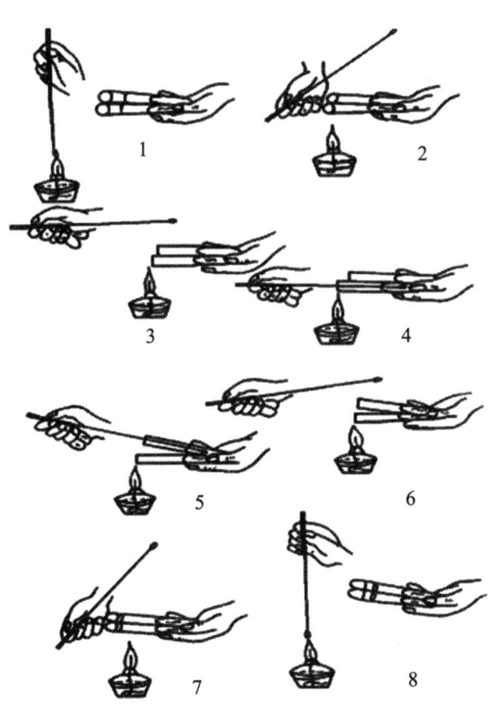

图 11－5　斜面接种操作

2. 穿刺接种法

(1)取两支新鲜半固体牛肉膏蛋白胨柱状培养基，做好标记（写上菌名、接种日期、接种人等）。

(2)接种的方法是，用接种针沾取少量待接菌种，然后从柱状培养基的中心穿入其底部（但不要穿透），然后沿原刺入路线抽出接种针，注意勿使接种针在培养基内左右移动，以保持穿刺线整齐，便于观察生长结果。

五、结果报告

(1)记录划线分离的试验结果,以能够区分单菌落为佳。

(2)记录接种后试验结果。

六、注意事项

(1)接种环灼烧后注意降温后接种。

(2)分离操作中,每稀释 10 倍,最好更换一次移液管,使计数准确。

七、思考题

(1)如何得到某种微生物的纯培养物?

(2)斜面接种时应注意什么问题?

实验九　菌种保藏技术

一、目的要求

(1)熟悉菌种保藏的原理。

(2)能够运用不同菌种保藏方法进行菌种保藏。

二、基本原理

菌种保藏是根据微生物的生理、生化特性、人为地创造低温、干燥和缺氧等条件,使微生物的代谢活动降到极低程度或处于休眠状态,从而达到使菌种在长期保存中不变异、不污染和不死亡的目的。

三、实验材料与仪器

(1)菌种:细菌、酵母菌、霉菌。

(2)斜面试管、冰箱、砂土管、分样筛、真空干燥器等。

四、实验步骤

(一)斜面低温保藏法

将菌种转接在适宜的固体培养基上,待其充分生长后,用油纸将棉塞部分包扎好(斜面试管用带帽的螺旋试管为宜,这样培养基不易干,且螺旋帽不易长霉),置于4℃冰箱保藏。保藏时间依微生物的种类而异,霉菌、放线菌及有芽孢的细菌保存2～4个月移种一次,普通细菌最好每月移种一次,假单胞菌两周传代一次,酵母菌2个月传代一次。

(二)液体石蜡保藏法

1. 液体石蜡灭菌

在250mL三角烧瓶中装入100mL液体石蜡,塞上棉塞,并用牛皮纸包扎,121℃湿热灭菌30min,然后于40℃温箱中放置14d(或置于105～110℃烘箱中1h),以除去石蜡中的水分,备用。

2. 接种培养

同斜面传代保藏法。

3. 加液体石蜡

用无菌滴管吸取液体石蜡,以无菌操作法加到已长好的菌种斜面上,加入量以高出斜面顶端约1cm为宜。

4. 保藏

棉塞外包牛皮纸,将试管直立放置于4℃冰箱中保存,利用这种保藏方法,霉菌、放线菌、有芽孢细菌可保藏2年左右,酵母菌可保藏1～2年,一般无芽孢细菌也可保藏1年左右。

5. 恢复培养

用接种环从液体石蜡下挑取少量菌种，在试管壁上轻靠几下，尽量使油滴净，再接种于新鲜培养基中培养。由于菌体表面粘有液体石蜡，生长较慢且有黏性，故一般需转接2次才能获得良好菌种。

(三)砂土管法

(1)将砂土分别用10%盐酸浸泡2～4h，用水冲洗直至pH接近中性，最后一次用蒸馏水冲洗，烘干后砂子过40目筛，土过100目筛。

(2)将砂与土按3∶1比例混合(或其他比例)均匀后，装入10mm×100mm的小试管中，每管装1cm高，塞上棉塞，灭菌，然后烘干，抽样无菌试验，直至证明无菌后使用。

(3)在欲保存的斜面菌种中注入2～3mL无菌水，用接种环轻轻将菌苔刮下，制成菌悬液。

(4)每支砂土管加入0.5mL菌悬液(刚刚使砂土湿润为宜)，用接种环拌匀。

(5)将装有菌悬液的砂土管放入真空干燥器内(内装干燥剂)用真空泵抽干水分后火焰封口(也可用橡皮塞或棉塞封住试管口)。

(6)置4℃冰箱或室温干燥处保存。

(四)冷冻干燥保藏法

1. 准备安瓿管

选用内径5mm、长10.5cm的硬质玻璃试管，用10%HCl浸泡8～10h后用自来水冲洗多次，最后用去离子水洗1～2次，烘干，将印有菌名和接种日期的标签放入安瓿管内，有字的一面朝向管壁。管口加棉塞121℃灭菌30min。

2. 制备脱脂牛奶

将脱脂奶粉配成20%的乳液，然后分装，121℃灭菌30min，并做无菌试验。

3. 准备菌种

选用无污染的纯菌种，培养时间一般细菌为24～48h，酵母菌为3d，放线菌与丝状真菌7～10d。

4. 制备菌液及分装

吸取3mL无菌牛奶直接加入斜面菌种管中，用接种环轻轻搅动菌落，再用手摇动试管，制成均匀的细胞或孢子悬液。用无菌长滴管将菌液分装于安瓿管底部，每管装0.2mL。

5. 预冻

将安瓿管外的棉花剪去并将棉塞向里推至离管口约15mm处，再通过乳胶管把安瓿管连接于总管的侧管上，总管则通过厚壁橡皮管及三通短管与真空表及干燥瓶、真空泵相连接，并将所有安瓿管浸入装有干冰和95%乙醇的预冷槽中(此时槽内温度可达-40～50℃)，只需冷冻1h左右，即可使悬液冻结成固体。

6. 真空干燥

完成预冻后，升高总管使安瓿管仅底部与冰面接触(此处温度约-10℃)，以保持安瓿管内的悬液仍呈固体状态。开启真空泵后，应在5～15min内使真空度达66.7Pa以下，使被冻结的悬液开始升华，当真空度达到26.7～13.3Pa时，冻结样品逐渐被干燥成白色片状，此时使安瓿管脱离冰浴，在室温下(25～30℃)继续干燥(管内温度不超过30℃)，升温可加速样品中残余水分的蒸发。总干燥时间应根据安瓿管的数量、悬浮液装量及保持剂性质来定，一般3～4h即可。

7. 封口样品

干燥后继续抽真空达1.33Pa时，在安瓿管棉塞的稍下部位用酒精喷灯火焰灼烧，拉成细颈并熔封，然后置4℃冰箱内保藏。

8. 恢复培养

用75%乙醇消毒安瓿管外壁后，在火焰上烧热安瓿管上部，然后将无菌水滴在烧热处，使管壁出现裂缝，放置片刻，让空气从裂缝中缓慢进入管内后，将裂口端敲断，再用无菌的长颈滴管吸取菌液至合适培养基中，放置在最适温度下培养。冷冻干燥保藏法综合利用了各种有利于菌种保藏的因素(低温、干燥和缺氧等)，是目前最有效的菌种保藏方法之一，保存时间可长达10年以上。

五、结果报告

菌种保藏记录填写见表11-1。

表11-1 菌种保藏记录

菌种名称	保藏记录	保藏方法	保藏日期	存放条件	经手人

六、注意事项

(1)从液体石蜡封藏的菌种管中挑菌后，接种环上带有油和菌，故接种环在火焰上灭菌时要先在火焰边烤干再直接灼烧，以免菌液四溅引起污染。

(2)在真空干燥过程中安瓿管内样品应保持冻结状态，以防止抽真空时样品产生泡沫而外溢。

七、思考题

(1)如何防止菌种管棉塞受潮和杂菌污染？

(2)冷冻干燥装置包括哪几个部件？各个部件起什么作用？

实验十　食品中菌落总数的测定

一、目的要求

(1)掌握食品中菌落总数测定的方法。

(2)掌握食品中菌落总数测定结果的计算与报告。

二、基本原理

食品检样经过处理,在一定条件下(如培养基、培养温度和培养时间等)培养后,所得每克(毫升)检样中形成的微生物菌落总数。食品中细菌污染的程度,反映了食品的一般卫生质量,以及食品在生产、贮藏、运输、销售过程中的卫生措施及管理情况。

三、实验材料与仪器

除微生物实验室常规灭菌及培养设备外,其他设备和材料如下:

(1)恒温培养箱:36℃±1℃,30℃±1℃。

(2)冰箱:2～5℃。

(3)恒温水浴箱:46℃±1℃。

(4)天平:感量为 0.1g。

(5)均质器。

(6)振荡器。

(7)无菌吸管:1mL(具 0.01mL 刻度)、10mL(具 0.1mL 刻度)或微量移液器及吸头。

(8)无菌锥形瓶:容量 250mL、500mL。

(9)无菌培养皿:直径 90mm。

(10)pH 计或 pH 比色管或精密 pH 试纸。

(11)放大镜或菌落计数器。

(12)平板计数琼脂培养基。

四、实验步骤

(一)检验程序

食品中菌落总数检测程序如图 11－6 所示。

(二)操作步骤

1. 样品的稀释

(1)固体和半固体样品:称取 25g 样品置于盛有 225mL 磷酸盐缓冲液或生理盐水的无菌均质杯内,以 8000～10000r/min 均质 1～2min,或放入盛有 225mL 稀释液的无菌均质袋中,用拍击式均质器拍打 1～2min,制成 1∶10 的样品匀液。

(2)液体样品:以无菌吸管吸取 25mL 样品置于盛有 225mL 磷酸盐缓冲液或生理盐

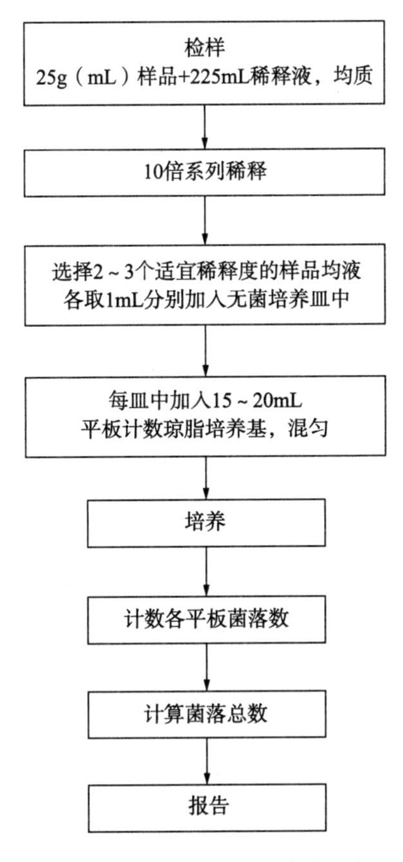

图 11－6　菌落总数的检验程序

水的无菌锥形瓶（瓶内预置适当数量的无菌玻璃珠）中，充分混匀，制成 1∶10 的样品匀液。

（3）用 1mL 无菌吸管或微量移液器吸取 1∶10 样品匀液 1mL，沿管壁缓慢注于盛有 9mL 稀释液的无菌试管中（注意吸管或吸头尖端不要触及稀释液面），振摇试管或换用 1 支无菌吸管反复吹打使其混合均匀，制成 1∶100 的样品匀液。

（4）按步骤（3）操作，制备 10 倍系列稀释样品匀液。每递增稀释一次，换用 1 次 1mL 无菌吸管或吸头。

（5）根据对样品污染状况的估计，选择 2～3 个适宜稀释度的样品匀液（液体样品可包括原液），在进行 10 倍递增稀释时，吸取 1mL 样品匀液于无菌平皿内，每个稀释度做两个平皿。同时，分别吸取 1mL 空白稀释液加入两个无菌平皿内作空白对照。

（6）及时将 15～20mL 冷却至 46℃的平板计数琼脂培养基（可置于 46℃±1℃恒温水浴箱中保温）倾注平皿，并转动平皿使其混合均匀。

2. 培养

（1）待琼脂凝固后，将平板翻转，于 36℃±1℃培养 48h±2h。水产品 30℃±1℃培养 72h±3h。

（2）如果样品中可能含有在琼脂培养基表面弥漫生长的菌落时，可在凝固后的琼脂表面覆盖一薄层培养基（约 4mL），凝固后翻转平板，按条件（1）进行培养。

3. 菌落计数

(1)可用肉眼观察,必要时用放大镜或菌落计数器,记录稀释倍数和相应的菌落数量。菌落计数以菌落形成单位(colony - form1ng units,CFU)表示。

(2)选取菌落数在 30～300CFU 之间、无蔓延菌落生长的平板,计数菌落总数。低于 30CFU 的平板记录具体菌落数,大于 300CFU 的可记录为"多不可计"。每个稀释度的菌落数应采用两个平板的平均数。

(3)其中一个平板有较大片状菌落生长时,则不宜采用,而应以无片状菌落生长的平板作为该稀释度的菌落数;若片状菌落不到平板的一半,而其余一半中菌落分布又很均匀,即可计算半个平板后乘以 2,代表一个平板菌落数。

(4)当平板上出现菌落间无明显界线的链状生长时,则将每条单链作为一个菌落计数。

(三)结果与报告

菌落总数的计算方法

(1)若只有一个稀释度平板上的菌落数在适宜计数范围内,计算两个平板菌落数的平均值,再将平均值乘以相应稀释倍数,作为每克(毫升)样品中菌落总数结果。

(2)若有两个连续稀释度的平板菌落数在适宜计数范围内时,按以下公式计算:

式中:

$$N = \frac{\sum C}{(n_1 + 0.1 n_2) d}$$

N——样品中菌落数;

$\sum C$—— 平板(含适宜范围菌落数的平板) 菌落数之和;

n_1——第一稀释度(低稀释倍数)平板个数;

n_2——第二稀释度(高稀释倍数)平板个数;

d——稀释因子(第一稀释度)。

(3)若所有稀释度的平板上菌落数均大于 300CFU,则对稀释度最高的平板进行计数,其他平板可记录为"多不可计",结果按平均菌落数乘以最高稀释倍数计算。

(4)若所有稀释度的平板菌落数均小于 30CFU,则应按稀释度最低的平均菌落数乘以稀释倍数计算。

(5)若所有稀释度(包括液体样品原液)平板均无菌落生长,则以小于 1 乘以最低稀释倍数计算。

(6)若所有稀释度的平板菌落数均不在 30～300CFU 之间,其中一部分小于 30CFU 或大于 300CFU 时,则以最接近 30CFU 或 300CFU 的平均菌落数乘以稀释倍数计算。

五、结果报告

(1)菌落数小于 100CFU 时,按"四舍五入"原则修约,以整数报告。

(2)菌落数大于或等于 100CFU 时,第 3 位数字采用"四舍五入"原则修约后,取前 2 位数字,后面用 0 代替位数;也可用 10 的指数形式来表示,按"四舍五入"原则修约后,采用两位有效数字。

(3)若所有平板上为蔓延菌落而无法计数，则报告菌落蔓延。

(4)若空白对照上有菌落生长，则此次检测结果无效。

(5)称重取样以 CFU/g 为单位报告，体积取样以 CFU/mL 为单位报告。

六、注意事项

(1)每递增稀释一次，必须另换 1 支 1mL 灭菌吸管或吸头。

(2)用于倾注平皿的营养琼脂应预先加热使其融化，并保温于(45±1)℃恒温水浴中待用。

(3)培养时，平皿要倒置于培养箱中。

七、思考题

菌落总数的检测过程中应该注意哪些问题?

实验十一　食品中大肠菌群的测定

一、目的要求

(1)掌握食品中大肠菌群的检测程序和方法。

(2)掌握食品中大肠菌群检测结果的报告方式。

二、基本原理

大肠菌群是指在一定培养条件下能发酵乳糖、产酸产气的需氧和兼性厌氧革兰氏阴性无芽孢杆菌。该菌群主要来源于人畜粪便,作为粪便污染指标评价食品的卫生状况,推断食品中肠道致病菌污染的可能。MPN 法是统计学和微生物学结合的一种定量检测法。待测样品经系列稀释并培养后,根据其未生长的最低稀释度与生长的最高稀释度,应用统计学概率论推算出待测样品中大肠菌群的最大可能数。

三、实验材料与仪器

除微生物实验室常规灭菌及培养设备外,其他设备和材料如下:

(1)恒温培养箱:36℃±1℃。

(2)冰箱:2～5℃。

(3)恒温水浴箱:46℃±1℃。

(4)天平:感量 0.1g。

(5)均质器。

(6)振荡器。

(7)无菌吸管:1mL(具 0.01mL 刻度)、10mL(具 0.1mL 刻度)或微量移液器及吸头。

(8)无菌锥形瓶:容量 500mL。

(9)无菌培养皿:直径 90mm。

(10)pH 计或 pH 比色管或精密 pH 试纸。

(11)菌落计数器。

(12)月桂基硫酸盐胰蛋白胨肉汤。

(13)煌绿乳糖胆盐肉汤。

(14)无菌磷酸盐缓冲液。

(15)无菌生理盐水。

(16)1mol/L NaOH 溶液和 1mol/L HCl 溶液。

四、实验步骤

(一)检验程序

大肠菌群 MPN 计数法检验程序如图 11－7 所示。

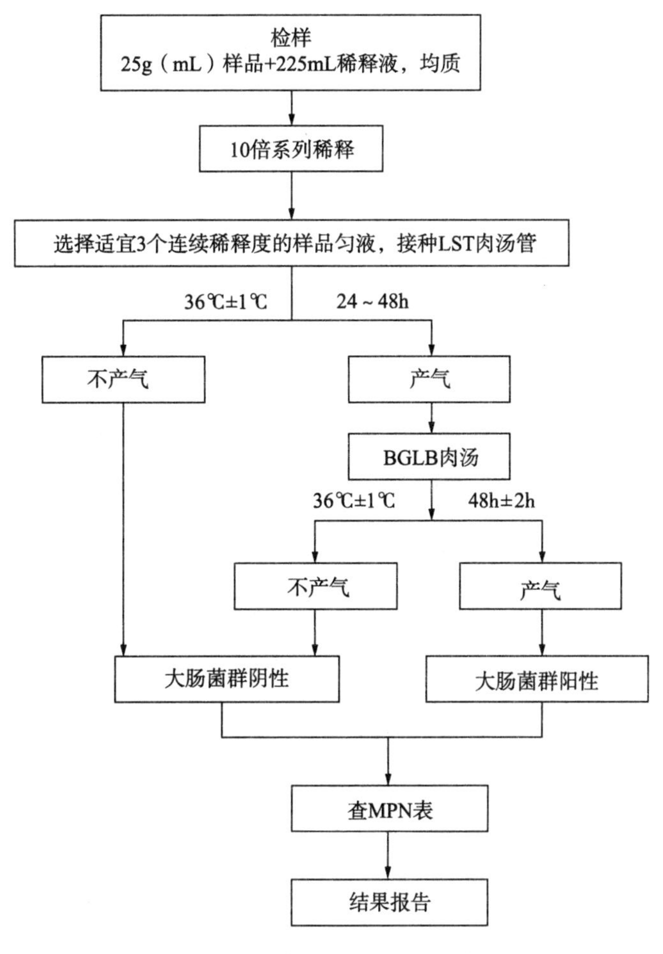

图 11－7　大肠菌群 MPN 计数法检验程序

（二）操作步骤

1. 样品的稀释

（1）固体和半固体样品：称取 25g 样品，放入盛有 225mL 磷酸盐缓冲液或生理盐水的无菌均质杯内，以 8000～10000r/min 均质 1～2min，或放入盛有 225mL 磷酸盐缓冲液或生理盐水的无菌均质袋中，用拍击式均质器拍打 1～2min，制成 1∶10 的样品匀液。

（2）液体样品：以无菌吸管吸取 25mL 样品置于盛有 225mL 磷酸盐缓冲液或生理盐水的无菌锥形瓶（瓶内预置适当数量的无菌玻璃珠）或其他无菌容器中，充分振摇或置于机械振荡器中，振摇，充分混匀，制成 1∶10 的样品匀液。

（3）样品匀液的 pH 应为 6.5～7.5，必要时分别用 1mol/L NaOH 或 1mol/L HCl 调节。

（4）用 1mL 无菌吸管或微量移液器吸取 1∶10 样品匀液 1mL，沿管壁缓缓注入 9mL 磷酸盐缓冲液或生理盐水无菌试管中（注意吸管或吸头尖端不要触及稀释液面），振摇试管或换用 1 支 1mL 无菌吸管反复吹打，使其混合均匀，制成 1∶100 的样品匀液。

(5)根据对样品污染状况的估计,按上述操作,依次制成10倍递增系列稀释样品匀液。每递增稀释1次,换用1支1mL无菌吸管或吸头。从制备样品匀液至样品接种完毕,全过程不得超过15min。

2. 初发酵试验

每个样品,选择3个适宜的连续稀释度的样品匀液(液体样品可以选择原液),每个稀释度接种3管月桂基硫酸盐胰蛋白胨(LST)肉汤,每管接种1mL(如接种量超过1mL,则用双料LST肉汤),于36℃±1℃培养24h±2h,观察倒管内是否有气泡产生,24h±2h产气者进行复发酵试验(证实试验),如未产气则继续培养至48h±2h,产气者进行复发酵试验。未产气者为大肠菌群阴性。

3. 复发酵试验(证实试验)

用接种环从产气的LST肉汤管中分别取培养物1环,移种于煌绿乳糖胆盐肉汤(BGLB)管中,于36℃±1℃培养48h±2h,观察产气情况。产气者,计为大肠菌群阳性管。

五、结果报告

大肠菌群最可能数(MPN)的报告按“3 复发酵试验”确证的大肠菌群BGLB阳性管数,检索MPN表(见表11-2),报告每克(毫升)样品中大肠菌群的MPN值。

表11-2 大肠菌群最可能数(MPN)检索表

阳性管数			MPN	95%可信限		阳性管数			MPN	95%可信限	
0.10	0.01	0.001		下限	上限	0.10	0.01	0.001		下限	上限
0	0	0	<3.0	—	9.5	2	2	0	21	4.5	42
0	0	1	3.0	0.15	9.6	2	2	1	28	8.7	94
0	1	0	3.0	0.15	11	2	2	2	35	8.7	94
0	1	1	6.1	1.2	18	2	3	0	29	8.7	94
0	2	0	6.2	1.2	18	2	3	1	36	8.7	94
0	3	0	9.4	3.6	38	3	0	0	23	4.6	94
1	0	0	3.6	0.17	18	3	0	1	38	8.7	110
1	0	1	7.2	1.3	18	3	0	2	64	17	180
1	0	2	11	3.6	38	3	1	0	43	9	180
1	1	0	7.4	1.3	20	3	1	1	75	17	200
1	1	1	11	3.6	38	3	1	2	120	37	420
1	2	0	11	3.6	42	3	1	3	160	40	420
1	2	1	15	4.5	42	3	2	0	93	18	420
1	3	0	16	4.5	42	3	2	1	150	37	420
2	0	0	9.2	1.4	38	3	2	2	210	40	430
2	0	1	14	3.6	42	3	2	3	290	90	1000
2	0	2	20	4.5	42	3	3	0	240	42	1000

续表

阳性管数			MPN	95%可信限		阳性管数			MPN	95%可信限	
0.10	0.01	0.001		下限	上限	0.10	0.01	0.001		下限	上限
2	1	0	15	3.7	42	3	3	1	460	90	2000
2	1	1	20	4.5	42	3	3	2	1100	180	4100
2	1	2	27	8.7	94	3	3	3	>1100	420	—

注 1:本表采用 3 个稀释度[0.1g(mL)、0.01g(mL)、0.001g(mL)],每个稀释度接种 3 管。

注 2:表内所列检样量如改用 1g(mL)、0.1g(mL)和 0.01g(mL)时,表内数字应相应降低 10 倍;如改用 0.01g(mL)、0.001g(mL)和 0.0001g(mL)时,则表内数字应相应增高 10 倍,其余类推。

六、注意事项

(1)发酵管使用前要检测倒置小倒管中是否有气泡?

(2)必须要经过复发酵才可确定结果,不可以以初发酵结果确定结果。

七、思考题

为什么 MPN 法测定大肠菌群要进行两次发酵?

实验十二　发酵乳实验

一、目的要求

(1)了解酸奶制作原理和常用的发酵菌种。
(2)掌握酸奶的简易加工技术。

二、基本原理

酸奶是经乳酸菌发酵的乳制品,是以鲜奶为原料,经杀菌后接种乳酸菌类发酵而成。由于乳酸菌利用了乳中的乳糖生产乳酸,升高了奶的酸度,当酸度达到蛋白质等电点时,酪蛋白因酸而凝固成形即成酸奶。

三、实验材料与仪器

(1)菌种:保加利亚乳杆菌、嗜热链球菌。
(2)鲜奶、蔗糖、铝锅及加热装置、发酵瓶、恒温箱、冰箱等。

四、实验步骤

(1)准备原料奶:选择新鲜品质好的奶作原料,不得含有抗生素、防腐剂等药品和其他有害物质。

(2)加糖:按原料奶的8%~10%加入蔗糖。

(3)杀菌:将盛有加糖鲜奶的容器直接在火上加热至90~95℃,维持10~15min,加热时要充分搅拌,使温度均匀而不至于沸腾。

(4)添加发酵剂:将奶冷却至45℃左右,添加乳杆菌和链球菌混合发酵剂2%,充分混匀。

(5)分装:接种后的杀菌奶尽快分装到预先经蒸汽灭菌的发酵瓶中,然后用纸封口,以防杂菌污染。

(6)发酵:置于42℃温箱中培养2~3h,当pH为4.5时,即可终止发酵。

(7)冷却后熟:将发酵好的酸奶轻轻置于4℃冰箱内贮藏过夜。

(8)成品:酸奶呈乳白色,具有纯净的芳香酸味,凝块均匀细腻、结实。无气泡,允许表面有少量乳清析出。

五、结果报告

描述酸奶的生产流程并说明关键点。

六、注意事项

(1)原料乳中不得含有抗生素等抑菌物质。
(2)加热时要充分搅拌,以保证灭菌效果。

七、思考题

发酵剂中为何配制两种以上的乳酸菌进行接种发酵?

主要参考文献

[1] 李松涛. 食品微生物学检验[M]. 北京：中国计量出版社. 2005.
[2] (美)杰伊，(美)罗西里尼，(美)戈尔登编著，何国庆，丁立孝，宫春波主译. 现代食品微生物学[M]. 北京：中国农业大学出版社. 2008.
[3] 郑晓东. 食品微生物学[M]. 杭州：浙江大学出版社. 2001.
[4] 何国庆. 丁立孝，宫存波. 现代食品微生物学[M]. 北京：中国农业大学出版社，2008.
[5] 钱爱东. 食品微生物学. 2 版[M]北京：中国农业出版社. 2008.
[6] 杨玉红，陈淑范. 食品微生物学[M]. 武汉：武汉理工大学出版社，2014.
[7] 贾英民. 食品微生物学[M]. 北京：中国轻工业出版社，2007.
[8] 周德庆. 微生物学教程. 2 版[M]北京：高等教育出版社. 2002.
[9] 张文治. 新编食品微生物学[M]. 北京：中国轻工业出版社，1995.
[10] 郑晓冬. 食品微生物学[M]. 杭州：浙江大学出版社. 2001.
[11] 杨苏声. 细菌分类学[M]. 北京：中国农业大学出版社，1997.
[12] 吴金鹏. 食品微生物学[M]. 北京：农业出版社，1992.
[13] 胡希荣. 食品微生物学[M]. 北京：农业出版社，1993.
[14] 凌代文. 乳酸菌一生物学基础及应用[M]. 北京：中国轻工业出版社. 1999.
[15] 沈萍. 微生物学. 2 版[M]北京：高等教育出版社，2006.
[16] 叶磊，杨学敏. 微生物检验技术[M]. 北京：化学工业出版社，2009.
[17] 郝生宏，关秀杰. 微生物检验[M]. 北京：化学工业出版社，2012.
[18] 李华，王华，袁春龙. 等. 葡萄酒工艺学[M]. 北京：科学出版社，2007.
[19] 杨玉红. 食品微生物学[M]. 北京：中国轻工业出版社，2010.
[20] 江汉湖. 食品微生物学. 2 版[M]北京：中国农业出版社，2005.
[21] 贾洪峰. 食品微生物[M]. 重庆：重庆大学出版社，2015.
[22] 樊明涛，赵春燕，雷晓凌，等. 食品微生物学[M]. 郑州：郑州大学出版社，2011.
[23] 何国庆，贾英民，丁立孝，等. 食品微生物学[M]. 北京：中国农业大学出版社，2009.
[24] 贺稚非. 食品微生物学[M]. 重庆：西南师范大学出版社，2010.
[25] 吴坤. 食品微生物学[M]. 北京：化学工业出版社，2008.
[26] 侯建平，纪铁鹏. 食品微生物[M]. 北京：科学出版社，2010.
[27] 李平兰. 食品微生物学教程[M]. 北京：中国林业出版社，2011.
[28] 李宗军. 食品微生物学：原理与应用[M]. 北京：化学工业出版社，2014.

[29] 席会平,石明生.发酵食品工艺学[M].北京:中国质检出版社,中国标准出版社,2013.
[30] 陈坚,堵国成.发酵工程原理与技术[M].北京:化学工业出版社,2012.
[31] 黄晓梅,周桃英.发酵技术[M].北京:化学工业出版社,2013.
[32] 李艳.发酵工业概论[M].北京:中国轻工业出版社,2006.
[33] 魏明奎.微生物学[M].北京:中国轻工业出版社,2009.
[34] 顾红霞.微生物学及实验技术.北京[M].北京:化学上业出版社,2008.
[35] 周群英,高廷耀.环境工程微生物学[M].北京:高等教育出版社,2000.
[36] 谢梅英.食品微生物学[M].北京:中国轻工业出版社.2000.
[37] 杨玉生,王刚,沈永红.微生物生理学[M].北京:化学工业出版社,2013.
[38] 李季伦.微生物生理学[M].北京:北京农业大学出版社,1993.
[39] 赵斌,陈雯莉,何绍江.微生物学[M].北京:高等教育出版社,2012.
[40] 路福平.微生物学[M].北京:中国轻工业出版社,2009.
[41] 蔡静平.粮油食品微生物学[M].北京:中国轻工业出版社,2002.
[42] 秦翠丽.食品微生物检验技术[M].北京:兵器工业出版社,2008.